机械类国家级实验教学示范中心系列规划教材

热能工程实验与实践教程

宋泾舸　主编

科学出版社

北　京

内 容 简 介

本书是一本以介绍虚拟实验为主的大学实验教材。在工程热力学、传热学、工程流体力学等热能工程相关的理论与实验的基础上，以系统仿真技术为平台，通过虚拟实验，实现大规模热能工程系统的构建、结构与参数的调整、分析，探索创新型热能工程实验的基本原则和实施途径。全书共10章，主要内容包括：热能工程实验概述、锅炉原理实验、汽轮机原理实验、热力系统及优化实验、单元机组集控运行实验、水泵性能实验、热工控制系统实验、制冷与空调实验、换热器与强化换热技术实验、热能动力系统综合实践。实验后附有思考题。

本书可作为能源与动力工程类大学本科及专科实验教材，也可作为相关专业师生和工程技术人员的参考书。为高等工程教育中的创新型实验的建设提供参考。

图书在版编目(CIP)数据

热能工程实验与实践教程/宋泾舸主编. —北京：科学出版社，2016.1
机械类国家级实验教学示范中心系列规划教材
ISBN 978-7-03-047215-1

Ⅰ. ①热… Ⅱ. ①宋… Ⅲ. ①热能—实验—教材 Ⅳ. ①TK11-33

中国版本图书馆CIP数据核字(2016)第008680号

责任编辑：毛 莹 张丽花 / 责任校对：蒋 萍
责任印制：张 伟 / 封面设计：迷底书装

科学出版社 出版
北京东黄城根北街16号
邮政编码：100717
http://www.sciencep.com
北京厚诚则铭印刷科技有限公司 印刷
科学出版社发行 各地新华书店经销
*
2016年1月第 一 版 开本：787×1092 1/16
2022年1月第四次印刷 印张：12 3/4
字数：300 000
定价：49.00元
(如有印装质量问题，我社负责调换)

前　言

实践教学在高等工程教育教学中具有十分重要的作用。传统的实验模式以验证理论课的教学内容为目标。受硬件条件的限制，实验无法在设备类型、系统结构、实验工况等方面有较大的变化，难以给学生提供自主构建新系统的机会。由于实验缺乏灵活性，难以为学生提供丰富、灵活的创新型实践条件。

创新型实践教学是高等工程教育的重要环节和发展方向。与传统实验的验证型目标不同，创新型实验的目标是通过创新的实验过程提升学生的学习兴趣，要有贴近工程与生活的实例。通过改变原始实验系统多方面的特征，从而创新地认识、理解、掌握和运用理论知识。系统特征的变更过程与效果是创新认知的重要来源。近年来，随着仿真技术的不断发展，基于计算机仿真的虚拟实验日益受到国际工程教育界的重视。虚拟实验在以复杂工程系统为对象的工科高校理论与实践创新型教学中具有节约能源、节省占地、可模拟多种复杂工况等优势。虚拟实验为创新型工程教育实践提供了灵活、强大、无风险的实践环境。探索基于过程仿真软件的创新型实践教学,对于改进面向复杂工程系统的工科专业课教学具有重要的意义。

热能工程实验是能源与动力工程专业教学实践的重要组成部分，是仿真实验的重要应用领域之一。然而，目前基于系统仿真技术为主的热能工程实验指导书还比较少见。作者根据多年教学实践编写了这本以实物实验与虚拟仿真实验相结合的面向创新型实践能力培养的热能工程实验教学指导书。实验体系以物理实验为基础，帮助学生认识和理解热能工程涉及的燃烧、传热等过程若干机理，以系统仿真技术为主要实验手段，以复杂热能系统为对象，建立旨在提升热能工程学生创新型实践能力的系列实验。

本书涉及的实验是在工程热力学、传热学、工程流体力学等热能工程相关的理论与实验的基础上，结合热能工程实际开设的拓展性实验。本书的特点是以物理实验为基础，以系统仿真实验为主，通过大规模热能工程系统的构建、结构与参数的调整和分析，探索创新型热能工程实验的基本原则和实施方法。主要内容包括：热能工程实验概述、锅炉原理实验、汽轮机原理实验、热力系统及优化实验、单元机组集控运行实验、水泵性能实验、热工控制系统实验、制冷与空调实验、换热器与强化换热技术实验、热能动力系统综合实践。为高等工程教育中的创新型实验的建设提供参考。

本书共 10 章。第 1、4、6、8、10 章由宋泾舸编写，第 2 章由陈琪编写，第 3、7 章由李学政编写，第 5 章由杨飞编写，第 9 章由张竹茜编写。全书由宋泾舸统稿，并由何伯述教授主审。本书在编写过程中参阅了以往其他兄弟院校的同类教材、资料及文献，在此表示衷心的感谢。

由于作者水平所限，书中难免存在不足之处。恳请广大读者提出宝贵意见，以求进一步改进。

作　者

2015 年 6 月 10 日

目　录

第 1 章　热能工程实验概述

1.1　热能工程实验的目的和意义

1.1.1　实验的目的和意义

实践教学在高等工程教育教学中具有十分重要的作用。传统的实验模式，以验证理论课的教学内容为目标。受硬件条件的限制，实验无法在设备类型、系统结构、实验工况等方面有较大的变化。这种实验缺乏灵活性，难以给学生提供自主构建新系统的机会，难以调动学生实践的主观能动性。

创新型实践教学是高等工程教育的重要环节和发展方向。近年来，随着仿真技术的不断发展，基于计算机仿真的虚拟实验日益受到国际工程教育界的重视。虚拟实验在以复杂工程系统为对象的工科高校理论与实践创新型教学中具有节约资源、节省占地、可模拟多种复杂工况等优势。虚拟实验为创新型工程教育实践提供了灵活、强大、无风险的实践环境。过程仿真软件是一类用来仿真过程系统稳态和动态过程中参数变化的系统仿真软件，广泛应用于工业系统运行过程的分析，如热力系统、化工系统、机械系统等。探索基于过程仿真软件的创新型实践教学，对于改进面向复杂工程系统的工科专业课教学具有重要的意义。

1.1.2　创新型实验的特征

传统实验以验证理论为目标，实验过程比较固定，实验结果也大同小易。与传统实验的验证型目标不同，创新型实验的目标是通过创新的实验过程提升学生的学习兴趣，要有贴近工程与生活的实例。通过改变原始实验系统多方面的特征，从而创新地认识、理解、掌握和运用理论知识。系统特征的变更过程与效果是创新认知的重要来源。参数变换、元件变换、结构变换是热力系统典型的特征变更方式。

创新型实验应突出通过新过程的构建来巩固理论知识、将理论知识用于新的环境，在灵活多变的条件下加深学生对基本理论的理解和运用，达到活学活用的目的。近年来，国内外对创新型实践教学都十分重视，并开展了比较广泛的研究。创新型实验应该在传统实验实施的多个环节上表现出更加灵活的实施过程。只有提供更大的发挥空间，才能激发学生自主创新的意识和促进创新能力的提高。因此，创新型实验应该在如下几个方面提供更加灵活的选择。

1. 能够自主地搭建实验系统

自主地搭建实验系统已经在许多领域的创新型实验中得到应用。例如，机器人、电子系统等。但在涉及大型过程系统的专业课教学中，搭建物理系统是不现实的。采用基于模块的过程仿真系统能够在认识和理解设备仿真模块的基本行为和特性的基础上，为学生提供自主搭建简单和复杂工程系统的机会。通过自主地搭建系统，学生能够对设备的连接要求、接口参数的选择、管路的特性、工质质量和能量的传递过程等有更直观的体验和理解。

2. 能够自主地选取实验条件

传统的实验，实验条件相对单一或只有预先设计的几种情况。如果学生任意改变实验条件，可能得不到理想的实验结果，甚至造成实验设备的损坏。创新型实验，应该能够给学生提供更大的选取实验条件的空间，包括可能出现问题和故障的条件。这样，学生在进行创新思维和实践时，才能有效地修正自己的实验方案，向着可行的方向发展，而不是随意设想。这点在高等工程教学中非常重要。

3. 能够自主地调整实验过程

自主地调整实验过程既包括调整质量流、能量流、信息流的流动方向，又包括为了调整这些流动而通过添加设备和管路进行系统结构的改变。例如，在热力循环过程中，对原则性热力系统的设备特性的改变或对局部参数的调整都会对热力循环中系统各部件的运行状态产生一定程度的影响，使系统的整体特性发生改变。通过对系统特性变化多样性的认识，创新性地理解和掌握相关理论知识。

基于这些特征，利用以计算机仿真技术为支撑的实验手段是创新型实验的一个重要发展方向。

1.1.3 虚拟实验与实物实验融合的必要性

能源科技是我国“十二五”七大新兴产业发展战略之一。随着能源系统向大型化、复杂化方向发展，研究领域与化工、环境等不同学科融合与交叉，例如，总能系统的热力学分析理论、不确定性模型集成建模、混杂系统建模方法、热力系统优化控制、热力系统的状态监测和故障诊断等。这些研究都需要多工程领域集成建模与仿真分析软件平台的有效支持。

由于热力系统相关设备结构复杂、体积庞大、资源消耗大，采用纯实物实验的方法存在一些主要缺点：①投资大；②占用场地大；③资源消耗大；④实验周期长；⑤过程重复有一定难度；⑥故障难以模拟；⑦单次实验的学生人数严重受限；⑧无法对系统结构进行较大改动；⑨设备维护成本高。因此，采用计算机仿真分析几乎是唯一可行的实践锻炼的解决方案。

图形化热力系统仿真分析软件包是能源与动力工程专业用来进行热能工程领域系统构建、仿真、分析、优化的面向创新能力培养的实践性教学软件包。为了提高能源与动力工程专业热能工程领域的创新性、实践性教学水平，增进学生对热力系统工作过程的深入理解和相关操作的掌握能力，非常有必要采用这样的系统软件。

对于热能工程实验，这样的软件系统应该主要考虑如下技术特征。

1. 面向对象的图形化建模环境

通过图形组件的拖放与连接实现直观建模，可视化编辑组件属性调整系统参数，通过菜单选项实现系统性能分析，通过曲线(热力循环、参数趋势)显示分析结果。

2. 对热能工程的专业支撑能力

软件应具有多种热力系统涉及的组件库，能够支持多种热力系统对象的实践分析，包括火电站、供热系统、制冷与空调系统，如锅炉、汽机、换热器、泵与风机、阀门、管道等，同时支持多种热工介质的性能分析，如水和水蒸气、氨、R143a 等介质。

3．**系统具有可扩展性**

软件应能够在现有功能基础上进行部件、算法的扩展。虽然虚拟实验在创新型实践教学中发挥着重要的作用，但实物实验在一些系统相关的实践教学中仍然是必不可少的。从小型的实物系统实验结果向大型仿真系统的平滑过渡与集成，能够为学生提供多层面、多尺度的学习环境。以此作为实践框架，探索构建热力系统仿真分析实践平台的功能和创新型实践内容，将形成一种多尺度的创新型实践教学模式。

1.2　热力系统稳态仿真实验平台基本操作

“热力系统稳态仿真实验平台”是用于进行简单和复杂热力系统的过程认知、系统构建、稳态特性分析的虚拟实验平台。在“汽轮机原理实验”、“热力系统及优化实验”、“制冷与空调实验”、“热能动力综合实践”的实验与实践环节中能够提供丰富的虚拟实验条件。下面介绍该平台的基本使用方法，详细的功能请参考本书 4.1 节。

1.2.1　仿真实验平台的启动

在桌面上双击稳态仿真系统快捷图标启动，打开一个窗口，如图 1-1 所示，可以根据需要设定工具栏的排列形式，因此外观可能略有不同。在第 4 章中将介绍构成屏幕各部分的内容。

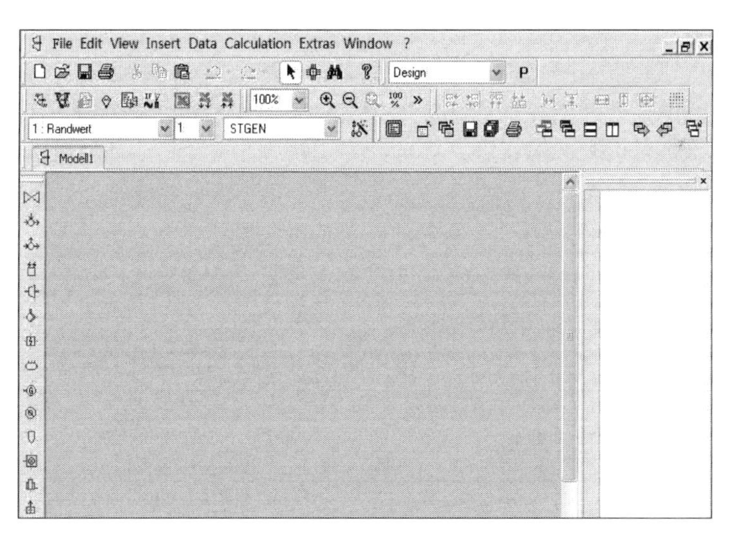

图 1-1　稳态仿真环境主窗口

本节通过使用几个部件来介绍如何构建一个简单热力循环，从而了解如何使用该稳态仿真环境。本示例将介绍：

(1) 如何加入部件及管道；

(2) 如何使用错误分析功能来完善循环；

(3) 如何显示结果；

(4) 学习稳态仿真环境中“设计工况”与“非设计工况”两种模式的区别。

1.2.2　创建循环

下面介绍绘制一个简单的汽水循环(图 1-2)。

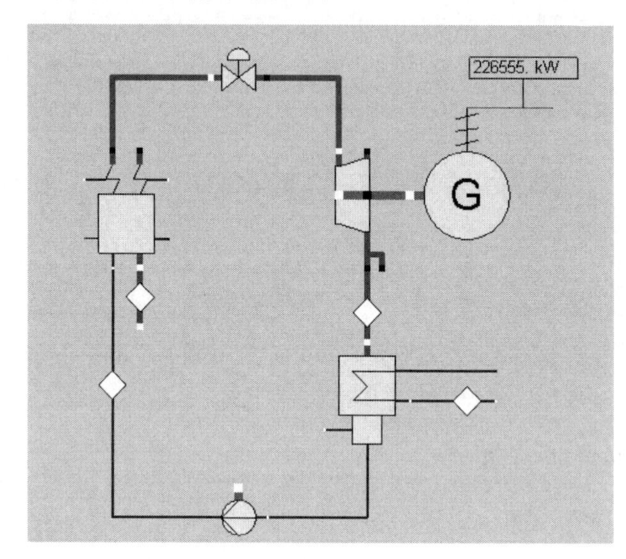

图 1-2　简单的汽水循环

1．插入锅炉

从蒸汽发生器开始，单击“蒸汽发生器”符号(部件栏中第二个条目)，并选择“蒸汽发生器”→“类型 1”。将鼠标指针移到要插入锅炉的位置，并单击，一个锅炉符号将被插入图中。刚插入的锅炉仍处于选中状态，现在可继续下列各项操作。

如果单击锅炉外面区域，会插入另一个锅炉。因为此时不需要另一个锅炉，插入后按“删除”键，即可删除。右击可关闭插入模式，或者单击刚插入的锅炉，即可关闭插入模式。

上面操作之后，现在处于普通编辑模式状态，将鼠标指针移到锅炉上，随之出现的工具提示窗口，显示部件名称和编号(在本例中名称自动给定)。

单击锅炉，现在可以移动该部件(注意必须单击部件的黄色实体才能进行该项操作，而不是单击所连接的线路或手柄点)，右击，打开部件的关联菜单。单击组件的 8 个小手柄点之一，可以缩放图像大小或旋转图像。

双击“锅炉”符号，打开此部件的属性表。单击“取消”按钮，可再次关闭属性表。

2．插入控制阀

下一个将要插入的部件是控制阀。因为在设计模式中，蒸汽发生器确定流出的蒸汽压力，而汽轮机确定汽机入口压力，所以，需要一个压力分离器，即需要一个控制阀。若插入该部件，单击部件栏上的节流阀，并选择“控制阀类型 1”。为进一步的工作，放大图形可能会更方便。使用工具栏上的“缩放”组合框(键入数值或选择一个数值)，或者单击组合框右侧的“100%”按钮，即可放大。

如果单击的是“100%”按钮，图形的大小将不断调整，以适合窗口。如果想放大图，使用“>>”按钮，可放大可见区。若欲放大图形区域的一部分，用鼠标右键选择绘制选择框(持续按住鼠标右键，直到出现的矩形覆盖要放大的部分为止)。

3. 插入蒸汽管道

绘制锅炉和控制阀之间的连接，具体实现如下。

双击蒸汽发生器(锅炉)的流出蒸汽出口(左上角红色手柄中的黑色区域——出口接点永远为黑色)，将鼠标拖到控制阀入口(入口接点永远为白色)，然后单击。软件将自动绘制接管并将接管标准化(显示为矩形)。如果管道未标准化显示，单击激活菜单栏中“视图”→“标准化管道”复选框。红线表示蒸汽管线。通过“部件属性”窗口可以查看部件接点的含义，双击部件可以打开窗口，在此窗口中，将鼠标指针指向右侧图片中的部件接点，系统会提示该接点的属性。

4. 插入汽轮机

单击部件栏中的“汽轮机”图标，并选择“汽轮机”→“类型1”。连接控制阀的出口与汽轮机的入口。因为本稳态仿真环境不允许类型错误的接点相连，所以需要找到汽轮机上正确的连接点。

5. 插入发电机

选择“编辑”→“插入部件”→“电动机/发电机”→“发电机”，即可插入发电机。将机械轴(粗绿线)接到汽轮机轴输出端上。另外，双击电气出口，绘制一条短线(双击完成画线)。短线的绘制是为了以后可以通过连接值字段从而显示发电机的功率。

6. 加入汽轮机凝汽器

在热交换器部分(部件栏中的第7个条目)，可以找到汽轮机凝汽器。将凝汽器插入汽轮机下方，并将汽轮机的蒸汽出口之一接到凝汽器的蒸汽入口上。为了说明和显示冷却水状态的需要，在冷却水入口和出口(最右侧接点)上绘制一条短水管(蓝色管)。

7. 加入泵

在部件栏中的第6个条目是泵。将凝汽器出水口(底部)连接到泵入口上，将泵出水口连接到锅炉的进水口上。最后，必须在锅炉的再热器入口下绘制一条短线(锅炉右下角的蒸汽连接)，以定义再热器的入口状况。

现在图形建模工作准备完毕，下面可以试着开始仿真运算。

1.2.3 计算和错误分析

1. 仿真

现在如果想让该循环投入运行，可以从菜单栏中选择条目“计算”→“仿真”，或单击“仿真”按钮，将得到错误信息“输入数据错误，计算失败”，这是正常的，因为尚未设定任何模型数据。实际上，当中许多数据已经给定。插入部件时，本稳态仿真环境会自动从标准库插入该部件的一套标准规格数据或默认值。这些数据可在属性表中查看(双击部件，或用鼠标右键打开关联菜单，并选择“属性”)。

2. 错误分析

通过错误分析，可以得知还缺少哪些数据。单击“计算”→“错误分析”。注意，除含有错误的线路或部件以外，图其余部分变为灰色。错误部件通过颜色突出显示出来。详细情况在错误窗口中显示(图1-3)。

字段“Error-Type”(错误类型)指出出现的错误类型，而字段“Component”(部件)给

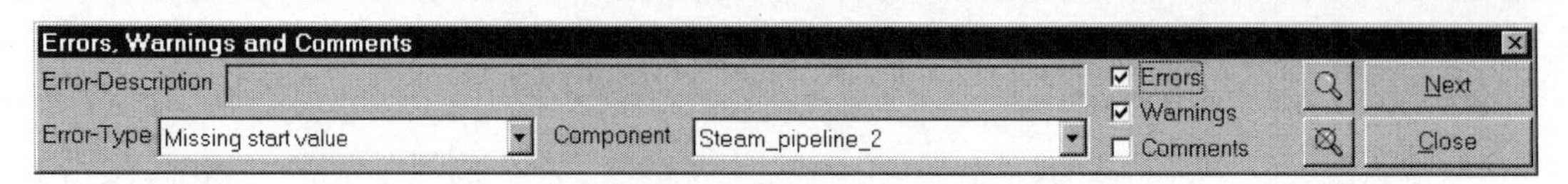

图 1-3　错误窗口

出含有该错误的部件或线路的名称。注意，与部件一样，线路也具有相应命名。这里，错误“Missing start value”（缺少初值）指的是汽轮机和冷凝器之间的管子缺少冷凝水压力。

3. 插入初值

若欲定义该值，从部件栏选取“插入初始值”图标，选择“边界输入值”组件，并将其置于红线上（注意，进行错误分析的同时也可编辑模型）。“边界输入值”组件在置于管路上时会自动变为菱形，不在管线上时为沙漏形。在插入后，双击插入的初始值并键入输入字段中的压力 P 的所需值，如 0.07bar（若欲使用其他单位，可以通过单位组合框进行切换）。

选择下一个错误类型“Missing mass flow”（缺乏质量流量）。在右边的部件列表中，会看到该项下面包括了许多线路。当浏览该列表时，线路将逐一上色。可以使用“放大镜”查找上色的线路。

将输入值置于泵和蒸汽发生器之间的水管上，并定义质量流量 M，如 200kg/s。可以用 Ctrl+C/Ctrl+V 复制/粘贴现有值，而不需插入新“输入值”。若欲删除入口压力，选定它并使用删除键删除。

4. 其他仿真分析

关闭错误分析窗口，并再次进行仿真。通过错误分析，得知仍然缺少一个质量流量，即锅炉的入口蒸汽流量。在同一线路上还缺少压力和焓。在一个“输入值”组件中指定所有 3 个值，可以用指定温度来代替指定焓，例如，指定 $P = 30$bar、$T = 300$℃和 $M = 0$kg/s。注意，指定值为“0”和空白之间有重大差异。如果字段留空白，则暗示未定义相应数值。如果插入 0，则指定 0 值。当再次计算时，会发现缺少冷却水的压力和焓。例如，指定 $P = 2$bar 和 $T = 300$℃。

虽然仍然有警告，但是现在计算能够成功进行。警告是因为泵的实际值超出规定的特性范围。此警告可以暂时忽略。

打开该文件，单击文档中的“窗口”→“平铺”，显示两个窗口。比较部件和线路的布置以及属性表中的规格值。当将鼠标指针置于发电机的电气出口上时，显示相应的电功率。也可在此设置数值显示域。

1.2.4　设计和非设计模式

本稳态仿真环境下有两个全局计算模式：

(1) 设计 (Design) 模式（“满负荷”）；

(2) 非设计 (Off-Design) 模式（“部分负荷”）。

1. 设计模式

设计模式适用于创建新循环。该模式下可定义所有部件的适当参数数据，例如，根据制造商所提供的特性数据。设计模式下得出的计算结果将被自动保存为非设计计算模式的基准值。例如，一个汽轮机部件，双击该部件，可以打开该部件的规格值。值 P2N(公称出口压力)为基准值。在设计模式下，该值不用于计算。

当插入新汽轮机时，可以得到默认的 0.01bar 虚设值。经过设计模式计算后，蒸汽出口压力的计算值将被用来自动替代虚设值并保存入该字段。改变汽轮机和冷凝器之间的“输入值”部件中的 *P* 值，可计算测试该项功能。

2. 非设计模式

非设计模式借助出口压力转换定律计算汽轮机参数(在本例中为“斯托多拉”定律)。非设计模式建立在已经完成计算的设计工况的基础上，对不同非标准工况进行变工况计算(采用不同的输入数据)。

3. 模式文件

模式文件以树形结构方式组织了多个针对该系统的仿真计算模式。若欲创建新模式，单击模式栏中的“P”按钮，随之打开“模式”对话框，其中显示了现有的模式结构。若欲添加模式，单击“新子模式”。缓慢单击新模式在树形结构中的名称两次，即可改变新模式的名称。在树形结构中选择新模式，单击“激活”。在模式栏组合框中，会显示现有模式的名称。可以使用该组合框在不同模式之间切换。

注意，子模式从其母模式继承所有属性(例如，所有部件的规格值和特性)。若欲在现有模式中切换到非设计模式，从工具栏中“其他功能”当中单击“模型选项”，在模式文件窗口中切换到非设计模式。切换完成之后的运算为变工况计算。在修改特性数据的时候，会发现从母模式继承的值呈灰色，修改的值以黑色显示。

1.2.5　结果显示

本稳态仿真环境提供各种不同的结果显示方式。

1. 工具提示窗口

最容易的方法是将鼠标指针置于部件或管道上。几秒后，在随之出现的工具提示窗口中会显示与该部件/管道相关的主要热动力参数值。

2. 属性窗口

双击管道或部件，可打开属性表。另外，可以从菜单栏选择条目“编辑”→“属性”或右击部件/管道，在显示的关联菜单中选择“属性”。属性中有一个“结果”选项卡，显示相应线路或部件的计算结果值。

3. 数值十字标

若欲永久显示结果值，可以使用数值十字标。单击部件栏中的数值十字标符号(倒数第二个条目)，将鼠标指针移到想添加的线路或部件上，按下鼠标左键并移动鼠标，数值十字标此时自动改变大小。如果大小合适，松开鼠标左键即可插入数值十字标。

右击(如果不想继续插入另一个十字标)，停止插入。然后再次选中该十字标，即可在十字标内单击，移动十字标，或者单击它的手柄以改变大小。

双击十字标，可打开相应属性表(图 1-4)。

在此，可以设置哪些数值类型显示在数值十字标中。底部列表显示了所有适用于选定线路或部件的数值类型。使用上/下箭头键，可以在数值十字标左列或右列中插入数值，或将这

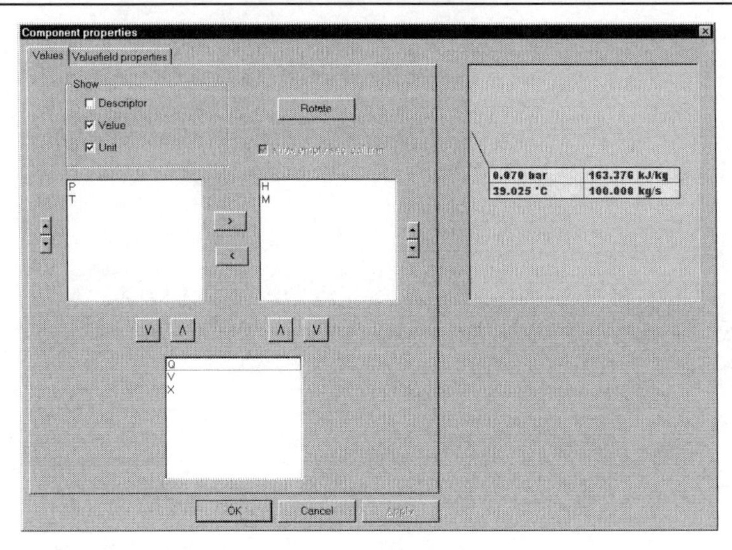

图 1-4　属性表

些数值从这些列中删除。使用最左和最右的微调按钮，可以改变数值排列顺序；使用“<”和“>”按钮，可在左列和右列之间移动条目。

在基本属性中，可以定义是否显示说明和单位，可以旋转字段。当第二列空白时，可以决定是否显示空列。属性表的第二个选项卡(“数值域属性”)用于对线型、字体和接至底层对象的线条进行上色和修改，以改善显示效果。如果想在循环画面中放置几个相同大小和相同设置的数值十字标，可以用 Ctrl+C 键和 Ctrl+V 键复制和粘贴数值十字标，并将接点移到有需要的线路或部件上。

1.2.6　使用宏

通常，如果不想用单个部件，而是使用预定义的宏(Macros)来协助构造一个循环，有几个宏库可提供使用。另外，用户也可创立自己的个人宏库。

1. 创建宏

“宏”是由一组单个部件形成的“封装部件”(或“子系统”)。若欲创建宏，只需选择编辑区系统中的部分模型(通过使用鼠标左键和 Shift 键单击单个部件或用鼠标左键绘制截取框)，然后单击菜单栏中的“宏”→“保存”。指定宏的名称和说明，并单击“确定”按钮。宏将添加到宏库中，宏的名称可以显示在部件向导栏中的宏组合框中。

2. 插入宏

若欲使用宏，选择该组合框下的一个宏部件(或单击菜单“宏”→“插入”)，并将鼠标指针移到将插入宏之处。注意宏只是方便部分模型的多次重复使用。如果只是想将编辑区的一部分复制到另一个编辑区上，只需使用复制和粘贴即可。

3. 用宏建立循环

选择“文件”→“新建”打开新循环，插入如下宏：

(1)锅炉与汽轮机高压缸；

(2)汽轮机中压缸；

(3) 汽轮机低压缸；

(4) 汽轮机低压缸与发电机；

(5) 冷凝器；

(6) 低压预热器；

(7) 高压预热器。

适当排列和连接宏，然后进行计算(如果有警告信息，可以忽略)。现在仍旧缺少的是循环效率的计算。循环效率的计算必须对泵的功率求和，然后从发电机电功率减去泵的总功率。结果必须与“效率表”部件以及“蒸汽发生器”部件的输入能量相连。因为开始时已把这些线路设为不可见，可使用“视图”→“全部显示”查看这些线路。

1.3　火电厂仿真机介绍

火电厂仿真机是用于进行火电厂热能动力系统全过程学习和系统特性分析的虚拟实验平台。在“锅炉原理实验”、“汽轮机原理实验”、“热工控制系统实验”、“单元机组集控运行实验”、“热能动力综合实践”的实验与实践环节中能够提供丰富的虚拟实验条件。下面对火电厂仿真机进行简要介绍，关于本书采用的火电厂仿真机的详细功能与使用方法请参考本书的 10.1 和 10.2 节。

1.3.1　火电厂仿真机概述

仿真机是利用计算机仿真技术进行工程对象分析和技术人员培训的设备。发电设备数学模型计算机提供实时数据，配合部分或全部真实控制台屏或表示监控台屏的屏幕显示(CRT)画面，演示与真实情况相同的电力设备各种运行方式的状态，包括启动、正常运行、停机和事故情况下的状态，可以满足各种目的的培训要求。目前，仿真机已广泛应用于培训操作人员、工程技术人员及管理人员，提高他们的监控能力和运行技术水平。仿真机是以计算机技术和仿真技术为基础并应用电网、自动控制、仪表和电厂的锅炉、汽轮机、发电机以及运行专业的理论和实践知识而研制的一种实用装置。

1．仿真机的特点

(1) 可实现对电厂的生产全过程进行仿真，额定参数的正常启动、停机，滑参数的启动、运行、停机，机组带基本负荷的运行特性，机组带调峰负荷的运行特性，冷态、温态及热态、极热态启动运行，故障跳闸和各种操作以及其他扰动下的暂态特性。

(2) 模型符合物理学、数学和电力科学的基本定律，而不是用预定的关系曲线来代替，任何近似的假设和计算方法，都不应该降低对模型逼真度的要求。

(3) 设备或系统的模型都能良好地反映其动态过程，能够实现对仿真对象的连续、实时的仿真，仿真效果与实际机组运行工况一致，仿真环境应使受训人员在感觉上和视觉上与被仿真机组实际环境一致。

(4) 具备完善的运行人员培训功能，提供向受训人员展现正常和故障情况的实际现场运行状态，有效地提高运行人员的专业知识、操作技能、应变能力和熟练程度，使运行人员经培训后能熟练地掌握机组启停过程和维持正常运行的全部操作，学会处理异常、紧急事故的技能，提高实际操作能力和分析判断能力，训练应急处理能力，确保机组安全、经济运行。

(5) 具备在不同工况条件下分析和改进机组运行操作方案、方式，并加以优化的能力和手段。

(6) 具备对岗位运行人员、热控检修岗位和技术管理人员进行定期轮训的能力，可作为上岗、晋升前的考核手段，客观地反映被培训人员的实际操作能力和分析判断能力，提供相应手段。

(7) 具备对机组的控制系统进行仿真研究以选择最佳的控制方案和动态整定参数的能力和手段。

(8) 具备对机组的故障原因和结果进行分析，以便改进运行操作和制定反事故对策的能力和手段。

2. 仿真机的分类

从仿真机的培训目的和功能来分类，可以划分为基本原理型和全仿真型。基本原理型所配置的控制台屏不是以某一实际电站为目标，而是从基本原理出发模拟某类型、某容量机组的主要设备和系统，并配置简化的供学员学习和掌握基本原理的台屏，可以进行操作和显示操作结果参数的 CRT 画面，或兼有台屏和 CRT 画面。用以培训新的操作员或在校学生，使其从直观上学习和掌握电厂设备和系统特性、物理过程、介质流程及故障的原因和结果。为全仿真型培训仿真机或实际电厂操作打基础。

硬件系统一般包括：①微型机或小型计算机；②磁盘、打字机等外围设备；③输入/输出接口和教学考核设施；④台屏。台屏仿真有两种形式。①模拟台屏型：模拟屏上布置有主要设备和系统流程图，配有主要参数指示仪表；操作台与屏一般联成一体，台上布置有控制台硬件设备诊断、显示图像、在线数据库监视、学员成绩评价、计算机辅助练习等。②CRT 画面操作型，通过教练员台控制屏和 CRT 画面配合实现电站各类操作功能选择。画面选择有专家方式和菜单方式。

3. 虚拟 DCS 仿真

虚拟 DCS (Virtual DCS) 是相对于在过程工业系统中运行的真实 DCS (Real DCS) 而言的，虚拟 DCS 就是将真实 DCS 在非 DCS 的计算机系统中以某种形式再现。“虚拟”是现今广泛使用的一种高新技术概念，如有实现视景模拟的“虚拟现实”、采用 CRT 交互的“虚拟仪表”、构建远程多媒体双向通信的“虚拟会议”等。当然，虚拟技术是完全建立在当今高性能的计算机硬件、软件和网络系统之上的。虚拟 DCS 不同于其他虚拟技术的是，其被虚拟对象也是计算机系统，而不是一般的物理系统。虚拟 DCS 是在计算机系统上再现计算机系统，具体地说，就是在一种通常为开放平台计算机信息管理系统中，尽可能真实地再现集散控制计算机系统。虚拟 DCS 正是过程工业数字化的基础之一。

在实际应用中，为了达到设计调试、人员培训、检测诊断等系统应用目标，需要将真实 DCS 在非 DCS 的计算机系统中再现。目前共有 3 种形式，是分别根据 DCS 的控制设计、离线组态和构成运行系统等生命周期的不同阶段获取系统资源而实现的。

(1) 激励 DCS (Stimulation DCS)——通常是简略输入/输出板卡和外设，采用真实 DCS 的硬件、软件和网络系统的适当或最小配置，再现 DCS。激励 DCS 具有最高的软硬件逼真度，但是软硬件实现成本很高，与对象模型系统连接较难，无法完成复杂的仿真应用功能。

(2) 虚拟 DCS (Virtual DCS)——在完成 DCS 组态之后，采用对 DCS 网络下载文件进行智能编译转换的方式，实现 DCS 的平台转移和再现。虚拟 DCS 应具有极高的软件功能逼真度，实现成本不高，能够完成复杂的仿真应用功能。

(3) 仿真 DCS (Simulation DCS)——只要 DCS 完成控制功能和逻辑设计，就可以根据设计图纸进行仿真。仿真 DCS 是多年来培训仿真系统通常采用的形式，虽然实现成本不高、能够完成复杂的培训仿真应用功能，但软件功能逼真度和可信度相对不够高，跟踪修改较难，几乎不能完成人员培训功能以外的高级应用功能。

虚拟 DCS 的特点，就是控制参数和算法完全来自下载文件，使用与 DCS 相同的算法、模块、时间片、位号等，可以同步修改更新，软件功能逼真度很高。可以说，虚拟 DCS 能够真正有效、经济和广泛地应用于人员培训和在线检测诊断，满足火力发电等过程工业“数字化”的需求。

1.3.2　1000MW 全范围仿真机

本实验采用的 1000MW 全范围火电站仿真系统是针对火电站主控室的 1∶1 仿真系统。能够仿真包括锅炉、汽轮机、发电机、制粉系统等火电机组的几乎所有设备及系统工况。主要功能包括：

(1) 冷态、稳态、热态到满负荷的机组启动操作；

(2) 正常停机操作和紧急停机操作；

(3) 指定工况的设备启停或升降负荷；

(4) 任意工况的稳定运行；

(5) 仿真模型运行、冻结；

(6) 初始工况存、取；

(7) 故障加入、清除；

(8) 就地设备的运行状态监控；

(9) 电站热力系统的图形化动态建模与仿真。

如图 1-5 所示，本实验采用的火电站仿真机是一个由多台不同功能的计算机构成的网络

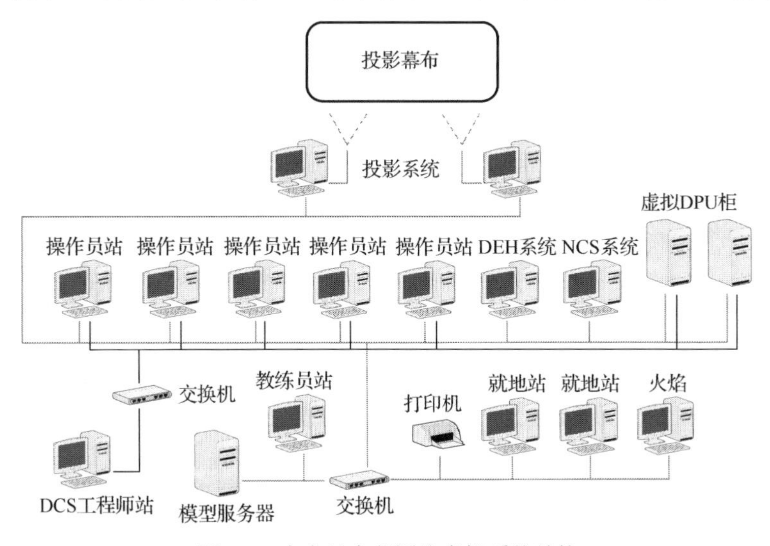

图 1-5　火电站全范围仿真机系统结构

系统，主要包括模型服务器、教练员站、就地站、DEH 系统、DCS 工程师站、虚拟 DPU 柜、DCS 操作员站、投影大屏幕以及交换机等。

模型服务器用来运行 1000MW 火电机组的仿真数学模型。仿真数学模型是电站实际设备及系统(物理系统)在计算机中的描述。教练员站用来控制仿真模型的运行，可以根据仿真实践教学和培训任务的需要对仿真模型进行启动、暂停、加速、回退、分段运行等操作，是操作者高效地体验电站系统不同阶段的运行过程与操作。就地站和 DEH 站是用来操作电站就地设备和汽轮机 DEH 控制系统的独立工作站。DCS 系统在就地与 DEH 系统的更高一层对电站系统进行整体控制。DCS 系统主要由虚拟 DPU 柜、DCS 工程师站和操作员站组成。操作员站是电厂运行人员主要的人机接口，也是仿真机实践教学中学生主要使用的工作站类型。

第 2 章　锅炉原理实验

“锅炉原理”是工科高等学校能源与动力工程专业的一门重要的专业课程，对学生专业知识体系的构建有重大影响，同时对培养学生创造性的思维能力、自主分析和解决工程实际问题的能力具有重要的奠基作用。本课程的任务是使学生掌握锅炉整体的工作过程与结构特点、传热、燃烧与水循环过程的基础理论，学会辅助系统的构成与工作原理以及锅炉总体设计与计算方法。通过该课程的学习，学生应具有锅炉安全、经济运行的一般知识，并培养分析工程问题、进行锅炉设计计算、运行校核计算和实验的初步能力。

锅炉原理实验教学是“锅炉原理”课程中重要的实践环节，以培养学生运用实验方法研究解决锅炉原理相关实践问题的能力。根据专业需要和实际情况，分别选取煤的发热量测量实验、锅炉热平衡综合实验及锅炉燃烧系统动态分析实验 3 个实验内容，实验学时为 6 学时。针对每个实验编写了实验目的和意义、实验原理、实验装置及设备、实验步骤、实验注意事项、实验数据处理及分析等。

2.1　实验 1：煤的发热量测定

2.1.1　实验目的

煤热值是煤的一个重要物理化学指标。煤热值的大小直接影响着煤处理处置方法的选择。本实验的目的是使学生掌握煤热值的测定方法，并在实验中培养学生的动手能力，使其熟悉相关仪器设备的使用方法。具体如下：

(1) 掌握量热仪的工作原理和结构。

(2) 掌握煤发热量的测量原理和方法。

(3) 初步具备独立完成煤发热量测量的能力。

2.1.2　实验原理

单位质量的煤在完全燃烧时放出的全部热量称为燃烧热。发热量中包括煤燃烧后所产生的水蒸气凝结放出的汽化潜热时，称为高位发热量。发热量中不包括水蒸气凝结放出的汽化潜热时，称为低位发热量。单位质量的试样在充有过量氧气的氧弹内燃烧，其燃烧产物组成为氧气、氮气、二氧化碳、硝酸和硫酸、液态水以及固态灰时放出的热量称为弹筒发热量。

煤的发热量在氧弹量热计中进行测定。一定量的分析试样在氧弹量热计中，在充有过量氧气的氧弹内燃烧，氧弹量热计的热容量通过在相近条件下燃烧一定量的基准量热物苯甲酸来确定，根据试样燃烧前后量热系统产生的温升，并对点火热等附加热进行校正后即可求得试样的弹筒发热量。从弹筒发热量中扣除硝酸生成热和硫酸校正热(硫酸与二氧化硫形成热之差)即得高位发热量。

本实验采用氧弹量热计，图 2-1 为氧弹量热计外形图，图 2-2 为氧弹量热计剖面图。

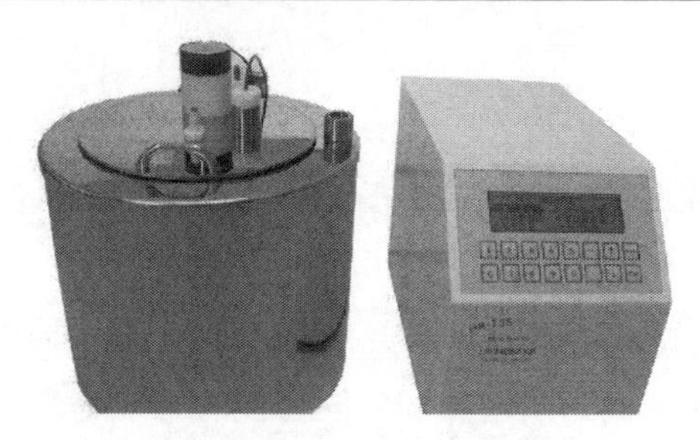

图 2-1　氧弹量热计外形图

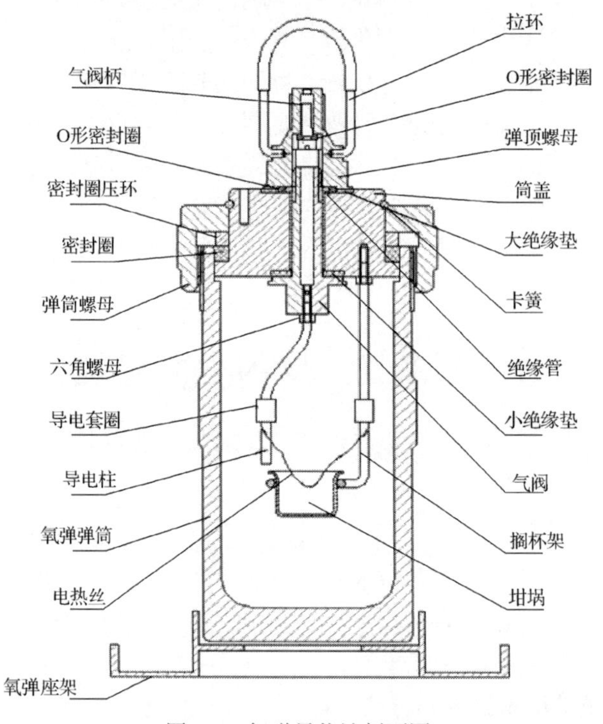

图 2-2　氧弹量热计剖面图

氧弹量热计测量基本原理：根据能量守恒定律，样品完全燃烧放出的能量促使氧弹量热计本身及其周围的介质(本实验用水)温度升高，通过测量介质燃烧前后温度的变化，就可以求算该样品的燃烧热值。

恒温式弹筒发热量：

$$Q_{b,ad}=\frac{EH\left[(t_n+h_n)-(t_0+h_0)+C\right]-(q_1+q_2)}{m} \tag{2-1}$$

式中，$Q_{b,ad}$为空气干燥煤样的恒温式弹筒发热量，J/g；E为热量计的热容量，J/K；H为贝克曼温度计的平均分度值，使用数字显示温度计时，$H = 1$；q_1为点火热，J；q_2为添加物如包纸等产生的总热量，J；m为试样质量，g；t_0为点火时的筒内温度，K；h_0为t_0的毛细孔径修正值，使用数字显示温度计时，$h_0 = 0$；t_n为终点时的筒内温度，K；h_n为t_n的毛细孔径修正值，使用数字显示温度计时，$h_n = 0$；C为冷却校正值，K。

高位发热量：

$$Q_{gr,ad} = Q_{b,ad} - (94.1S_{b,ad} + aQ_{b,ad}) \tag{2-2}$$

式中，$Q_{gr,ad}$为空气干燥煤样的恒容高位发热量，J/g；$Q_{b,ad}$为空气干燥煤样的弹筒发热量，J/g；$S_{b,ad}$为由弹筒洗液测得煤的含硫量，%，当含硫量低于 4.00%时或发热量大于 14.60MJ/kg 时，用全硫（按 GB/T 214—2007 测定）代替；94.1 为空气干燥煤样中每 1.00%硫的校正值；a 为硝酸修正系统，J/g。

2.1.3　实验装置及设备

(1) 自动恒温式热量计（仪器结构、弹筒、内筒、外筒、搅拌器、量热温度计）；

(2) 燃烧器、压力表和氧气导管、压饼机；

(3) 天平（分析天平、工业天平）；

(4) 点火装置：点火采用 12～24V 的电源，可由 220V 交流电源经变压器供给。线路中应串联一个调节电压的变阻器和一个指示点火情况的指示灯和电流计。

点火电压应预先实验确定。其方法是：接好点火丝，在空气中通电实验。采用熔断式点火时，调节电压使点火丝在 1～2s 内达到亮红；采用棉线点火时，调节电压使点火丝在 4～5s 内达到暗红。上述电压和时间确定后，应准确测出电压、电流和通电时间，以便据以计算电能产生的热量。

2.1.4　实验步骤

1. 量热仪氧弹的安装

(1) 将氧弹头悬挂于氧弹支架上；

(2) 将装有试样的坩埚放到氧弹的坩埚支架上；

(3) 将点火丝接到坩埚支架上并拧紧螺帽，按 GB/T 213—2008 的规定控制点火丝与试样的距离；

(4) 将氧弹头小心地放入装有 10mL 蒸馏水的氧弹筒内，旋转氧弹头并平稳地放到充氧器上充氧；

(5) 测试完毕后，用放气阀将氧弹中的残留气体放出，然后将弹筒和弹头清洗干净，并晾干。

2. 量热仪自动充氧器的安装

(1) 安装前仔细检查各部件是否紧固，外观是否有损伤和破坏的痕迹；

(2) 充氧导管将充氧器与氧气减压阀连接，并紧固所有螺母；

(3) 打开氧气瓶总阀，调节减压阀，使出气压表显示为 2.8～3.0MPa，此时整个气路应无漏气现象，否则应检查，直至正常为止；

(4) 进行充氧实验，此时应不漏气且操作自如，充氧器上的压力表指示应与减压阀上的表压力指示一致；

(5) 打开氧气瓶总阀门（瓶内压力应大于 5MPa），把氧弹放在充氧器定位座上，将氧弹头对准充氧器气嘴，向下压充氧手柄，在 2.8～3.0MPa 压力下充氧 30～40s，然后慢慢松开手柄，取出氧弹。

3. 量热仪联机实验

硬件和软件安装完毕后，便可进行系统联机实验，若无异常，则视为安装完毕，否则应重新进行检查。

4. 量热仪天平联机

将天平信号连接线接入计算机串口。进入系统设置好“天平类型”、“通信接口”，在温度平衡后，在“参数输入”文本框中输入“天平”，即可看到当前天平称量数据。

5. 量热仪发热量测定

将试样放入氧弹，接好点火丝，充入氧气；将氧弹置入量热仪，然后输入实验参数，系统自动进入测试状态。当试样测试完毕后，选择“查看数据”，可显示当前、当天及重复样实验结果。

2.1.5 实验注意事项

(1)要求氧弹密封、耐高压、耐腐蚀，同时粉末样品必须压成片状，以免充气时冲散样品，使燃烧不完全而引起实验误差。

(2)量热计放在一个恒温的套壳中，量热计壁必须高度抛光，也是为了减少热辐射，量热计和套壳中间有一层挡屏，以减少空气的对流量。

(3)新氧弹和新换部件(弹筒、弹头、连接环)的氧弹应经 20.0MPa 的水压实验，证明无问题后方能使用。此外，应经常注意观察与弹筒强度有关的结构，入弹筒和连接环的螺纹、进气阀、出气阀和电极与弹头的连接处等，若发现磨损或松动显著，应进行修理，并经水压实验合格后再用。弹筒还应定期进行水压实验，每次水压实验后，氧弹的使用时间一般不应超过 2 年。当使用多个设计制作相同的氧弹时，每一个氧弹都应作为一个完整的单元使用。氧弹部件的交换使用可能导致发生严重的故事。

(4)实验室应设在单独房间，不得在同一实验室进行其他实验项目。室温应尽量保持恒定，每次测定时，室温变化不应超过 1℃，冬夏季室温以不超出 15～35℃为宜。室内应无强烈的空气对流，因此不应有强烈的热源和风扇等，实验过程中应避免开启门窗。实验室最好朝北，以避免阳光照射，否则热量计应放在不受阳光直射的地方。

(5)当钢瓶中氧气压力降低到 5.0MPa 以下时，充氧时间应酌量延长。压力降低到 4.0MPa 以下时，应更换新的钢瓶氧气。

2.1.6 实验数据处理及分析

(1)用图解法求出由样品燃烧引起量热计温度变化的差值 ΔT_1，并根据公式计算量热计的水当量。

(2)用图解法求出由样品燃烧引起量热计温度变化的差值 ΔT_2，并根据公式计算样品的热值。实验数据处理分析如表 2-1 所示。

表 2-1　实验数据处理及分析

编号	重量/g	点火温度/℃	主期温升/℃	弹筒发热量/(MJ/kg)	高位发热量/(MJ/kg)	低位发热量/(MJ/kg)

2.1.7 思考题

(1)本实验中测出的氧弹发热量与高位发热量、低位发热量的关系是什么？

(2)在利用氧弹量热计测量煤的热值中，有哪些因素可能导致测量精度的降低？

2.2　实验 2：锅炉热平衡综合实验

2.2.1　实验的目的及意义

锅炉热平衡实验是热能与动力工程专业领域一项重要的实验。通过热平衡实验，测试锅炉在稳定工况下的运行效率，可以判断锅炉的燃料利用程度与热量损失情况。对新投运的锅炉进行锅炉热效率测定，是锅炉性能鉴定和验收的依据。根据测试的锅炉热效率、各项热损失及其热工参数，对锅炉的运行状况进行评价，分析影响锅炉热效率的各种因素，为改进锅炉的运行操作、实施节能技改项目提供技术依据，实现节能降耗的目的。

通过本实验，学生可以初步掌握热平衡实验的方法，加深对锅炉机组输入热量有效利用及损失的理解，同时，可以增强学生对锅炉的感性认识，促进理论联系实际，培养分析和解决问题的能力。具体内容包括：

(1) 了解锅炉热平衡综合实验系统的组成；

(2) 掌握锅炉各项热损失的计算方法；

(3) 掌握正、反平衡实验的方法和步骤；

(4) 掌握锅炉给水温度、压力、流量、排烟温度等的测量方法，分析减小误差的措施。

2.2.2　实验原理

从能量平衡的观点来看，在稳定工况下，输入锅炉的热量应与输出锅炉的热量平衡，锅炉的这种热量收、支平衡关系称为锅炉热平衡。输入锅炉的热量是指伴随燃料送入锅炉的热量；锅炉输出的热量可以分为两部分，一部分为有效利用热量，另一部分为各项热损失。

输入锅炉的热量以 Q_r (kJ/kg) 或 100 (%) 表示。锅炉损失的热量以如下方式表示：

(1) 排烟损失的热量 Q_2 (kJ/kg) 或 q_2 (%)；

(2) 化学未完全燃烧损失的热量 Q_3 (kJ/kg) 或 q_3 (%)；

(3) 机械未完全燃烧损失的热量 Q_4 (kJ/kg) 或 q_4 (%)；

(4) 散热损失的热量 Q_5 (kJ/kg) 或 q_5 (%)；

(5) 灰渣物理热损失的热量 Q_6 (kJ/kg) 或 q_6 (%)。

锅炉利用热量 Q_1 (kJ/kg) 或 q_1 (%) 与输入锅炉的热量和各损失之间存在如下关系：

$$\begin{aligned} Q_r &= Q_1 + Q_2 + Q_3 + Q_4 + Q_5 + Q_6 \quad (\text{kJ/kg}) \\ 100 &= q_1 + q_2 + q_3 + q_4 + q_5 + q_6 \quad (\%) \end{aligned} \tag{2-3}$$

由于本实验是在小型锅炉实验平台上进行的，用液化石油气作为气体燃料进行热平衡的测定，在燃烧过程中不产生未燃尽固体颗粒和灰渣。因此，本实验中可认为机械不完全燃烧热损失 Q_4 (kJ/Nm^3) 或 q_4 (%) 和灰渣物理热损失的热量 Q_6 (kJ/Nm^3) 或 q_6 (%) 两项热损失为零。

1. 锅炉正平衡实验

直接测量燃料（燃气或者燃油）带入锅炉的热量与热水器有效利用热量而求得锅炉热效率的方法称为正平衡法，也称直接测量法。其计算公式为

$$\eta_1 = \frac{D(i_{cs} - i_{js})}{BQ_{dw}^{y}} \times 100\% \tag{2-4}$$

式中，D 为锅炉循环水量，kg/h；i_{cs} 为锅炉出口热水焓，kJ/kg；i_{js} 为锅炉进口热水焓，kJ/kg；B 为燃料耗量，kg/h；Q_{dw}^{y} 为燃油的低位发热量，kJ/kg。

2．锅炉反平衡实验

通过测定锅炉的各项热损失，然后间接求出热水器热效率，叫反平衡法，也叫间接测量法或热损失法。其计算公式为

$$\eta_2 = 100 - (q_2 + q_3 + q_4 + q_5 + q_6) \tag{2-5}$$

3．烟气成分的测量

烟气成分的测量用烟气分析仪进行。通过烟气分析仪能较为精确地测出烟气成分，可作为判断燃烧过程好坏的依据。

4．烟气流量的测量

利用烟气差压传感器测量的压差，通过流体力学知识可知，可以利用伯努利方程求得烟气的流速，再通过对截面积的计算求得烟气的流量。

可利用下式进行烟气流速的计算：

$$v = \psi \sqrt{\frac{2\Delta P}{\rho_{yq}}} \tag{2-6}$$

式中，ψ 为流量修正系数，一般取 $\psi = 0.97$；ρ_{yq} 为烟气密度，kg/m^3。

2.2.3　实验装置及设备

锅炉热平衡综合实验的实验装置及设备如图 2-3 所示。

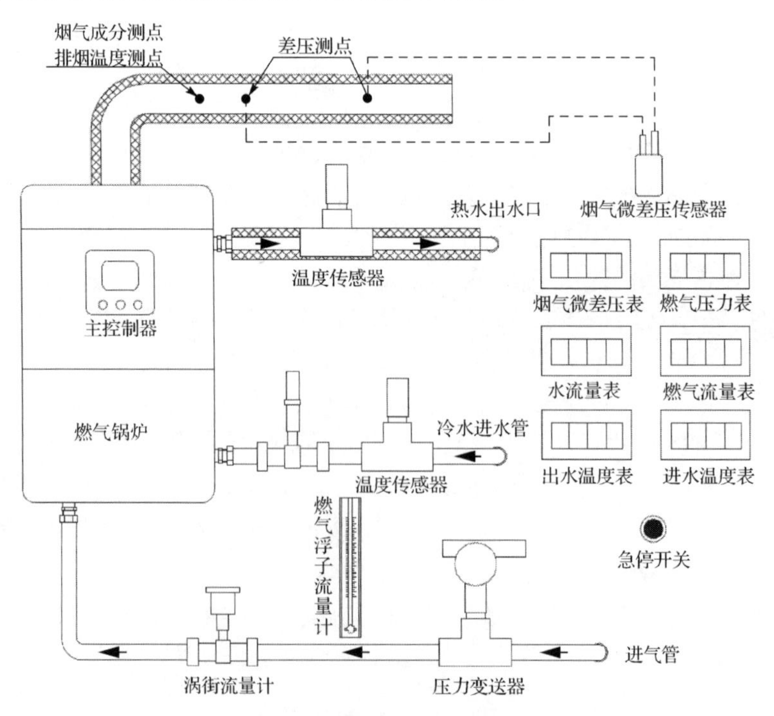

图 2-3　实验装置及设备

(1) 燃气锅炉：为了适应环保的要求，以燃气热水器为模拟锅炉，以液化石油气作为气体燃料，以自来水作为给水。

(2) 奥氏烟气分析仪：分析烟气容积成分。

(3) 温度传感器(热电偶)：燃气、烟气、给水、出水、燃气锅炉保温层以及环境温度。

(4) 烟气差压传感器：烟气侧的差压测量。

(5) 压力变送器：测量燃气压力。

(6) 流量计：测量燃气及给水流量。

(7) 量热仪：测量燃料低位发热量。

2.2.4　实验步骤

(1) 熟悉锅炉热平衡实验原理。

(2) 熟悉本装置的测量原理及测量方法，以及各测试仪器的使用方法。

(3) 确认管路系统连接正确。

(4) 接通锅炉热平衡实验台电源；打开液化气瓶燃气阀门，接通锅炉热平衡实验台气源；将燃气锅炉的火力调节旋钮、温度调节旋钮旋转至最大位置，打开给水阀门，当给水达到一定流量时燃气锅炉自动点火。

(5) 为了保证测试数据的准确性和真实性，热平衡实验在锅炉运行稳定后测量。给水流量从小到大，开展不同工况的实验。

(6) 将燃气流量和给水流量调节到所需要的实验工况，燃烧稳定后，即可进行各实验参数的测量。

(7) 实验结束后，先关给水阀再关闭燃气阀门，最后切断电源。

2.2.5　实验注意事项

注意阀门的打开顺序；在实验中注意通风；实验前应进行燃气锅炉漏电保护校验，以防触电；使用液化石油气后将阀门关闭，避免泄露；部分管道敷设保温层；实验完毕后关闭给水阀门、燃气阀门并切断热水器电源；正确使用测试仪器，测量数据要准确。

2.2.6　实验数据处理及分析

实验测量项目、测量仪器及测量要求如表 2-2 所示，实验过程中数据记录如表 2-3 所示，数据处理及分析如表 2-4 所示。

表 2-2　实验测量项目、测量仪器及测量要求

实验测量项目	测量仪器	注意事项及测量要求
燃气流量	流量计	每 10min 记录一次
燃气低位发热量	量热计	取样化验报告
燃气成分分析	燃气成分分析仪	燃气公司提供
环境温度	热电偶	每 10min 记录一次
给水入口温度	热电偶	每 10min 记录一次
给水入口流量	流量计	每 10min 记录一次
给水出口温度	热电偶	每 10min 记录一次

续表

实验测量项目	测量仪器	注意事项及测量要求
给水出口流量	流量计	每 10min 记录一次
排烟温度	热电偶	每 10min 记录一次
排烟差压	差压计	每 10min 记录一次
烟气成分分析	奥氏烟气分析仪	每 10min 记录一次

表 2-3 实验过程中数据记录表

实验测量项目	单位	数值		
		工况 1	工况 2	…
燃气流量	L /h			
给水流量	m^3 /h			
给水入口温度	℃			
给水出口温度	℃			
排烟差压	Pa			
燃气压力	Pa			
燃气锅炉保温层表面温度	℃			
排烟温度	℃			
O_2 含量	%			
CO 含量	%			
CO_2 含量	%			
环境温度	℃			
过量空气系数				

表 2-4 数据处理及分析

工况	给水流量 /(m^3/h)	燃气流量 /(L/h)	排烟热损失 q_2	化学不完全燃烧热损失 q_3	散热损失 q_5	锅炉正平衡效率 η_1	锅炉反平衡效率 η_2
工况 1							
工况 2							
⋮	⋮	⋮	⋮	⋮	⋮	⋮	⋮

2.2.7 思考题

(1) 分别采用正平衡法和反平衡法对锅炉效率进行计算，分析比较两种计算方法的差异。
(2) 分析影响燃气锅炉热效率的主要因素。

2.3 实验 3：锅炉燃烧系统动态分析实验

2.3.1 实验目的及意义

以全图形化的发电厂热力系统通用计算平台（仿真实验平台）为依托，完全再现锅炉机组运行环境，要求学生精确模拟在各燃烧参数改变的条件下发电厂实际机组的全工况动态特性及趋势。通过基于全图形化的发电厂热力系统通用计算平台的热能动力系统综合实践，培养学生综合运用所学基本理论、基本知识进行创新实践的能力，实现与生产实际需要零距离，实现实践教学思想和仿真教学理念的创新，创建火力发电仿真教学的新体系。本实验的具体任务是改变机组燃烧参数，包括送风量及送粉量，分析机组效能的动态变化。

2.3.2　全图形化的发电厂热力系统通用计算平台仿真原理

全图形化的发电厂热力系统通用计算平台是基于发电设备数学模型，由仿真计算机提供实时数据。该软件平台已广泛用于培训操作人员、工程技术人员及管理人员，提高他们的监控能力和运行技术水平。

全图形化的发电厂热力系统通用计算平台仿真原理如图 2-4 所示。仿真实验平台硬件构成包括：①仿真计算机；②操作员台；③输入/输出(I/O)接口；④计算机网络。仿真计算机是硬件系统的心脏，它负责运行全图形化软件平台并将其运行结果运送至 I/O 接口及教练员台上。操作员台是受训人员的人机界面，监测和控制仿真电站的运行状况，操作员台通常包括：常规控制盘、DCS 操作员台、就地操作台等设备。I/O 接口实现仿真计算机与常规控制台的数字量/模拟量转换，进而满足两者之间的通信要求。仿真实验平台采用 DCS 集散控制系统或计算机数据采集系统。

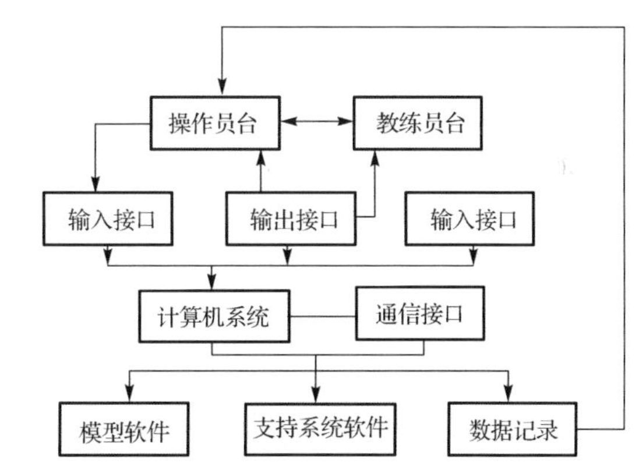

图 2-4　全图形化的发电厂热力系统通用计算平台仿真原理图

关于全图形化的发电厂热力系统通用计算平台的功能和主要使用方法，请参阅本教材 1.3 节和 10.1 节、10.2 节。图 2-5 是该仿真系统的部分与本实验相关的分散控制系统(DCS)画面。

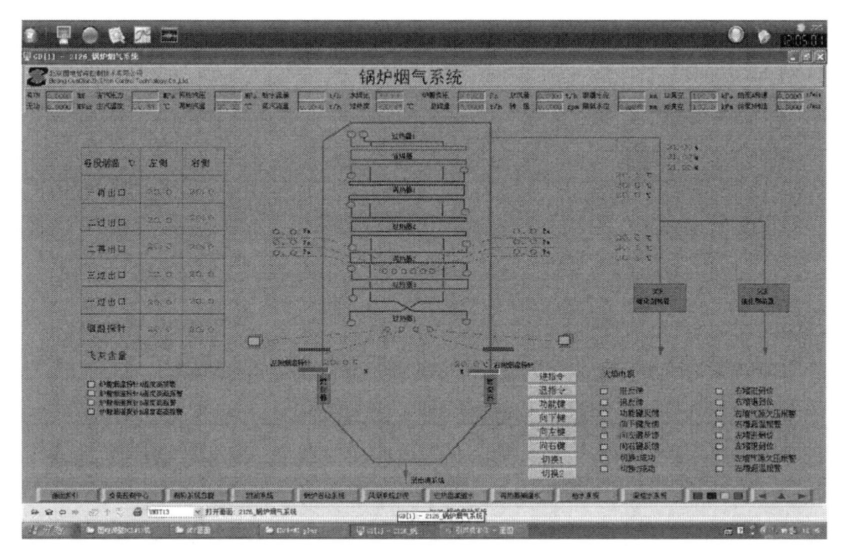

(a) 锅炉烟气系统

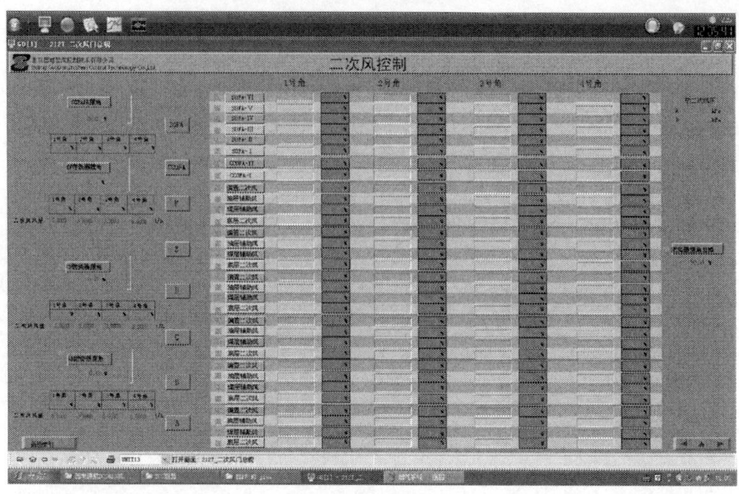

(b) 二次风系统

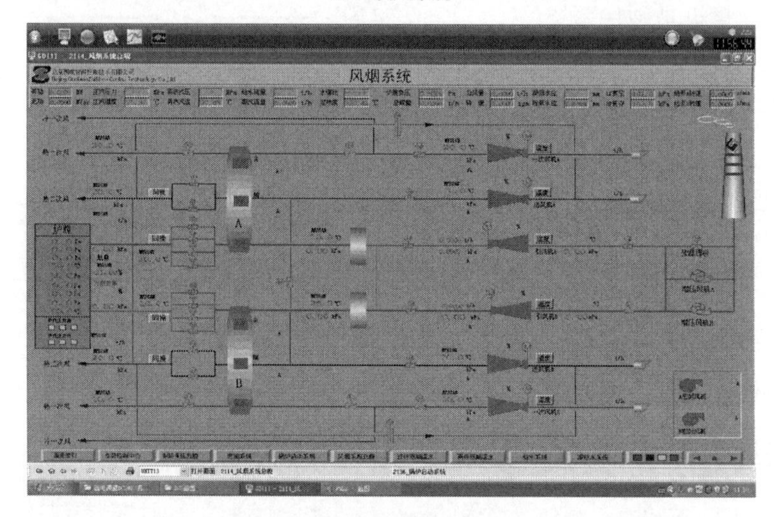

(c) 风烟系统

(d) 锅炉壁温系统

图 2-5　燃烧系统虚拟 DCS

2.3.3　锅炉燃烧系统数学建模

一个完整的火电厂数学模型应该可以用来对单元机组正常运行、启停及事故等全部工况进行仿真研究。数学模型分为静态模型和动态模型。静态数学模型用来描述系统在稳定状态或者平衡状态下各输入变量和输出变量之间的关系；动态数学模型用来描述系统在不稳定状态下各种变量随时间的变化关系，当系统从一个稳定状态变化到另外一个稳定状态时，哪些参数会发生变化，其变化速度及历程如何，这些都属于动态数学模型要解决的问题。

电站锅炉系统复杂、体积庞大，建立锅炉燃烧系统仿真模型时，需要做如下假设：

(1)采用集总参数法，忽略系统参数沿空间分布，只考虑时间导数项；

(2)假设烟气、空气、水蒸气为理想气体，满足理想气体状态方程；

(3)由于烟气的蓄热能力与金属及工质侧相比很小，所以建立烟气动态模型时一般忽略不计，只考虑平衡状态的关系；

(4)各系统满足基本的物理及热力学定律，如质量守恒、能量守恒、传热方程、热力学状态方程等。

质量守恒方程为

$$\frac{\mathrm{d}}{\mathrm{d}t}(\rho V)=W_{\mathrm{in}}-W_{\mathrm{out}} \tag{2-7}$$

式中，V为系统体积，m^3；ρ为工质密度，$\mathrm{kg/m^3}$；W_{in}为入口质量流量，kg/s；W_{out}为出口质量流量，kg/s。

炉内燃烧为定容燃烧过程，质量守恒方程写作：

$$V\frac{\mathrm{d}}{\mathrm{d}t}(\rho)=W_{\mathrm{in}}-W_{\mathrm{out}} \tag{2-8}$$

能量守恒方程为

$$V\frac{\mathrm{d}(\rho H)}{\mathrm{d}t}=W_{\mathrm{in}}h_{\mathrm{in}}-W_{\mathrm{out}}h_{\mathrm{out}}-Q \tag{2-9}$$

式中，H为焓值，J；h_{in}为入口比焓，kJ/kg；h_{out}为出口比焓，kJ/kg；Q为吸热量，J。

动量守恒方程。根据牛顿第二定律，考虑到作用在流体上的表面力及表面摩擦力，不可压黏性流体定常流动伯努利方程为

$$Z_1+\frac{P_1}{\rho g}+\frac{v_1^2}{2g}=Z_2+\frac{P_2}{\rho g}+\frac{v_2^2}{2g}+h_{\mathrm{w}} \tag{2-10}$$

式中，v_1、v_2为入口及出口平均速度，m/s；P_1、P_2为入口及出口压力，Pa；Z_1、Z_2为入口及出口高度，m；h_{w}为管道总的能量损失，m。

炉内高温烟气与水冷壁及辐射过热器的换热以辐射传热为主。假设水冷壁为黑体时，采用斯蒂芬-玻尔兹曼定律计算其辐射量：

$$q=\sigma\varepsilon_{\mathrm{g}}T_{\mathrm{g}}^4 \tag{2-11}$$

式中，ε_{g}为烟气黑度；T_{g}为烟气温度，K；σ为斯蒂芬-玻尔兹曼常数，$\sigma=5.67\times10^{-8}\mathrm{W/(m^2\cdot K^4)}$。

常用的热力学参数为压力 P、温度 T、焓 H、熵 S、比容 v，已知 5 个参数中的任意两个，便可以由图线表格或者经验公式求得第三个。仿真模型中常以压力、温度计算为主。

$$\begin{aligned} H &= H(P,T) \\ S &= S(P,T) \\ v &= v(P,T) \\ T &= T(P,T) \end{aligned} \tag{2-12}$$

依据以上各方程，便可以建立锅炉燃烧系统的数学模型。

2.3.4 仿真实验步骤

(1) 柴油机启动。检查柴油机具备启动条件，就地启动柴油机，检查柴油发电机出口电压正常，检查母线电压正常，确认汽机保安负荷具备送电条件后送电。

(2) 直流投入(就地 110V 直流系统，220V 直流系统)。

(3) UPS 投入(就地 UPS 系统)。

(4) 厂用电恢复。依次恢复 10kV 母线、汽机、锅炉、除灰、厂前区、脱硫、公用、照明、保安等母线。

(5) 循环水系统、开式水系统、压缩空气系统、闭式水系统以及凝结水系统依次投入运行。

(6) 辅助蒸汽投入，开始除氧器加热。

(7) 润滑油系统及密封油系统投入运行。

(8) 氢气置换，发电机定子冷却水系统投入。

(9) 盘车投入。检查润滑油、密封油、顶轴油系统已投入且油压正常，盘车控制柜已送电，确定汽轮机已打闸、高中压主汽门均处于关闭状态，确认汽轮机转速为 0，零转速信号已返回，打开盘车喷油电磁阀，检查盘车控制柜，就地启动盘车。按规定时间进行连续盘车。

(10) EH 油系统投入运行。

(11) 轴封系统及真空系统投入运行。

(12) 电动给水泵启动运行。

(13) 锅炉启动系统投入及上水。炉水循环泵电机腔室注水；确认锅炉本体工作票已终结，现场已清洁，电动门传动完毕，各变送器正常；确认锅炉省煤器、水冷壁、疏水罐下部及 BCP 启动系统疏水一、二次门均关闭；检查打开省煤器出口联箱、水冷壁中间联箱、分离器、过热系统放空气一次手动门，二次电动门；打开进口电动门；确认锅炉给水电动门及旁路调节阀均关闭；确认除氧器加热完成，水质合格；开启电动给水泵出口电动门，稍开锅炉给水旁路调整门，维持 100～150t/h(夏季流量，冬季维持 75t/h)的上水流量；省煤器出口集箱放气阀、螺旋水冷壁及垂直水冷壁出口混合集箱放气阀见水后依次关闭；监视储水箱水位，利用 361 阀维持储水箱水位在 12m 左右；锅炉疏水扩容器混温箱水位高时可投入锅炉疏水泵，降低混温箱水位；炉水循环泵冷却水投入；启动炉水循环泵；打开炉水循环泵出口调整门，开始冷态冲洗；冷态冲洗水质合格后，将疏水泵疏水倒至凝汽器。

(14) 火检风系统、风烟系统投入运行。

(15) 燃油系统投入、炉前油系统恢复。

(16) 燃油泄漏实验。

(17) 炉膛吹扫；锅炉点火准备。

(18)一次风机及密封风机启动。

(19)C 磨煤机微油点火模式投入。

(20)旁路投入运行。

(21)锅炉热态冲洗，升温升压。

(22)高压调阀阀壳预暖，汽轮机冲转。

(23)发电机并列及带初始负荷暖机，汽泵恢复并启动。

(24)升负荷至 100MW，低加投入，高加投入，升负荷至 250MW，干湿态转换，升负荷至满负荷。

(25)启动完成，改变一、二次风量及给粉量，记录 q_1～q_6 各项损失，分析机组效能随燃烧参数的动态变化。

2.3.5　仿真实验注意事项

(1)冷态采用微油点火启动时，必须投用 C 磨煤机暖风器，直到一次热风温度达到 160℃，方可撤出暖风器。投用其他磨煤机前，空预器出口一次风温度尽量达到 150℃(最低不得低于 130℃)，炉膛烟温达 500℃。

(2)锅炉湿、干态转换点既不是一个精确的负荷点，也不是一个稳定的点，在 20%～30%BMCR 期间，禁止长时间运行。

(3)当锅炉有二层及以上燃烧器投运时，应尽量避免一侧有超过另一侧两层及以上燃烧器运行。

(4)严密监视锅炉燃烧正常，储水箱水位正常，严密监视顶棚出口蒸汽温度及其过热度、炉膛压力、水燃比等参数稳定，检查锅炉各受热面壁温正常。

(5)注意监视炉膛负压、送风量、给煤机等自动控制的工作情况，发现异常及时处理。

(6)按照机组启动曲线进行升温、升压、升负荷。

2.3.6　实验数据处理及分析

煤种特性：

C^y = ________%，H^y = ________%，O^y = ________%，N^y = ________%，S^y = ________%，A^y = ________%，W^y = ________%，Q_d^y = ________kJ/kg。

C、H、O、N、S、A、W、Q 分别指碳、氢、氧、氮、硫、灰分、水分和发热量，上标 y 指应用基，小标 d 指低位发热量，这些都是锅炉课程统一符号。

燃烧参数：

一次风速________m/s，二次风速________m/s，三次风速________m/s。

一次风温________℃，二次风温________℃，三次风温________℃。

机组效能：

q_2 = ________%，q_3 = ________%，q_4 = ________%，q_5 = ________%，q_6 = ________%，锅炉效率 η = ________%。

2.3.7　思考题

基于锅炉动态仿真实验结果，分析各燃烧参数是如何影响锅炉效能的。

第3章　汽轮机原理实验

汽轮机原理实验是为热能与动力工程专业课程“汽轮机原理”配套开设的实验课程，通过实验使学生加深理解课堂学习的内容，掌握现代大型汽轮机在设计、运行、控制和监测等方面的基本原理和方法。该实验主要是在第1章介绍的电站稳态仿真环境，以及1000MW超超临界电站仿真系统两个仿真实验平台的基础上设计的与汽轮机原理课程相关的实验课程。本章主要介绍“汽轮机原理”课程的如下4个实验。

通过汽轮机级内热力性能分析实验可以了解汽轮机级内热力性能参数的设定，并通过实际案例了解汽轮机热力系统的计算和分析方法。

通过凝汽器真空系统仿真分析实验可以正确理解凝汽器真空与热力系统各运行参数之间的内在关系，掌握汽轮机装置运行时正确的运行调节方法。

通过汽机轴系振动的监测仿真实验可以了解现代大型汽轮机对于轴系振动的监测方法，传感器的类型、数量和布置位置等TSI系统的设置，通过汽轮机运行过程振动值的监测，熟悉汽轮机转子的振动特性。

通过数字电液调节系统仿真实验理解汽轮机DEH系统的转速和负荷控制方法，了解汽轮发电机组的启停和运行调整的整个控制过程，加深对DEH工作过程的认识。

3.1　实验1：汽轮机级内热力性能分析

3.1.1　实验目的

(1)了解热力系统稳态仿真实验平台软件的基本功能和使用方法。

(2)通过学生自己使用稳态仿真实验平台软件，熟悉汽轮机级内热力系统计算的方法。

(3)通过仿真计算分析实验，使学生掌握汽轮机装置各抽汽段蒸汽的压力、温度、焓值、功率等参数的设定和计算分析方法。

3.1.2　实验原理

汽轮机装置包括汽轮机、凝汽器和给水加热器等装置，其热力性能的计算包括热耗率和热效率等，主要与采用的热力系统有关。图3-1为燃煤电站750MW凝汽式汽轮机装置的热力系统示意图。从锅炉出来的新蒸汽经过主蒸汽管道进入高压缸膨胀做功。高压缸的排汽除小部分通往给水加热器加热给水外,其余的都通往再热器。蒸汽在再热器中再热后，通往中压缸继续膨胀做功。中压缸中间部分的抽汽流向高压加热器和除氧器，中亚缸排汽一小部分流入低压加热器，其余大部分排汽流入双流结构的低压缸做功。低压缸的排汽流入凝汽器凝结成水。

为了提高循环热效率，从汽轮机中间级抽出一部分做过功的蒸汽，分别送入各给水加热器逐步加热凝结水。图3-1中共有7台加热器，其中1台为除氧器，它是混合式加热器，由抽汽将凝结水加热到饱和温度，以除去溶解在水中的氧，防止设备腐蚀；其余 6 台均为表面式加热器。从凝结水泵出口到给水泵前这段管路上的加热器承受低水压，称为低压加热器；给水泵后的加热器承受高水压，称为高压加热器。给水泵将通过低压加热器的凝结水升压，再经高压加热器将给水加热后送往锅炉；另有很小部分给水从给水泵出口直接送往锅炉，用于喷水调节过热蒸汽温度。

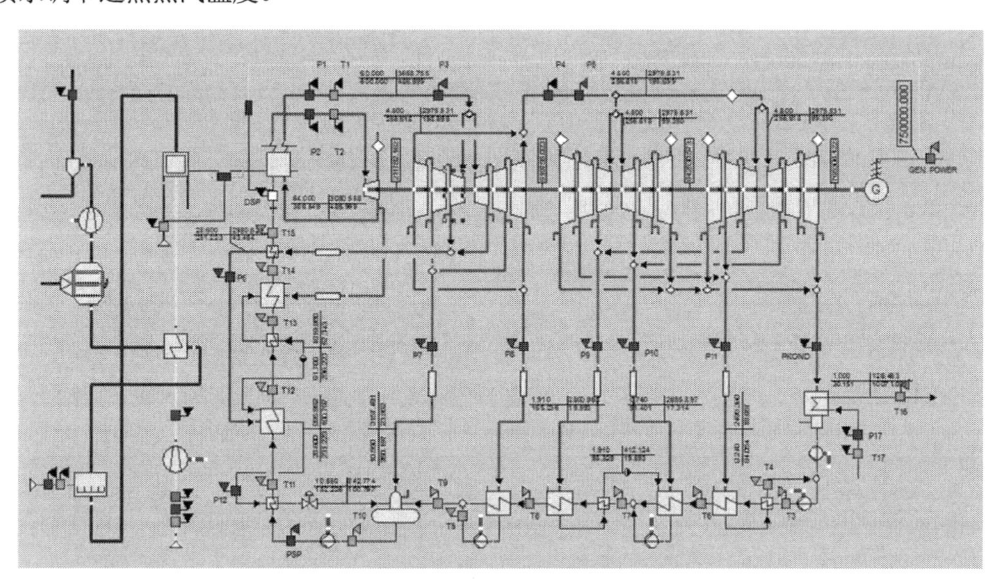

图 3-1　燃煤电站 750MW 热力系统图

各高压加热器中抽汽的凝结水(疏水)从抽汽压力较高的加热器逐级排入压力较低的加热器，并在其中放出一部分热量，最后排入除氧器。低压加热器采用疏水泵将疏水输入主凝结水管道，或疏水逐级自流的方式最后排入凝汽器。

汽轮机装置的热力性能用热耗率和热效率表示。汽轮机装置的热耗率为每输出单位机械功所耗的蒸汽热量。热效率是输出机械功与所耗蒸汽热量之比。电站汽轮机装置的热耗率和热效率是按发电机输出单位功计算的，已考虑了发电机效率。为了进行热力性能计算，必须列出各部分的热力系统热平衡方程，因此热力性能计算也称为热平衡计算。

如果分别对各加热器列出热平衡方程，求解后即可得出各段抽汽量，从而可得出通过汽轮机各级的蒸汽流量和相应的功率，就可以算出汽轮机的总功率。提高汽轮机装置热效率的问题一直受到人们的重视，热效率的水平主要取决于理想循环热效率(不考虑汽轮机损失)和汽轮机内效率。由热力学第二定律已知，理想循环的热效率取决于循环的平均吸热温度和平均放热温度。平均吸热温度越高，平均放热温度越低，则理想循环的热效率越高。影响汽轮机装置热效率的主要因素有新蒸汽参数、排汽压力、给水回热和再热循环。从汽轮机装置各抽汽段的参数设定可以计算分析各段的功率、效率等反映汽轮机热力性能的数据。

3.1.3　实验内容和步骤

1. 实验内容

(1)熟悉本实验采用的稳态仿真环境的基本功能和使用方法。

(2) 了解汽轮机各抽汽段蒸汽的压力、温度、流量、焓值、功率等参数的含义。

(3) 熟悉汽轮机热力过程线的绘制，通过打开实际算例可以求出汽轮机装置热力过程的焓熵图、温熵图等图表。

(4) 加深理解汽轮机各段抽汽的热力平衡计算方法。

2. 实验步骤

(1) 打开仿真环境，从菜单打开…\…\Data\Examples\coal750，熟悉仿真软件的基本功能。

(2) 单击 Steam turbine 元件对话框，如图 3-2 所示，了解汽轮机各抽汽段蒸汽的压力、温度、流量、焓值、功率等参数的设定和含义。

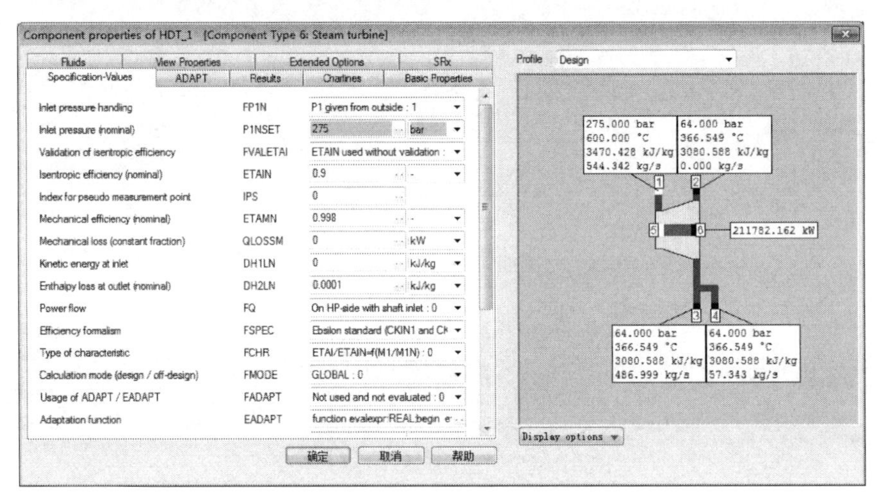

图 3-2　汽轮机原件特性对话框

(3) 熟悉汽轮机热力过程线的绘制，焓熵图、温熵图等图表，如图 3-3 所示。

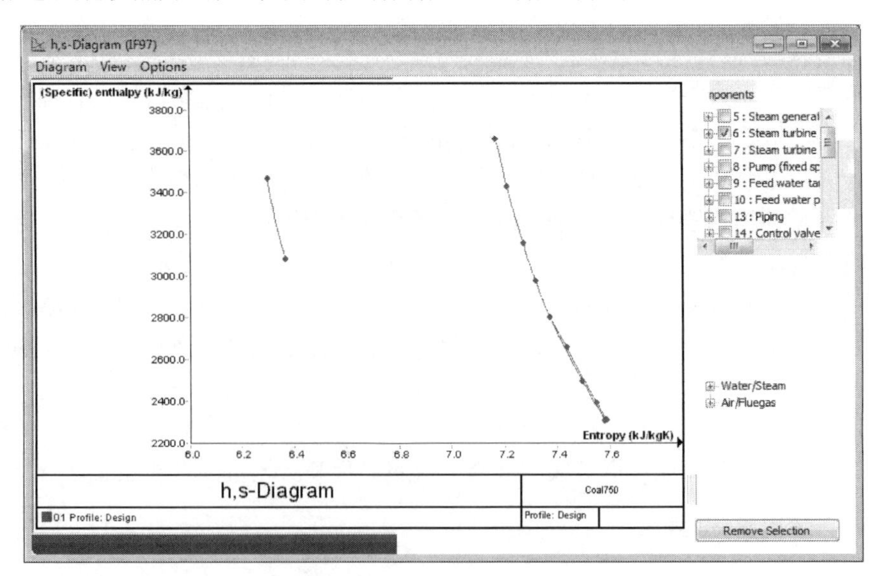

图 3-3　汽机各元件段的焓熵图

(4) 分析理解汽轮机元件各段的效率特性，如图 3-4 所示。

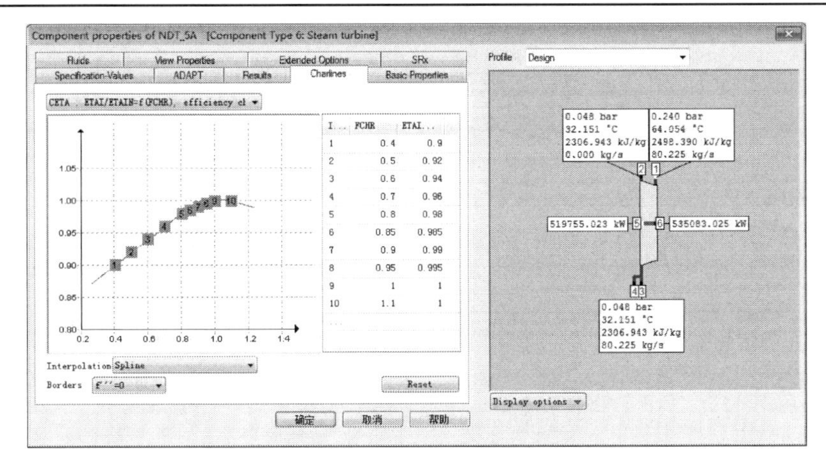

图 3-4　汽轮机元件特性

(5)通过帮助文件了解汽轮机元件的热力平衡计算方法，如图 3-5 所示。

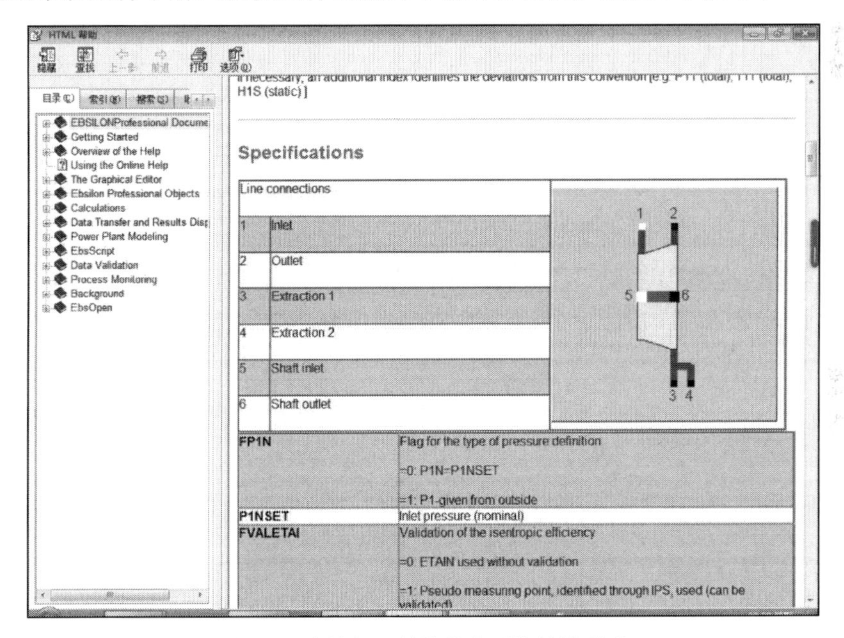

图 3-5　汽轮机元件的热力平衡计算说明

3.1.4　注意事项

(1)在实验过程中听从指导老师的要求，不做与上课无关的事情。

(2)遵守仿真机房的各项规章制度。

(3)禁止操作仿真主机服务器和 DCS 工程师站。

3.1.5　思考题

(1)如何提高汽轮机装置的热效率？

(2)热力系统设计对汽轮机装置热效率有什么影响？

3.2　实验 2：凝汽器真空系统仿真分析

3.2.1　实验目的

(1) 通过使用热力系统稳态仿真软件，掌握凝汽器循环水真空系统各元件特性参数的设定方法。

(2) 通过实验绘制凝汽器真空与循环水入口温度和流量的曲线关系。

(3) 通过凝汽器真空系统计算分析实验，掌握汽轮机装置经济运行调节的正确方法。

3.2.2　实验原理

凝汽器作为汽轮机热力系统中的重要组成部分，是热力循环的冷源。凝汽器压力 p_k 是衡量凝汽器热力性能的主要参数之一，对热力系统的经济性运行有很大影响。其主要热力参数包括凝汽器负荷 D_c、循环水入口温度 t_{w1} 和循环水流量 D_w。凝汽器变工况特性可用上述参数的函数关系表示。

凝汽器热平衡方程为

$$1000D_w c_p(t_{w2}-t_{w1})=1000D_c(h_c-h_k)=KA_c\Delta t_m \tag{3-1}$$

式中，c_p 为循环水的比定压热容，$c_p=4.187\text{kJ}/(\text{kg}\cdot\text{K})$；$h_c$、$h_k$ 为凝汽器中的蒸汽比焓与凝结水比焓，kJ/kg；K 为凝汽器总体传热系数，$\text{kW}/(\text{m}^2\cdot\text{K})$；$A_c$ 为凝汽器总换热面积，m^2；Δt_m 为蒸汽至冷却水的平均传热温差，℃。

凝汽器压力 p_k 对应的饱和温度 t_s 可表示为

$$t_s=\delta t+\Delta t+t_{w1} \tag{3-2}$$

式中，Δt 为循环水温升，$\Delta t=t_{w2}-t_{w1}$，℃；δt 为凝汽器端差，$\delta t=\Delta t-t_{w2}$，℃。

循环水温升 Δt 由凝汽器热平衡方程得

$$\Delta t=\frac{D_c(h_c-h_k)}{4.187D_w}=520\frac{D_c}{D_w} \tag{3-3}$$

凝汽器端差 δt 由凝汽器传热方程导出

$$\delta t=\frac{\Delta t}{e^{\frac{KA_c}{4.187D_w}}-1} \tag{3-4}$$

由式 (3-4) 可知，δt 与 K、A_c、D_w、Δt 有关，同时凡是影响 K 的因素，都将影响 δt，进而影响 t_s 与 p_k。

凝汽器压力 p_k 由凝汽器饱和蒸汽温度确定，其经验公式为

$$p_k=9.81\times10^{-3}\times\left(\frac{t_s+100}{57.66}\right)^{7.46} \tag{3-5}$$

式中，凝汽器压力 p_k 的单位为 kPa。

传热系数 K 采用美国传热学会 (HEI) 标准《表面式蒸汽凝汽器》中规定的计算公式：

$$K = K_0 \beta_3 \beta_t \beta_m \tag{3-6}$$

$$K_0 = c_1 \sqrt{v_w} \tag{3-7}$$

式中，K_0 为基本传热系数，$kW/(m^2 \cdot K)$；c_1 为系数；v_w 为循环水在冷凝管内的流速，m/s；β_3 为冷却管表面清洁系数；β_t、β_m 分别为考虑循环水入口温度、管材与壁厚等影响的修正系数。

由式(3-6)可知，循环水温度修正系数 β_t 随水温 t_{w1} 而逐渐增大，则传热系数 K 随 t_{w1} 的升高而增大；由式(3-3)可知，循环水温升 Δt 只与凝汽器负荷 D_c 和循环水流量 D_w 有关，因此，仅改变循环水初温对 Δt 影响较小；则由式(3-4)知，δt 随 t_{w1} 的升高而降低；由式(3-2)和式(3-5)可知，t_{w1} 一方面直接影响凝汽器压力 p_k，一方面通过影响端差 δt 而影响 p_k，经计算，δt 降低的幅值小于 t_{w1} 升高的幅值，因此，随着循环水入口温度 t_{w1} 升高，凝汽器压力 p_k 随之升高。

由式(3-3)可知，循环水温升 Δt 与循环水流量呈反比关系，即 Δt 随 D_w 增加而降低；随 D_w 增加，冷凝管内流速 v_w 增加，由式(3-6)和式(3-7)可知，传热系数 K 随 D_w 增加而增加；由式(3-4)分析可知，传热端差 δt 随 D_w 增加而升高。由式(3-2)和式(3-5)可知，凝汽器压力 p_k 受 Δt 与 δt 的共同影响，经计算，随 D_w 增加，Δt 降低的幅值远大于 δt 升高的幅值，因此，随循环水流量 D_w 增加，凝汽器饱和压力 p_k 随之降低。

由式(3-6)和式(3-7)可知，蒸汽负荷变化对凝汽器总体传热系数 K 的影响较小；由式(3-3)和式(3-4)可知，当其他参数不变时，凝汽器循环水温升 Δt、传热端差 δt 随蒸汽负荷增加而升高；由式(3-2)可知，凝汽器饱和温度 t_s 随之升高，因此对应的凝汽器压力 p_k 会随之增加。实际上，当低于额定负荷的低负荷运行时，凝汽器负荷 D_c 较小，系统真空密封不严时容易漏入空气，从而导致传热系数 K 降低，端差 δt 升高，使凝汽器压力恶化，同时漏入的空气还可能把由 D_c 减小带来的 p_k 降低的因素抵消，使凝汽器压力 p_k 不再随蒸汽负荷减小而降低，因此机组应尽量避免在低负荷时运行。

凝汽器清洁系数指实际的总体传热系数与理想清洁状态下的计算传热系数的比值，其中理想传热系数采用 HEI 式(3-6)计算得到。清洁系数的大小直接反映了冷凝管的脏污程度和水侧的传热性能。对凝汽器进行变工况计算分析可知，清洁系数减小会使凝汽器传热系数减小，循环水温差基本不变，但由于传热端差增大，使循环水与管壁的温差增大，凝汽器压力升高。

3.2.3　实验内容和步骤

1．实验内容

(1)利用热力系统稳态仿真实验平台软件搭建凝汽器循环冷却水系统。

(2)根据给定的技术规范设计冷却塔、凝汽器元件特性参数。

(3)在连接各元件之后，软件会对系统进行分析，若分析显示系统连接和参数设置正确，则进行模拟运行。

(4)研究循环水入口温度和循环水流量对于凝汽器真空的影响。

(5)绘制温度和流量与凝汽器压力的曲线，进行结果分析。

2. 实验步骤

(1)建立新文件搭建凝汽器循环冷却水系统，如图 3-6 所示。

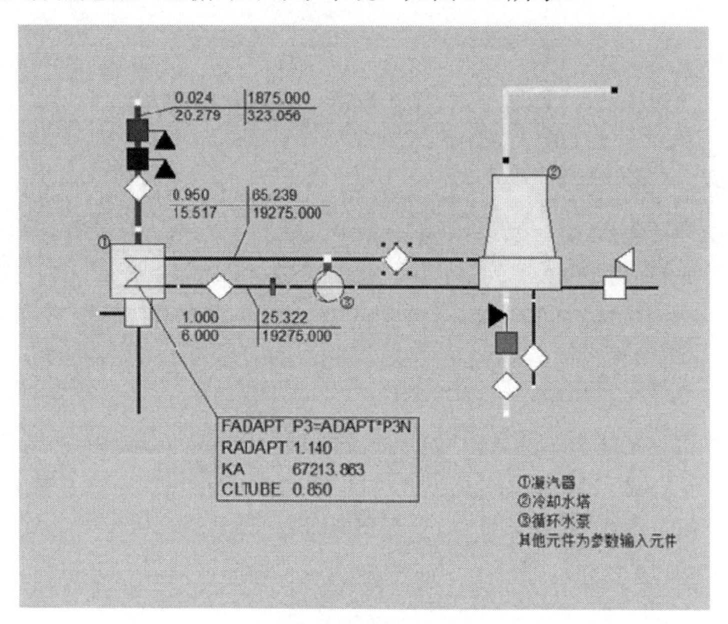

图 3-6　凝汽器循环冷却水系统

(2)根据给定技术规范，单击相关元件设计冷却塔、凝汽器元件特性参数，如图 3-7 和图 3-8 所示。

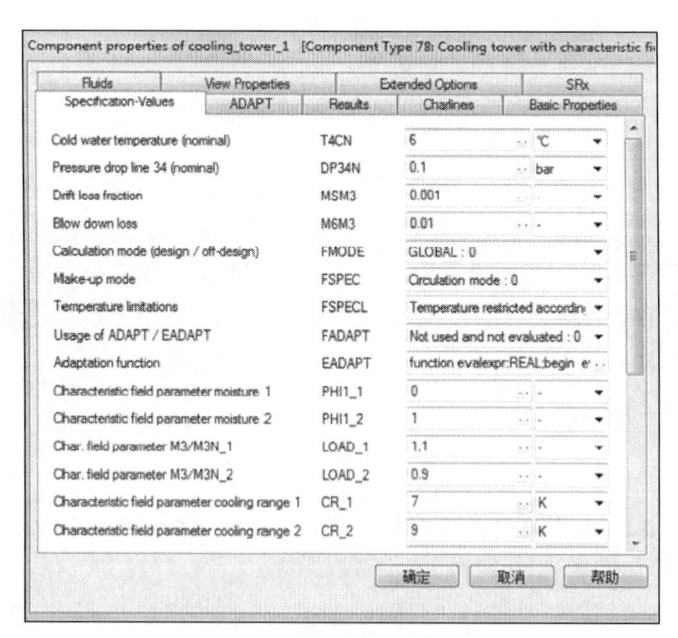

图 3-7　冷却塔相关参数设计界面

(3)根据循环水入口温度和循环水流量均变化时对应的凝汽器压力，绘制相应的关系曲线，如图 3-9 所示。

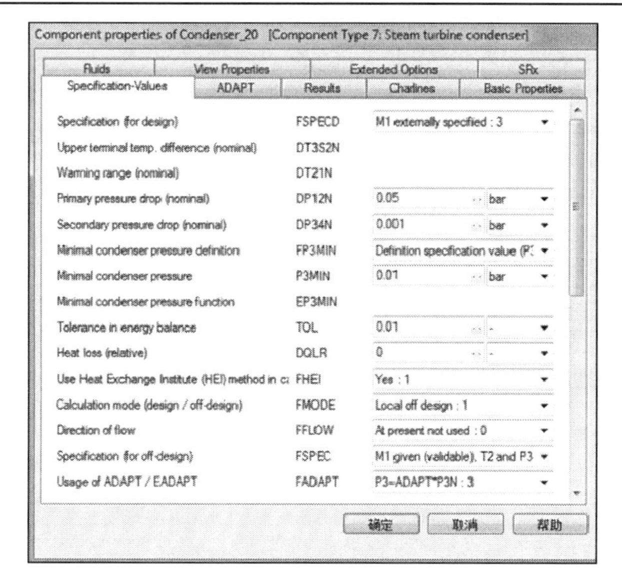

图 3-8　凝汽器相关参数设计界面

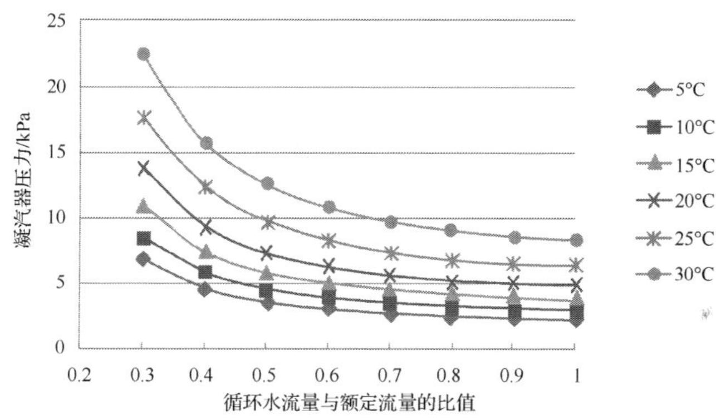

图 3-9　循环水入口温度和循环水流量与凝汽器压力的关系

3.2.4　注意事项

(1) 在实验过程中听从指导老师的要求，不做与上课无关的事情。

(2) 遵守仿真机房的各项规章制度。

(3) 禁止操作仿真主机服务器和 DCS 工程师站。

3.2.5　思考题

(1) 提高凝汽器真空的途径有哪些？

(2) 夏季循环水温度升高对凝汽器真空有什么影响？该如何运行调节？

3.3　实验 3：汽机轴系振动的监测仿真

3.3.1　实验目的

(1) 了解汽轮机轴系振动的监测系统组成。

(2)通过运行操作 1000MW 超超临界电站仿真系统仿真软件，熟悉大型汽轮机轴系振动的特点。

(3)通过汽轮发电机组轴系振动监测系统，熟悉轴系振动的正常运行范围和发生故障的报警值。

3.3.2 实验原理

汽轮机主轴是整个汽轮机的核心部件，主轴的安全稳定运行关系着整个汽轮发电机组的安全。为了更好地控制汽轮机的正常运行，需要 TSI(Turbine Supervisory Instrument)系统能对汽轮机各种重要参数进行连续的在线振动监测，这些参数包括转速、偏心、轴振、瓦振、轴向位移、胀差、热膨胀等，运行人员通过诊断数据的帮助，分析机器可能的故障，并帮助提出机器预测维修方案，预测维修信息从而决定维修需要，规划设备维修计划，减少维修时间和费用，提高机组可靠性。

TSI 系统由传感器及数据采集卡等智能板件组成。传感器是可以将机械振动量、位移、转速转换为电信号的机电转换装置。根据传感器的性能和测试对象的要求，利用电涡流传感器对汽轮发电机组的转速、偏心、轴位移、轴振动、胀差进行测量，利用速度传感器对瓦振进行测量，利用线性可变差动变压器对热膨胀进行测量。另外，还可以利用差动式磁感应传感器来测量机组转速。汽轮机轴系监测的测点分布示意图如图 3-10 所示。

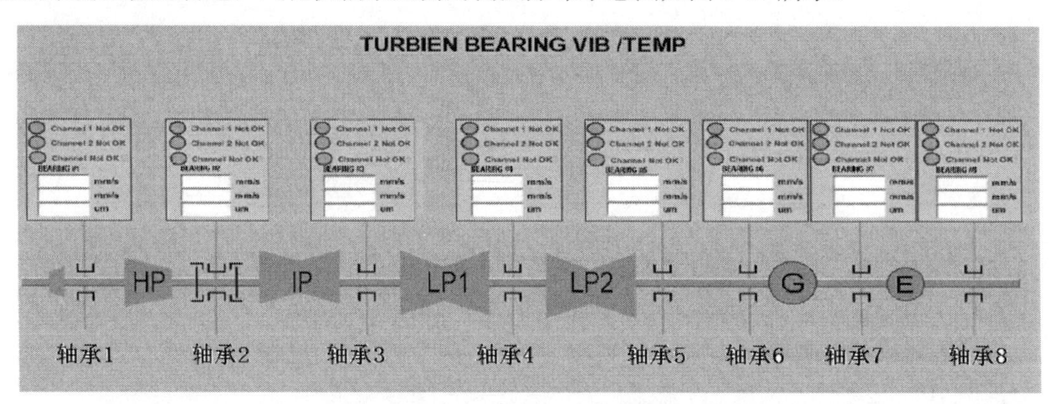

图 3-10　汽轮机轴系 TSI 测点图

对于旋转机械来说，衡量其全面的机械情况，转子径向振动振幅是一个最基本的指标，很多机械故障，包括转子不平衡、不对中、轴承磨损、转子裂纹以及摩擦等都可以根据振动的测量进行探测。转子是旋转机械的核心部件，旋转机械能否正常工作主要取决于转子能否正常运转。当然，转子的运动不是孤立的，它是通过轴承支承在轴承座及机壳与基础上，构成了转子-支承系统。

一般情况下，油膜轴承具有较大的轴承间隙。因此轴颈的相对振动与轴承座的振动相比有显著的差别。特别是当支撑系统(轴承座、箱体及基础等)的刚度相对来说比较硬时(或者说机械阻抗较大)，轴振动是轴承座振动的几倍到几十倍，由此，大多数振动故障都直接与转子运动有关。因此从转子运动中去监视和发现振动故障，比从轴承座或机壳的振动提取信息更为直接和有效。所以，目前轴振的测量越来越重要，轴振动的测量对于机器故障诊断是非常有用的。例如，根据振动学原理，由 X、Y 方向振动合成可得到轴心轨迹。在测量轴振时，常常把涡流探头装在轴承壳上，探头与轴承壳变为一体，因此所测结果是轴相对于轴承壳的振动。由于轴在垂直方向与水平方向并没有必然的内在联系，亦即在垂直方向(*Y* 方向)的振动已经很大，而在水平方向(*X* 方向)的振动却可能是正常的，因此，在垂直与水平方向各装一个探头。由于水平中分面对安装的影响，实际上两个探头安装保证相互垂直即可，如图 3-11 所示。当传感器端部与转轴表面间隙变化时的传感器输出一个交流信号给板件，板件计算出间隙变化(振动)峰-峰(*P-P*)值。机组轴振的测量范围为 0～400μm；报警值为125μm；停机值为 250μm。

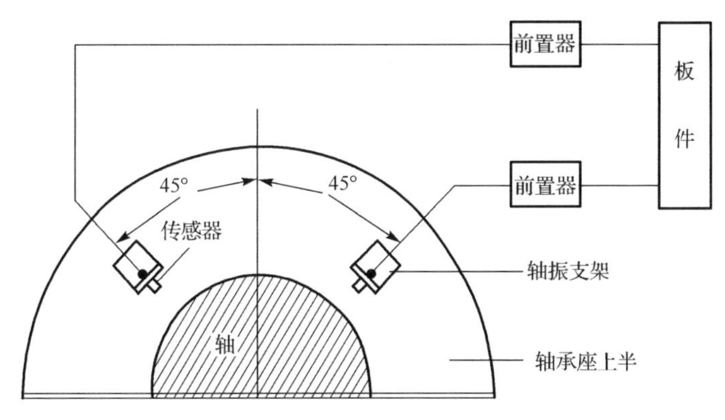

图 3-11　轴振测量示意图

在轴振动的测量中已说明了大轴的振动可以传递到轴承壳上，利用速度传感器测量机壳相对于自由空间的运动速度，板件把从传感器来的速度信号进行检波和积分，变成位移值，并计算出相应的峰-峰值位置信号。机组瓦振的测量范围为 0～100μm。

转子的偏心位置，也叫轴的径向位置，是指转子在轴承中的径向平均位置，在转轴没有内部和外部负荷的正常运转情况下，转轴会在油压阻尼作用下，设计确定的位置浮动，然而，一旦机器承受一定的外部或内部的预加负荷，轴承内的轴颈就会出现偏心，其大小是由偏心度峰-峰值来表示的，即轴弯曲正方向与负方向的极值之差。偏心的测量可用来作为轴承磨损，以及预加负荷状态(如不对中)的一种指示；转子偏心(在低转速时的弯曲)测量是在启动或停机过程中，必不可少的测量项目，它可使人能够看到由于受热或重力所引起的轴弯曲的幅度。机组偏心的测量范围为 0～100μm。报警值大于原始值的 30μm。

轴向位移是轴在运行中，由于各种因素，诸如载荷、温度等的变化会使轴在轴向有所移动。这样，转子和定子之间有可能发生动静摩擦，所以需用传感器测量转子相对于定子轴向位置的变化，即轴在轴向相对于止推轴承的间隙。由于所采用的监测器可能把传感器的失效作为轴向位移故障而发出报警信号，由此可能引起机组误停机。而根据 API670 标准要求，用两个探头同时探测一个对象，可以避免发生误报警。但要求两个探头的安装位置离轴上止推法兰的距离应小于 305mm，如果过大，由于热膨胀的影响，所测到的间隙不能反映轴上法兰与止推轴承之间的间隙。两个涡流探头测量转子的轴向变化，输出探头与被测法兰的间隙成正比的直流电压值，板件接受此电压值后，经过计算处理，显示出位移值。为避免误报警，停机逻辑输出为“与”逻辑。机组轴向位移的测量范围为–2～+2mm。

胀差是转子和汽缸之间的相对热增长，当热增长的差值超过允许间隙时，便可能产生摩擦。在开机和停机过程中，由于转子与汽缸质量、热膨胀系数、热耗散系数的不同，转子的受热膨胀和汽缸的膨胀就不相同，实际上，转子的温度比汽缸温度上升得快，其热增长的差值如果超过允许的动静间隙公差，就会发生摩擦，从而可能造成事故。所以监视胀差值的目的，就是在产生摩擦之前采取必要的措施来保证机组的安全。一般规定转子膨胀大于汽缸膨胀为正方向，反之为负方向。另外，胀差测量如果范围较大，已超过探头的线性范围时，则可采用斜面式测量和补偿式测量方式。由于不可能在汽缸内安装涡流传感器，利用滑销系统，传感器被固定在轴承箱的平台上。

热膨胀是汽轮机在开机过程中由于受热使其汽缸膨胀，如果膨胀不均匀就会使汽缸变斜或翘起，这种变形会使汽缸与基础之间产生巨大的应力，由此带来不对中现象，而这种现象，通常是由滑销系统"卡涩"引起的。知道了汽缸膨胀和胀差，就可以确定转子和汽缸的膨胀率。把 LVDT 传感器的铁心与汽缸连接，膨胀时，铁心运动，产生成比例的电信号，输入测量板件进行线性处理，显示输出 4～20mA 信号，从而测量热膨胀的数值。

引起汽轮发电机组振动的原因有：①不平衡的旋转离心力，包括转子质量不平衡、转子弯曲、转子上套装零件松动产生的不平衡离心力；②发电机电磁力不平衡，包括发电机转子和静子不同心、发电机转子线圈匝间短路造成磁场偏心、发电机静子铁心振动产生的不平衡电磁力；③轴承油膜自激振荡；④联轴节缺陷或对中不良；⑤通流部分汽流的自激振荡；⑥发电机三相负载不平衡或电网故障在发电机内产生的脉冲电磁力矩使发电机组的扭转振动；⑦轴承支承刚度不足。

不平衡的旋转离心力产生的振动，其振幅与转子转速的平方成正比，其振动频率与转子旋转频率相等，临界转速时振幅达最大值。其中，转子质量不平衡产生的振动，在相同的转速下，最大振幅的相位和转子的晃度不变；转子弯曲，其晃度变化，在相同的转速下，其振动的振幅与其晃度成正比，最大振幅的相位与转子晃度的变化一致。转子上套装零件松动产生的振动发生在高转速，或负荷突然增加的条件下，其最大振幅的相位与其定位键位置的相位有关。

发电机电磁力不平衡产生的振动，发电机轴承的振幅最大，且振幅与发电机转子的励磁电流成正比。其中，发电机转子和静子不同心产生的振动，其振动频率为转子旋转频率的两倍，最大振幅的相位与偏心的相位有关。发电机转子线圈匝间短路产生的振动，其振动频率与转子旋转频率相等，且输出电压特性的零点漂移。发电机静子铁心振动诱发转子的振动，是静子铁心与转子之间的耦合振动，其频率为转速的两倍，与转子和静子不同心产生的振动相比其静子的振幅较大。

轴承发生油膜自激振荡产生的振动，在转子旋转频率为其横向自振频率的两倍左右时突然发生，且振幅在较大的转速范围内保持不变；轴承发生油膜振荡前，转子振动中含有频率约等于旋转频率一半的谐波；在发生油膜振荡后，其主振频率等于转子的自振频率，而与转速无关，约等于 1/2 的旋转频率。

联轴节本身有缺陷或对中不良，则造成质量不平衡，引起机组振动，具有质量不平衡振动的特点。它与质量不平衡引起的振动之间的差别是：质量不平衡的转子，其两端轴承的振幅较大，而联轴节对中不良引起的振动，联轴节两侧轴承的振幅比较大。若联轴节本身无缺陷仅对中不良，则轴承上的负荷将重新分配，两侧轴承油膜压力差别较大，且轻载一侧转子的临界转速降低，易诱发该轴承失稳，发生油膜振荡。

通流部分汽流发生自激振荡诱发的振动，仅出现在高压转子，而且多出现在机组高负荷工况下。降低机组负荷，振动可很快消失。另外，振动频率不是工作转速对应的频率，而是与转子的一阶自振频率相等。

发电机三相负载不平衡，或电网故障在发电机内产生的脉冲电磁力矩，使发电机组产生扭转振动，其振动频率与转子某一阶扭转振动的自振频率相等。若发生共振，则会出现严重事故。

轴承支承刚度不足不是激发转子振动的原因，只是使振动放大，合格的振动变为不合格。汽轮发电机组横向振动是交变的不平衡力引起的，一旦发生振动，伴随产生振动阻尼力，它与转轴振动速度成正比，其方向与其线速度的方向相反。由于转轴以角速度 ω 旋转，故阻尼力有与转轴切线方向一致的分力。阻尼力与不平衡激振力的合力是周期性变化的交变力，激起转轴横向受迫振动。转轴横向振动的方向与此合力的方向一致，与不平衡激振力的方向有一个夹角 ϕ。此夹角的大小与振动阻尼的大小、转轴旋转频率和其自振频率的比值有关。

评价机组振动是否合格的指标如下。①避开共振，要求机组工作转速与转子临界转速之间有一定的避开率，通常为 25%～30%。②振幅小于允许值，对于工作转速为 3000r/min 的机组，轴承双倍振幅小于 0.05mm 为合格，轴径双倍振幅小于 0.16 为合格。③振动烈度符合标准。要求振动烈度小于 4.5mm/s。

转子的横向振动，一方面造成动、静径向间隙变化，另一方面产生动应力。振动的振幅过大，使径向间隙消失，产生摩擦；而摩擦又造成转子弯曲，激起更强烈的振动。如此恶性循环，轻者被迫停机；若处理不当，转子会出现严重的永久性弯曲，甚至出现飞车事故。转子扭转振动一旦出现共振，振动幅角过大，将使转子内的剪切应力剧增，短时间造成转子疲劳断裂。

当机组发生异常振动时，若振幅尚未超标，应加强监视，分析产生振动的原因，采取相应措施。根据振动发展的趋势，决定是降负荷，还是解列降速。通常首先降负荷，因为发电机电磁力不平衡和通流部分汽流的自激振荡产生的振动，其振幅都与负荷有关。若降负荷无效，则解列降速，在振动合格的条件下暖机。若振动超标或接近超标，应立即解列降速，在振动合格的条件下暖机。若暖机无效，应立即打闸停机，进行连续盘车。

3.3.3　实验内容和步骤

1. 实验内容

(1) 通过仿真机了解汽轮机轴系振动监测系统(TSI)的构成。

(2) 运行操作 1000MW 超超临界电站仿真机，熟悉不同工况下汽机轴系振动变化特点。

(3) 熟悉轴系振动的正常运行范围和发生故障的报警值。

2. 实验步骤

(1) 启动仿真机，调出冷态时条件，观察 TSI 监测参数的数值显示，如图 3-12 所示。了解汽机轴系振动监测和轴承温度传感器的类型、数量和测点布置。

(2) 改变机组不同运行状态(包括故障状态)，观察汽轮发电机组轴系振动的数值，观察汽轮发电机组过临界转速时轴系的振动数值变化。

(3) 记录轴系振动的正常数值范围，以及故障报警时振动的数值。

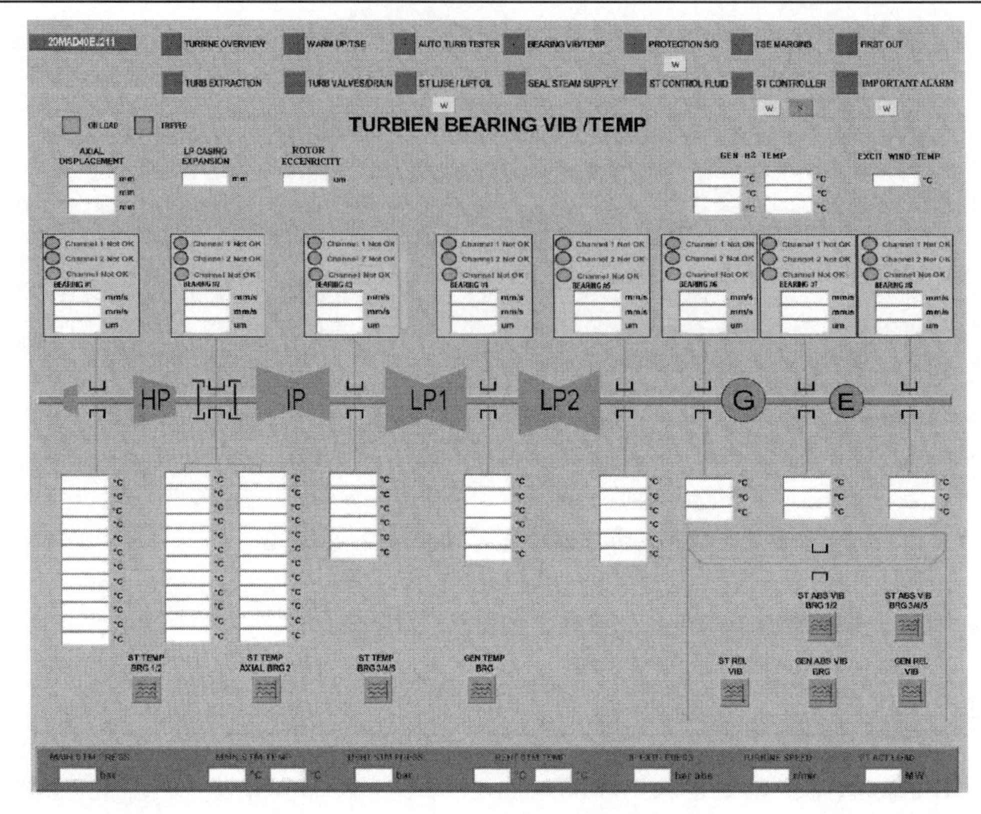

图 3-12　汽轮机轴承振动和温度监测图

3.3.4　注意事项

(1)在实验过程中听从指导老师的要求，不做与上课无关的事情。

(2)遵守仿真机房的各项规章制度。

(3)禁止操作仿真主机服务器和 DCS 工程师站。

3.3.5　思考题

(1)汽轮发电机组轴系监测都有哪些监测参数?

(2)引起汽轮发电机组振动的原因有哪些?

3.4　实验 4：数字电液调节系统仿真

3.4.1　实验目的

(1)通过操作火电机组仿真机，熟悉汽轮机 DEH 系统画面，了解火电机组的启动运行调节的过程，对热力发电厂运行调节建立感性认识。

(2)加深理解汽轮机 DEH 的转速控制回路和负荷控制回路。

(3)了解汽轮机冲转过程中转速控制方法和升负荷过程中的负荷控制方法。

(4)熟悉汽轮机本体疏水系统、轴封加热系统、主汽阀门加热系统、汽轮机润滑油系统、汽机启动顺序控制系统。

3.4.2　实验原理

数字电液(Digital Electro-Hydraulic，DEH)控制系统，是以数字电子控制器(计算机)和EH液压油系统相结合的新型汽轮机功频电液控制系统。它可同时接收转速偏差和功率偏差信号，具有对汽轮机发电机的启动、升速、并网、负荷增/减、参与电网调频等进行监视、操作、控制、保护以及数字处理和CRT显示等功能完善的控制系统。

DEH系统可实现如下几个方面的功能：

(1)汽轮机的自动控制；

(2)汽轮机的转速保护；

(3)汽轮机的启停和运行中的监控；

(4)汽轮机的自启停。

DEH控制系统可以在如下4种方式的任何一种方式下运行，它们之间的转换关系如下：二级手动⟷一级手动⟷操作员自动⟷ATC。相邻两状态方式的切换可做到无扰动。

二级手动也叫模拟手动，此方式是所有方式中最低级的运行方式，仅作备用，系统全部由常规成熟的模拟部件组成，确保系统绝对可靠，保证各汽门能开启和关闭。

一级手动也叫数字手动，这是一种开环运行方式，控制各阀门的开度，操作员在操作盘上按键即可控制阀门的开度，各按钮之间有逻辑互锁，此方式作为自动方式的备用，同时具有OPCTPC、RUNBACK和脱扣等保护功能。

操作员自动方式是DEH控制系统最基本的运行方式，在此方式下，可实现汽轮机的转速和负荷的闭环控制，具有各种保护功能，目标转速、目标负荷、升速率和升负荷率等均可由操作人员设置，因为系统采用的是双机系统，因而此方式下可分为A机控制和B机控制两种情况，两者之间的切换既可强迫也可做到手动，若两机都发生故障，则自动转至手动方式运行。

ATC方式，这是最高级的一种运行方式，与操作员自动方式相比较，其主要区别是，目标转速和负荷、升速率和升负荷率不是来自操作员，而是来自内部计算程序或外部设备，主要可分如下几种：

(1)ATC方式；

(2)自动同期方式；

(3)CCS方式；

(4)汽机跟踪方式；

(5)自动调度方式；

(6)厂内计算机调度方式。

1．汽轮机自动控制

(1)设置有转速控制回路和负荷控制回路，转速控制精度达±1r/min，功率控制精度为±2MW(在蒸汽参数稳定的条件下)。

(2)根据电网要求，参与一次调频。

(3)系统中负荷上限、下限和升降负荷率，均可由运行人员调整和设置。

(4)能自动、迅速地冲过界转速区。

(5)控制程序中设有调节级压力反馈和电功率反馈回路，可以在负荷大于10%以后由运行人员选择是投入还是切除。

(6)能适应冷温态，热态启动，冷温态启动时，控制主汽门，达到 TV-GV 阀切换速度时，自动切下至调门控制。热态启动时，首先采用中压调门进行冲转，到达一定速度时，自动进行 IV-TV 切换，切换完成以后，继续进行升速，达到 TV-GV 阀切换速度时，自动切至调门控制。

(7)能在定压和滑压下运行，定压运行时，系统有阀门管理功能，使汽轮机获得最大的热效率。

(8)DEH 能适应电厂的下列运行方式：锅炉跟踪、汽机跟踪、协调控制等。

(9)具有与自动同期装置的接口，能接收从 CCS 协调控制系统、电厂调度装置和运行人员操作盘来的目标负荷指令，自动地控制汽轮机发电机的出力。

(10)为确保系统可靠运行，对控制系统所有的重大模拟量(转速、功率、压力等)进行三选二处理，重大开关量进行二选，对操作人员输入命令按规定的规则进行检查，并且系统有进行静态和动态自检，将检查结果显示出来，具有硬件和软件容错功能，双机运行，A 机故障自动切至 B 机，B 机故障自动切手动，当有重要测点和部件故障时，亦自动地切至手动控制。

(11)阀门实验，为了检查蒸汽的阀门系统是否在正常运行，操作人员可以通过按操作按钮，自动地对高中压主汽门、高中压调门进行全行程阀门实验。

2. 汽轮机启停和运行中的监控

为了在汽轮机的启停和运行中，给操作人员提供有关汽轮机组和 DEH 装置的运行状况，以及必要的操作指导，设置了三部分指示，有 CRT 画面、状态指示灯和操作按钮指示灯。操作按钮指示灯，标明操作员所进行的操作是否有效。状态指示灯，反映了 DEH 装置、重要通道和电源以及内部程序运行工作情况，同时亦反映了汽轮机运行工作状态。

3. 汽轮机超速保护

为了防止超速引起汽轮机的损坏，本系统配备了三种保护功能，甩全负荷超速保护、甩部分负荷保护，以及超速保护。

(1)甩全负荷超速保护。当汽轮机带负荷运行时，若发生油开关跳闸，保护系统检测到这种情况后，迅速将调门关闭，避免大量高温高压蒸汽冲入汽轮机引起超速，延迟一段时间后，再开启调门，维持汽轮机空转，保证汽轮机能迅速重新并网。

(2)甩部分负荷保护。当电网中某一相发生接地故障，引起发电机功率突降，从而使汽轮机发功率和发电机功率不匹配时，为了维持电网的稳定性，保护电网系统，迅速将中压调门快关一下，然后再开启，维持正常运行。

(3)超速保护。超速保护指 103%超速保护和 110%超速保护。103%超速保护是指汽轮机超过 3090r/min 时，迅速将高中压调节汽门关闭；110%超速保护是指当汽轮机转速超过 3300r/min 时，将所有主汽门和调门关闭，进行紧急停机，避免汽轮机的损伤。

超速保护和甩全负荷保护分别采用软件和硬件实现，这由用户选用。为了避免保护系统拒动和误动，硬件保护采用完全相同的三套设备，对输出部分进行三选二处理，在软件保护系统中，对重要信号，也采用了特别的措施，以确保其可靠性。

超速保护系统正常运行情况下是不动作的，因而正常情况下，难以判别其功能是否正常，为此设置了超速实验，操作人员启动时，可以进行 103%超速实验、110%超速实验、紧急停机超速实验和电磁阀实验。

4. 汽轮机的自启停(ATC)

大型汽轮机的启停是一个极其复杂的过程，需要进行很多操作，为使操作简化，减少误操作的可能性，做到汽轮机一旦复置后，操作员通过按一个单独按钮就能够使汽轮机从盘车转速升到同步转速，同时，尽可能降低启停过程的热应力，使启动机组和机组加负荷所需的时间最少，设置了汽轮机的自启停功能，具体有如下几方面的作用。

1) ATC 启动

(1) 汽轮机脱离盘车装置之前，核对所有有关的汽轮发电机组参数，在所有参数达到所需范围之前，机组不脱离盘车装置。

(2) 在升速过程中，如果有关转速保持的任一个输入超过其报警极限，那么将发生立即转速保持。

(3) 如果不存在报警或遮断状态，那么机组将按启动速议的导则加速到暖机转速。

(4) 如果需要暖机，那么应计算暖机的时间，并且汽轮机将自动地被暖机一段所需的时间。

(5) 一旦暖机完成，机组就将在启动建议的导则内被加速到 TV-GV 的切换转速。

(6) 在加速期间，升速率将由实际转子应力和预计转子应力所控制。

(7) 从主汽门控制向调节汽门控制的转换将自动地进行，而机组将被加速到同步转速。

2) ATC 负荷控制

ATC 负荷控制有两种方式：ATC 管理和 ATC 控制。

在 ATC 管理方式中，ATC 进行监视，运行人员完成机组控制，ATC 将继续监视汽轮机发电机组的各种参数，并将这些参数值与极限值进行比较，打印所得的信息，通知操作机组的运行人员，除了这些在线运行参数之外，运行人员还可随时获得他所希望显示的任何计算值，如转子应力、转子预计应力或预计差胀。如果加速度或负荷变化率是在控制中，那么运行人员甚至可获得 ATC 正在使用的加速率或负荷变化率的数字读数。

在 ATC 控制方式中，可以由 ATC 程序来增加、降低或保持变动负荷时的汽轮机负荷变化率，以保持动态系统各种变量如金属膨胀、蒸汽压力和温度、转子热应力、轴承振动等，在其运行范围之内。每当系统变量超过预定的报警极限时，报警信息全部被打印出来，如果负荷变化率的调整纠正不了程序会将 ATC 控制方式重新回到操作员自动方式，并向运行人员发出遮断状态的报警，当然，在此方式下，ATC 管理方式中的所有监视功能全部保留。

在严格的 ATC 控制方式中，该程序在最小许可时间内作需要的负荷变动，与转速控制不同，在那里，ATC 加速度值严格受转子应力控制，而 ATC 负荷变化率是用来协调电厂平衡运行。

3.4.3　实验内容和步骤

1．实验内容

(1) 启动运行电站仿真机，熟悉汽轮机 DEH 系统相关的控制画面，了解火电机组的启动运行调节的相关参数。

(2) 了解汽轮机 DEH 的运行控制过程。

(3) 了解汽轮机冲转、升速、暖机、并网、带负荷和升负荷过程中的转速和负荷控制方法。

(4) 熟悉汽机本体疏水系统、轴封加热系统、主汽阀门加热系统、汽轮机润滑油系统、汽机启动顺序控制系统。

2．实验步骤

(1) 启动仿真机装入冲转前条件，打开 DEH 主控画面，如图 3-13 所示。

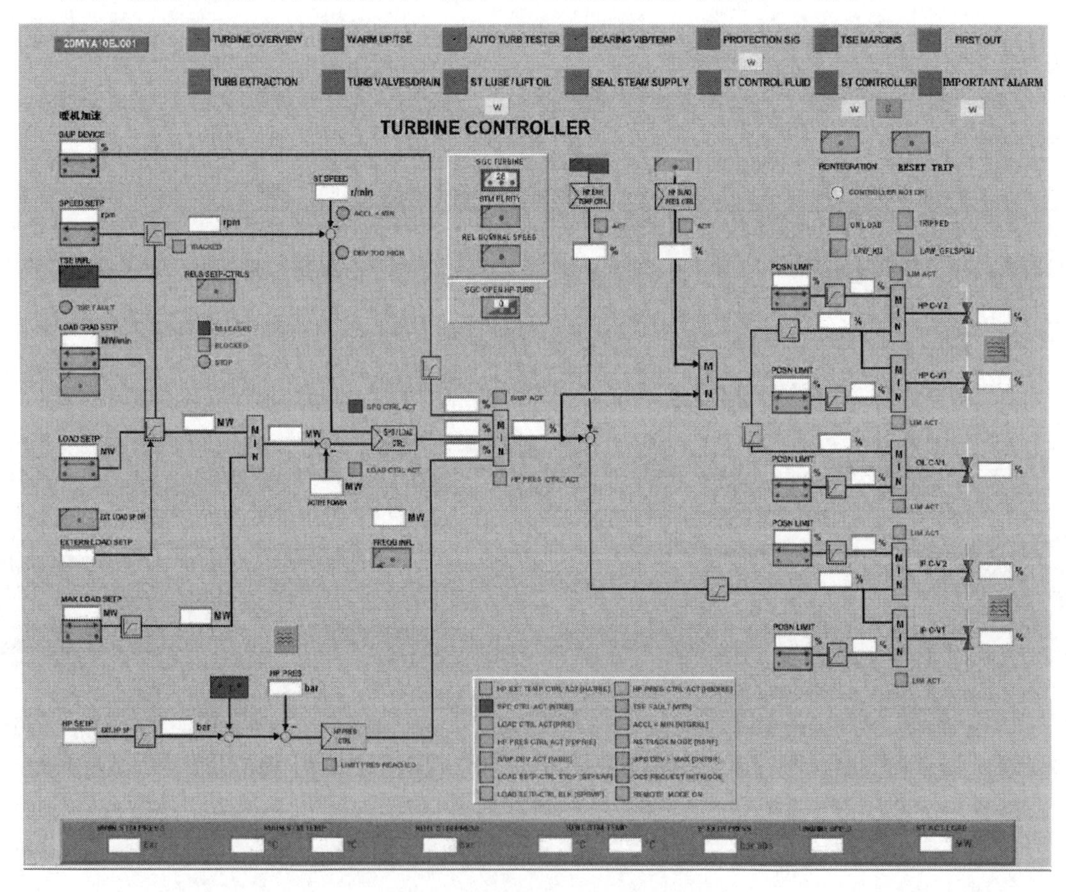

图 3-13　汽轮机 DEH 主控画面

(2) 熟悉控制流程，检查顺序控制启动条件，以及相关辅助系统各种运行状态参数检查和确认，如图 3-14 和图 3-15 所示。

(3) 打开熟悉汽机本体疏水系统、轴封加热系统、主汽阀门加热系统、汽轮机润滑油系统等画面，如图 3-16 和图 3-17 所示。

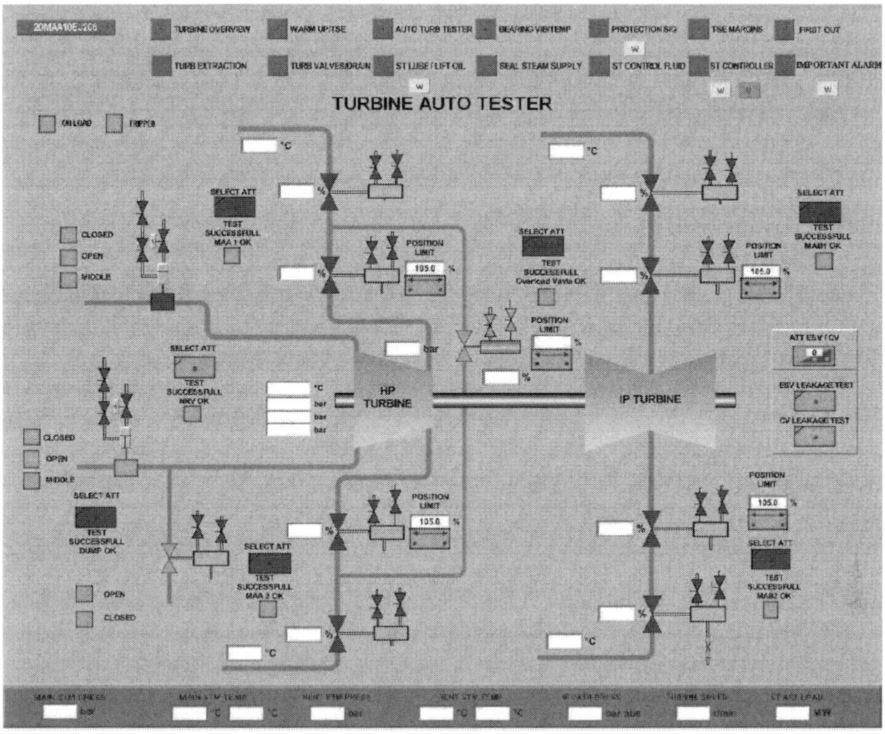

图 3-14　汽机主汽门和中压缸调门的自动测试

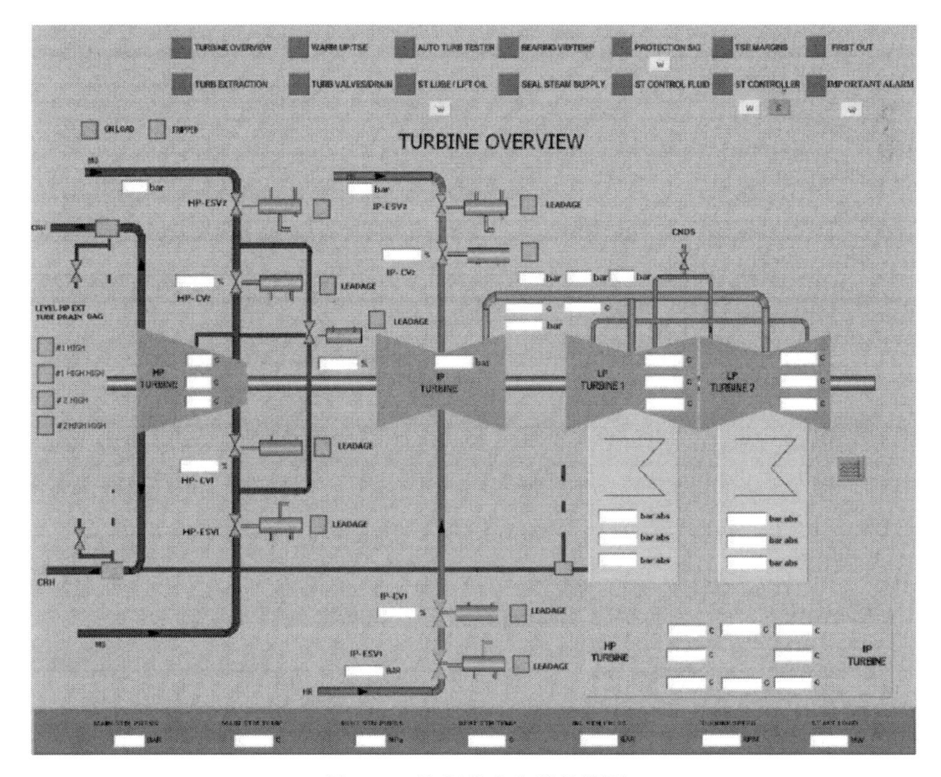

图 3-15　汽机状态参数总览图

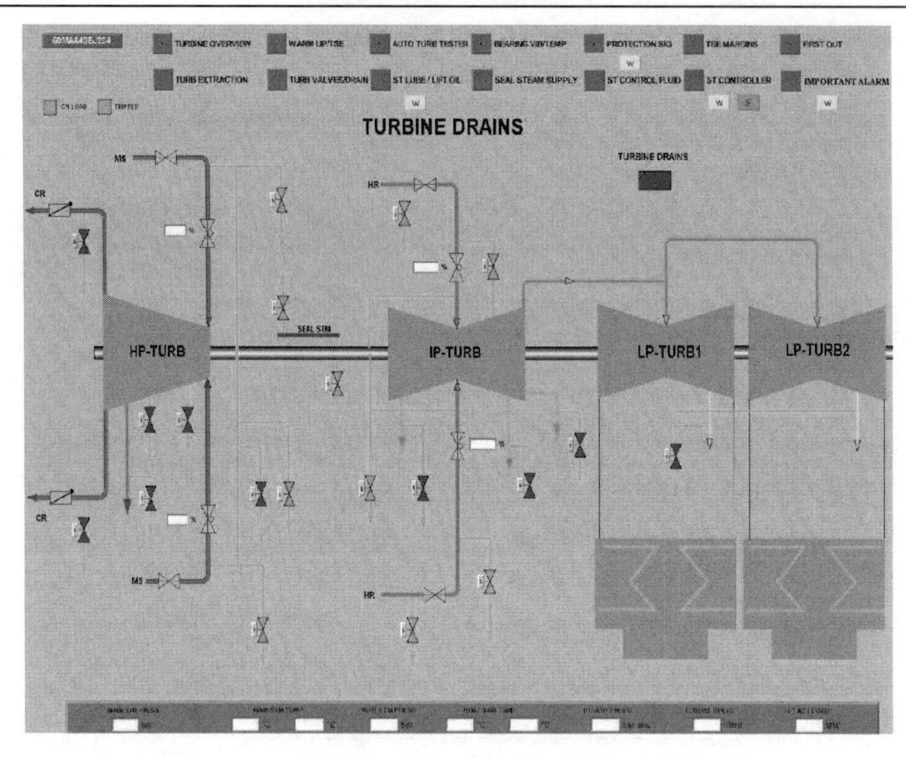

图 3-16　汽机本体疏水系统

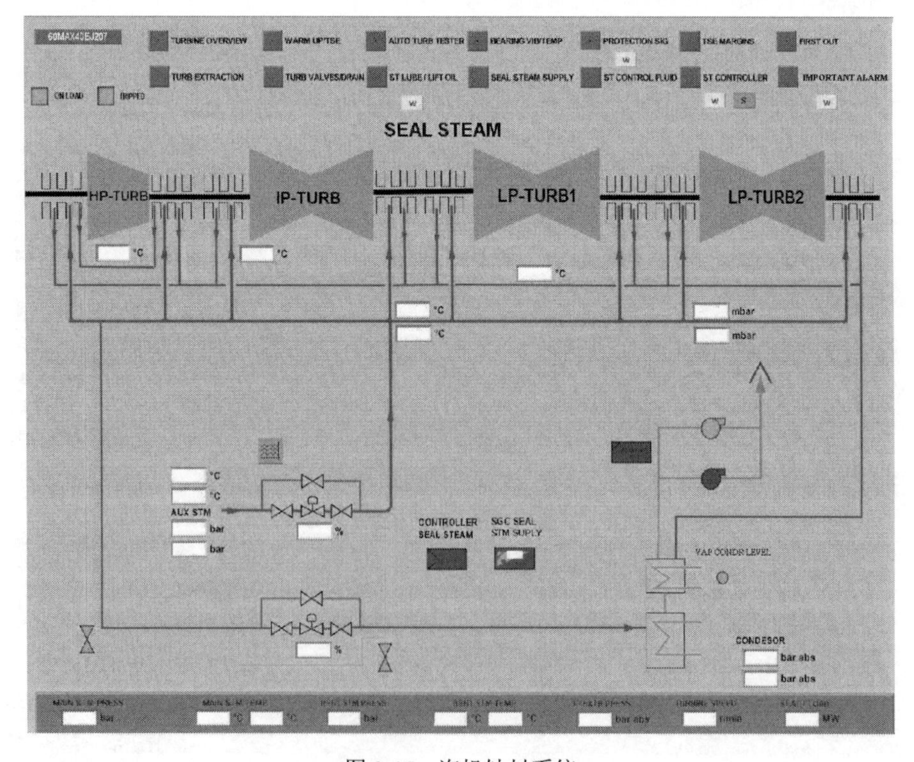

图 3-17　汽机轴封系统

3.4.4 注意事项

(1)在实验过程中听从指导老师的要求，不做与上课无关的事情。

(2)遵守仿真机房的各项规章制度。

(3)禁止操作仿真主机服务器和 DCS 工程师站。

3.4.5 思考题

(1)汽轮机 DEH 控制系统具有哪些功能？

(2)汽轮机 DEH 控制系统主要由哪些部分组成？

第 4 章　热力系统及优化实验

4.1　热力系统仿真实验平台功能详解

4.1.1　图形编辑器

仿真平台具有各种不同的工具栏，方便命令与模型数据的调用。例如，菜单栏、标准工具栏、工具栏、缩放工具栏、版面工具栏、窗口工具栏、窗口管理器、部件助手工具栏、部件向导栏、组态文件工具栏、状态工具栏、对象工具栏、属性工具栏、组态文件设置工具栏、信息工具栏、报告工具栏、输出栏、选择工具栏、测量值工具栏、方程工具栏等。

1．菜单工具栏

菜单工具栏由各功能菜单组成，通过各菜单可调用本稳态仿真环境下的所有命令。

2．标准工具栏

在标准工具栏下可调用下面的主要命令。

(1)新建(回路)文档。

(2)打开已有文档。

(3)保存当前文档。

(4)打印当前文档。

(5)从文档中剪切当前选定的对象，并将其保存到剪贴板上。

(6)将当前选定的对象复制到剪贴板上。

(7)将剪贴板上的内容粘贴到现用文档中。

(8)撤销最后一次操作：单击该按钮右侧的下拉三角形可查看所有可撤销的操作。撤销操作只适用于图形界面内的变动，但不适用于数值的修改。因为可撤销操作的次数有限，用户不能过度依赖通过该操作取消所作变更。例如，两个管道合并为一条管道的操作不能通过撤销命令取消。

(9)重做(Redo)：该命令恢复上次取消的操作。单击该按钮右侧的下拉三角形可查看所有可恢复的操作。

(10)选择工具：这是默认工具。指针呈箭头形状，单击可以将对象选中。在完成其他操作后(例如，插入数值十字标)再次单击该按钮，则鼠标重新回到选择模式。

(11)显示所有：该指令显示了一个循环的所有对象，尽管有些对象已被设定为“不可见”。但是该指令只起显示作用，不改变对象的属性。如果再次单击此按钮，该显示复位。在建模时，建议使用“显示全部内容”模式，以避免错误连接并将对象放在错误管线上。

(12)查找对象：打开“信息”窗口。

3．工具栏

工具栏提供计算和默认的 Excel 界面的指令：调用一个仿真计算，调用一个验证计算。

非设计工况采用设计工况的计算结果作为参考值。在设计和非设计计算模式之间进行切换(信号灯亮，表明当前为设计工况)。打开选定部件或管道的介质特性参数工具表，打开当前文档下 Excel 文件的标准 Excel 界面，从而打开 Microsoft Excel。该文件保持打开状态直到在 Microsoft Excel 下对其关闭。从相应 Excel 的表格中读取数据。规格值与文档中特征曲线的数据将根据 Excel 表格中的数据进行更新。

数据写入相应 Excel 表格：Excel 表格的数据将根据文档中的数据进行更新。

4. 缩放工具栏

缩放工具栏具有如下指令。

(1)通过指定缩放系数放大或缩小对象。系数可在下拉列表中选择或手动输入。

(2)放大(大约 10%)。

(3)缩小(大约 10%)。

(4)全部显示(100%)：按照屏幕的尺寸改变文件的大小和位置。100%指以恰当系数缩放文档从而让所有对象都显示在屏幕中，与以 100%为系数缩放文档不同(在 100%为系数的情况下，文档大小不会改变)。

(5)>>：调整模型大小以便获得更多空间。

5. 版面工具栏

版面工具栏的作用为调整模型中各对象的排列位置。除最后一个图标以外(“在网格开启/关闭状态下对齐”)，该栏中的所有图标只有当该循环中的几个对象被选中时才能够被激活。启用该功能时，最后一个被选定的对象将被当成参照对象。多个选定的对象中，只有最后一个选中的对象的可编辑标志方块为实心，而其他都为空心。工具栏各项目有以下功能。

(1)所有选中的对象向左对齐，即所有对象以参照对象的最左边为参照向左或向右移动。

(2)所有选中的对象向右对齐，即所有对象以参照对象的最右边为参照向左或向右移动。

(3)所有选中的对象向顶部对齐，即所有对象以参照对象的顶部为参照向上或向下移动。

(4)所有选中的对象向底部对齐，即所有对象以参照对象的底部为参照向上或向下移动。

(5)按相等的水平间距排列所有选中的对象，即所有对象向下或上移动直到各对象之间的水平间距相等。对齐过程中，最顶端与最底端的对象位置保持不变。

(6)按相等的垂直间距排列所有选中的对象，即所有对象向左或右移动直到各对象之间的垂直间距相等。对齐过程中，最左端与最右端的对象位置保持不变。

(7)等宽调整所有选择对象，即所有对象将被拉大或缩小，从而使各对象的宽度与参照对象的宽度相等(缩小过程中最小宽度不得低于对象本身的最小宽度)。

(8)等高调整所有选择对象，即所有对象将被拉大或缩小，从而使各对象的高度与参照对象的高度相等(缩小过程中最小高度不得低于对象本身的最小高度)。

(9)等高宽调整所有选择对象，即所有对象将被拉大或缩小，从而使各对象的高度和宽度与参照对象的高度和宽度相等(缩小过程中对象的最小尺寸不得低于对象本身的最小尺寸)。

(10)网格对齐，该功能项的作用如同一个开关，决定了模型中对象的移动方式。在激活该功能的情况下，所有对象只能以网格的宽度为距离大小移动。在关闭该功能的情况下，可以以随意距离大小移动对象。对于部件和管道而言，该功能对其毫无影响，它们总是网格对齐。该功能也不适用在插入和改变对象大小时。

6. 窗口工具栏

窗口工具栏用于管理打开的窗口，具有以下功能。

(1)切换到全屏幕模式：仿真环境使用全屏幕显示当前的模型。再次单击此按钮或按下退出键(Esc)可退出全屏显示。

(2)关闭当前回路。

(3)关闭所有打开的回路。

(4)保存当前回路。

(5)保存所有打开的回路。

(6)打印当前回路。

(7)打开一个新窗口：在一个新的窗口中显示当前回路(非新回路)，两个窗口中显示同一回路。

(8)从顶部的左上角到右下角层叠窗口(层叠)。

(9)水平排列：窗口并行排列(不层叠)。

(10)垂直排列：窗口并排排列(不层叠)。

(11)激活下一个窗口：下一个窗口将被激活。

(12)激活上一个窗口：上一个窗口将被激活。

(13)打开窗口管理器，如图 4-1 所示。

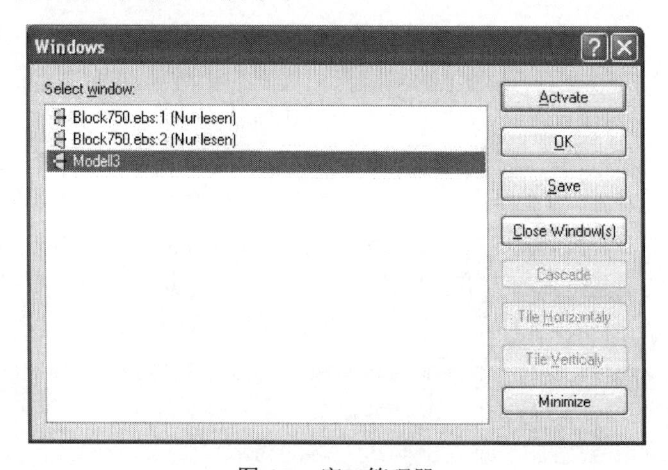

图 4-1　窗口管理器

窗口管理器用来在所有打开窗口之间进行快速切换。字体颜色指示各相应模型的状态。

(1)红色：模型窗口，当中模型已被更改，但还未保存。

(2)蓝色：当前窗口(无未经保存的变更)。

(3)黑色：其他窗口。

7. 元件向导栏

元件向导栏用于按编号插入部件和宏。在向导栏左边的下拉框中可选择部件种类。单击部件编号或者输入部件编号的开头数字来选择将插入的部件。如果该部件有多款型号，则可在第二个下拉框后面选择需要的型号。要从宏部件库中插入宏部件，可在宏下拉框里面选择需要的宏或者使用“插入宏”按钮(向导栏最右边)。如果宏的名称已知，可在下拉框里面选取然后插入文档。如果未知，单击“插入宏”按钮，打开一个窗口，窗口里面有对每个宏的描述说明。

8. 部件工具栏

部件工具栏便于插入部件和其他对象。每个黄色部件按键下面代表的是一组部件，如涡轮或热交换器。单击当中一个按钮，打开一个选择菜单，列出该组下面全部所属部件类型，可从中选一。带有彩色的插入管道按钮，打开一个菜单，可在其中选取一个管道类型。单击数值十字标的按钮直接切换到数值十字段插入模式。数值十字标可与一部件或者管道连接。单击图形对象(矩形、圆、三角形)的按钮可插入一个默认图形元素。单击“文本”按钮可插入一文字域。单击“信号灯”按钮插入一个报警域。单击带箭头的按钮图标可插入指令按钮。

9. 组态文件工具栏

组态文件工具栏在文档里面有多个组态文件时非常实用，例如，设计工作模式下面有多个非工况模式。工具栏中的下拉框显示当前的工作模式(组态)。可在下拉框中切换到其他模式。单击“P”按钮，可打开一个窗口，从而创建、管理或删除模式。

10. 状态工具栏

状态工具栏给出软件使用的各种信息。把鼠标指针在某一按钮上停留片刻，即显示一个淡黄色提示框，同时状态栏也显示提示信息，提示该按钮的功用。状态栏上显示了对象的名称，在某些情况下，也会显示错误提示。

11. 对象工具栏

对象工具栏给出模型中包含对象的名称和类型。在模型中选定一个对象的同时，该对象在工具栏也高亮标示出来，反之亦然。

12. 属性工具栏

属性工具栏显示选中对象的各种属性。对象的属性也可在该工具栏进行更改(代替属性窗口)。属性工具栏的好处是在对模型进行处理的同时，对象的属性一直保持显示。如果选中多个对象，则在工具栏将只显示这些对象共有的属性。若所有对象的某一属性具有同一值，则该值将在工具栏显示。若对象之间的属性值不同，则工具栏中该值为空。

在选定多个对象情况下，定义某一属性，则该属性将赋予所有对象。该功能在对多个对象赋相同规格值时非常实用。

13. 组态文件设置工具栏

组态文件设置工具栏显示当前组态(模式)的设置，也可在该工具栏下对组态文件进行更改。

14. 信息栏

信息栏用于显示各种信息，如关于计算性能的信息。

15. 报告工具栏

报告工具栏用于对隶属于模型的报告进行设置。

16. Ebskernel 输出工具栏

Ebskernel 输出工具栏用于显示来自部件 93“Kernel Scripting”(核心脚本)打印指令的输出。如果模型中有几个 Kernel Scripting 部件，除每个部件有一个表单之外，还有一张按时间顺序显示所有部件输出的附加汇总表单。

17. 选择工具栏

选择工具栏可将选择设置如下。

(1)所有对象(默认)。

(2)所有部件、单个或多个部件或某指定类型的部件。

(3)所有管道、不包括管道或某指定类型的管道。

(4)图形元素。

(5)数值十字标。

(6)文字字段。

(7)警告字段。

(8)按钮。

(9)其他对象。

该栏目设置作用于模型编辑区,通过用鼠标拖拽出一个矩形框或多边形框来对对象进行选择。

18. 测量值工具栏

测量值工具栏用于设置相应偏差(RELDEV)高于预先设定限值的测算结果值的显示。该限值可在模型设置中的验证选项进行设置。如果将限值设置为 0,则可得到全部完整的测试结果。

4.1.2 对象

本稳态仿真环境提供的对象类型包括:

(1)部件;

(2)管道;

(3)数值十字标;

(4)文本域;

(5)图形元素;

(6)OLE 对象;

(7)报警域;

(8)按钮(指令按钮)。

1. 插入新对象

要将一个新对象插入到文件中,必须选定将要插入的对象。将光标移动到想要插入对象的位置单击鼠标左键插入该对象。选定将要插入的对象后把光标向下移动到编辑区,该光标会变成一种十字形外观。此光标用于确定该被选定对象的放置位置。

任何新插入部件的规格值都将从仿真环境的标准数据库中读取。该数据库与仿真环境一起供给用户使用。

插入对象的类型各不相同:部件分为 15 个类别。每个类别下包含类似的部件。每个部件可以具有不同的类型。有不同类型的管道、图形元素和 OLE 对象。数值十字标、文本字段、警报字段和按钮(命令按钮)等对象不需要详细的数据。

所有类型的对象都可以通过菜单栏“插入”指令来实现,也可以借助部件栏来插入部件、管道、图形对象、数值十字标、文本字段、警报字段和按钮等，还可以通过部件向导栏插入部件。

1)使用菜单指令插入部件

单击“插入”→“部件”指令，可打开不同级别的子菜单，如图 4-2 所示。所显示的第一个子菜单列出了部件的种类，而下一级别子菜单显示出下面的各部件。必须在最后显示的子菜单中为所选定的部件选择一个具体类型。

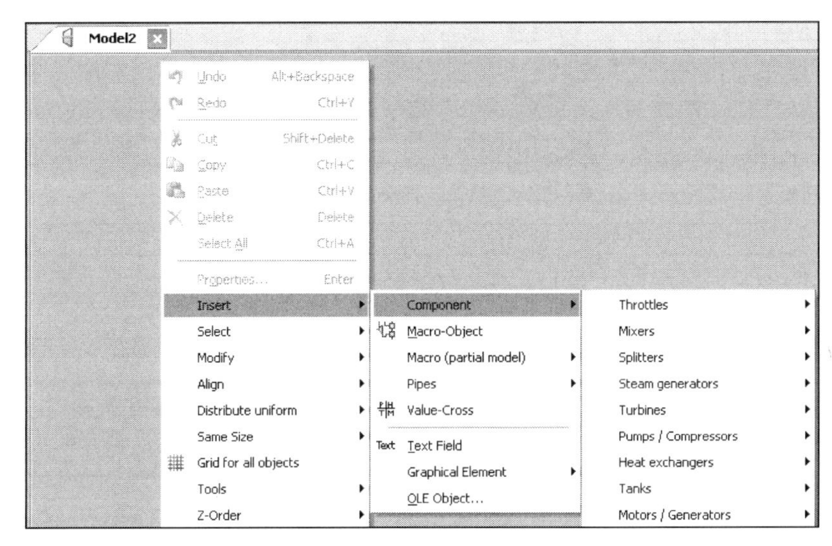

图 4-2 “插入”指令

2)使用部件栏

部件栏(图 4-3)中前 15 个图标指的是前面所述的 15 种部件种类。其余的图标指的是管道、图形对象、数值十字标、文本字段、报警字段和按钮(指令按钮)。从部件导向栏中选择一个图标将打开一个子菜单，询问进一步信息。要选定插入部件，只需在“部件”和“类型”下拉清单中选择。第一个下拉清单决定了所选的部件，第二个下拉菜单决定了其类型。

图 4-3　部件栏

如果已经选定了需要插入的对象而光标仍在绘图区之外，则将光标移到绘图区。光标变为十字形。将十字形光标移到要插入对象的图形编辑区或文件窗口。在将光标放到正确的位置之前，不要单击鼠标。

要插入所选定的对象，单击插入该对象。如果鼠标指针还是十字形光标，则可以重新选定插入位置，以插入另一个同一类型的对象，或右击中止插入对象。如果单击之后十字形光标发生了改变，却不能执行插入操作并中断。中断的原因可能是因为所选的位置上已经有了一个对象而导致插入操作失败。

注意，一个对象其大小可能比其可见部分更大。可能会因为其所在层被禁用而不可见。可能会因为“查看”→“全部显示”选项被禁用而不可见。可在任何时候十字形光标可见的情况下通过右击方式来中止插入操作。光标会变回其正常的外观。

2. 选定已有的对象

对对象进行编辑之前必须将其选定。对对象进行选择之前，可以暂时把文件中的一些对象隔离，这样就可以在不影响文件其他部分的情况下对它们进行编辑。可以对选择的对象进行移动、复制、剪切等操作，或将其存为一个宏，然后对其进行一些特殊操作。无论何种对象类型都可以将其选定。

3. 移动现有对象

可通过拖放方式在激活的窗口内移动对象。具体步骤如下。

(1)选择要移动的对象。

(2)将鼠标定位在选定的一个对象上，不要定位在选定对象外形的标记方块上。

(3)单击。

(4)按住鼠标左键将鼠标拖移到新位置。

(5)选择的对象会随着鼠标一同移动。

(6)如果到达新位置，松开鼠标按钮完成移动对象。

(7)对象依然处于选中状态。

可重复第(2)步或第(3)～(6)步的操作调整新位置。调整中，可更改选择的对象，也可利用箭头键移动选中的对象。按箭头键时，如果出现对象没有移动而屏幕移动的情况，单击菜单栏“其他功能”→“一般选项”→“用户界面”→“编辑”，然后选择“箭头键移动选择”选项。

鼠标必须直接定位在选定对象上，只定位在标志方块(由小方块构成)内是不够的。

4. 处理连接

移动选中的组件时，其现有的管线连接和临界值不会改变。因此，当移动与其他未选定对象有连接的管线时，管线会有拉伸现象。如果管线分为几个部分，只有靠近移动对象的部分会拉伸。如果对管线的分布不满意，可通过如下步骤进行修改。

(1)选中管线。

(2)将光标移至一个管线点上(当前可见的)，即管线间的接合点，光标变成十字形。

(3)按住鼠标左键。

(4)移动鼠标，这个点跟着移动，同时两边管线也随着伸长。

(5)松开鼠标键，结束移动或按下 Shift 键，这样可以把管线节点的移动与它旁边相连的管线分离开来。

5. 将已有对象分组

可以将几种任何类型的对象组合成一个组件。选择希望组合的对象，然后右击并从显示的关联菜单中选择组，或从菜单栏选择命令编辑组。

现在选择组的一个对象，将选中整个组。

如果已经选中一个组，可以对组进行移动、剪切、复制、删除、镜像、旋转。与单个对象的操作一样，为了拆散组，应先选择组，然后右击并从显示的关联菜单中选择“拆散组”，或从菜单条选中命令“编辑拆散组”。组不能分配属性。然而，可以通过用双击访问组的一个单独对象，从而打开各自对象的属性窗口。

6. 连接对象

要创建一个循环，必须要将当中对象连接起来。这就是大部分对象都有连接点的原因，通过连接点可以将其与另一对象连接起来。具有连接点的对象有部件、管道、数值十字标，其他类型的对象不能够相连。连接点位于对象节点位置，以小方块来表示。入口连接点显示为白色的方块，输出连接点显示为黑色的方块。

部件之间只能通过管道连接。若欲连接对象，仅需通过双击一个尚未连接对象的连接点，将十字形光标向另一个对象的连接点的方向移动。单击确定管道的方向，双击连接对象。只有连接节点的特性相符时才能够成功建立连接。因此，必须遵守如下规则。

(1)管道只能与部件的节点或另一条管道连接。

(2)管道只能与具有相同流体类型的部件连接。

(3)管道只能与具有相同流体类型的管道连接。

(4)部件之间只能通过管路连接。

(5)管道不能将一个部件的入口点与另一个部件的入口相连。

(6)管道不能将一个部件的出口点与另一个部件的出口相连。

(7)数值十字标可以连接到管道的所有点或每个部件的中心(不可见)接头。

逻辑部件(类型编号为 33、45、46 号的部件)通过一种特殊的模式连接：可以将它们放在任何管道的上方。如果逻辑部件的小中心方块消失而且其主体的形状变成了一个方块，则表示该逻辑部件与管道连接到了一起。

末端不能显示与连接部件接口状态相应(入口/出口外观)的管道，意味着该管道未与部件成功建立连接。

7. 断开对象连接

如果欲将某一管道和部件之间的连接断开，直接将鼠标放到所连接的管道上面。按下鼠标左键(如果尚未选定该管道，此操作可选定该管道)并按住不放。移动鼠标，同时管道也会移动。在使管道连接断开之前，必须把管道脱离部件接头的敏感区。放开鼠标键结束移动操作。如果管道末端重新连回到其之前连接的连接点处，则表明移动管道时移动得不够远，没有离开该点的敏感区。

可以通过相同的方式断开数值十字标和管道或部件之间的连接。

4.1.3 编辑对象

1. 编辑数值十字标

数值十字标是一种特殊的文本字段。其特殊之处在于同某一部件或管道的连接。它可以在标准数值十字标和文本字段两种显示模式之间切换。在标准显示模式中，数值十字标可显示管道或部件规格值或结果值中的标识符、变量值、单位。每个数值十字标包括所显示的数据、十字交叉线以及(与管道或部件连接的)连接点。数值十字标的大小取决于选定的字号大小。改变字号等同于改变数值十字标的大小。文本字段模式下，所有文本字段下可用的编辑选项都适用于数值十字标。此外，还可采用表达式“$”作为数值十字标所引用的部件或管道名称的占位符，从而避免对象重命名或复制错误。

要插入新数值十字标，选择要插入的十字标，而后按如下所述进行操作。

将鼠标指针移到准备插入管道的上面。要连接的部件上面单击。按下鼠标左键的同时拖动鼠标。在移动时，以默认外观显示十字标，大小和位置不断变化。如果对数值十字标的大小和位置感到满意，松开鼠标左键。

图 4-4 是与蒸汽管道相接的数值十字标的标准显示模式。

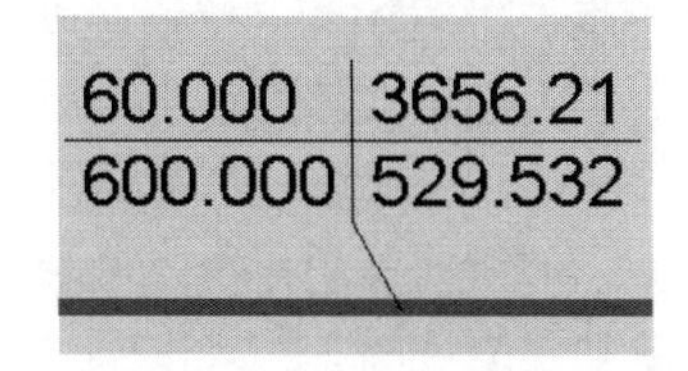

图 4-4　数值十字标

以下列顺序显示出了 4 个规格值：压力 P、温度 T、焓 H 和质量流量 M：

$$\begin{matrix} P & H \\ T & M \end{matrix}$$

2. 编辑管道

每条管道均有一种流体类型。管道的颜色/粗细组合与其流体类型保持一致。表 4-1 列出了实验平台所使用的主要流体管道信息。

表 4-1　不同流体类型对应的管道颜色、粗细及线形

流体类型	颜色	粗细	线形
空气	黄色	粗	
蒸汽	红色	粗	
油	灰蓝色	细	
液态水	蓝色	细	
气体	紫红色	细	
烟气	褐色	粗	
原天然气	粉红色	粗	
煤/渣	褐色	细	
电气线路	粉红色	细	
转动轴	绿色	粗	
预定值	绿色	细	
实际值	黄色	细	
逻辑	黑色	细	
用户定义	橘色	细	
盐水	绿色	细	
2-相-流体(液态)	浅蓝色	细	
2-相-流体(气态)	浅蓝色	粗	

通过创建节点，可以把管道分为几段。在节点上，管道可以弯曲。系统将会自动在数值十字标、置于线路上的部件以及逻辑线路连接点的位置处另外创建附加分隔节点。各段管道有三种显示模式：可见、不可见、断裂式绕过。除非激活菜单栏条目“查看”全部显示，否则设为“不可见”的管道或管道段通常不可见。管道显示模式如图 4-5 所示。

要插入管道，可以按照“插入对象”章节中所述插入管道。在大多数情况下，通过直接连接两个现有部件的接点而添加新管道更容易一些。按如下所述进行操作。

(1)将鼠标指针移到第一个部件的管道接点。

(2)双击光标，现在变为十字形外观。

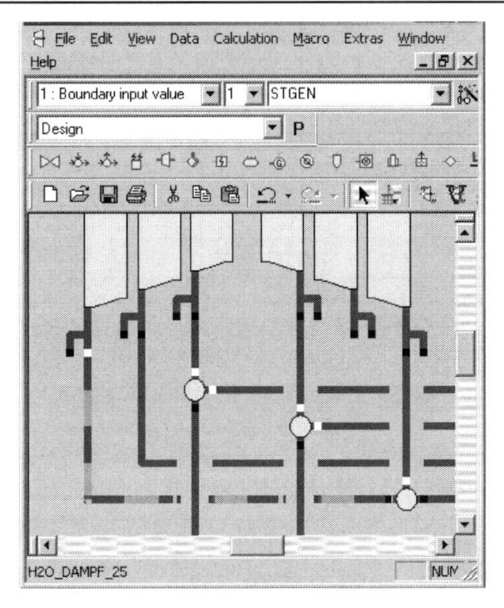

图 4-5　管道显示模式

(3) 现在将鼠标移到第二个部件的接点。

单击光标恢复成其原来的外观，现在两个部件已通过一条管道连接了起来。如果激活了管道标准化，管道的各段将自动采用水平和竖直显示。如果单击第二个接点时光标未变化，则接点的输入/输出属性可能有误。只有具有不同输入/输出属性的连接点才能被连接到一起(输入/输出或输出/输入，但不能是输入/输入或输出/输出)。

要编辑管道属性，可打开“编辑管道属性”窗口。

(1) 将鼠标指针移到要编辑的管道上，并双击。

(2) 选择要编辑的管道，右击，并从显示的菜单中选择“属性”。

(3) 选择要编辑的管道，然后按 Alt+Enter 键。

(4) 选择要编辑的管道，然后从菜单栏选择“编辑”→“属性”指令。

“管道属性”窗口左侧显示和设定管道的属性。一条管道最多可有 4 个不同的属性选项卡：

(1) 基本属性；

(2) 管道数值；

(3) 组成成分；

(4) 扩展选项。

窗口右侧实时显示管道调整属性后在文档中的外观。

如果选中管道图片下面的“显示对接对象”复选框，则会显示与该部件连接的部件。该项用于确定某一管道是真正连接到该部件还是位于部件后面。

在管道显示窗口上方有一个下拉框，在此可切换不同的工作模式。这样就可以在不关闭属性窗口的情况下，查看管道在不同模式的结果值。

在窗口的下部有三个按钮。

(1) 如果保存所做更改并关闭该窗口，单击“OK”按钮。

(2) 如果在不保存所做更改的情况下关闭该窗口，单击“取消”按钮。

(3) 如果要正在编辑的管道(规格、物理性质)需要显示帮助信息，单击“帮助”按钮。

1)基本属性

该“基本属性”选项卡(图 4-6)用于显示和改变选定管道的下列属性值。

“名称”字段用于编辑管道名称。“说明”字段用于输入该管道的附加说明。“可见状态”组合框用于确定所选管道的视觉外观显示模式。可选值如下:

(1)正常;

(2)全部显示;

(3)全部隐藏。

全部显示:所有管道段都将可见,即使设定为不可见的管道段也是如此。

全部隐藏:除非从菜单栏中激活“查看”→“全部显示”命令,否则所有管道将不可见。

正常:此模式下,在菜单栏中单击“查看”→“全部显示”命令,所有管道段均可见。

取消“查看”→“全部显示”命令:设为隐藏的管道段将不可见。

“写到 Excel 文件工作簿”复选框用于确定是否将该管道的数据写入 Excel 工作簿。

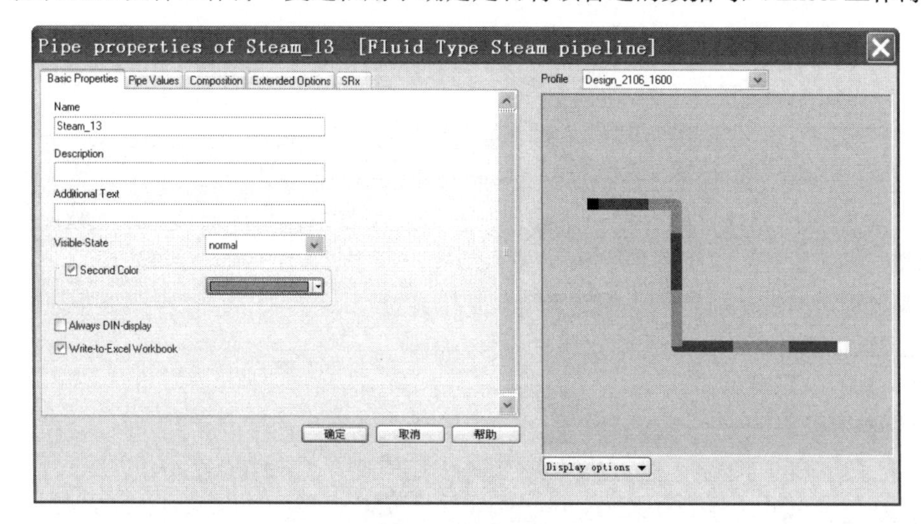

图 4-6　基本属性

如果要显示有关属性的帮助信息,单击“帮助”按钮。

2)管道值

该“管道值”对话框(图 4-7)用于显示所选管道的计算结果(值和单位)。各条目包括:

(1)结果说明;

(2)缩写;

(3)值和单位。

要改变某一值的单位,将鼠标指针移到单位字段上,单击,并从显示列表中选择单位。如果改变了单位,值字段中显示的值将换算为新的单位值,同时单位字段下的单位也自动转换到新的单位。

如果需要显示的数值结果过多,则会在列表右侧显示一条竖直滚动条。使用该滚动条可查看和编辑列表后面的一些条目。

如果要查看关于显示结果值的帮助信息,单击“帮助”按钮。

Pipe properties of H2O_FLUESSIG_8 [Fluid Type Liquid water pipeline]

Basic Properties | Pipe Values | Composition | Extended Options | SRx

Profile: Design

Pressure	P	1	bar
Temperature	T	30.1508600162945	℃
Enthalpy	H	126.463101418771	kJ/kg
Mass flow	M	10071.0954708553	kg/s
Energy flow	Q	1273621.9679289	kW
Steam content	X	0	-
Density	RHO	995.605872652371	kg/m³
Specific volume	V	0.001004413520921	m³/kg
Volume flow	VM	10.1155444614093	m³/s
Entropy	S	0.438843440556782	kJ/kgK
Exergy	E	6.49168123343142	kJ/kg
Confidence interval pressure	DP	0	bar
Confidence interval enthalpy	DH	0	kJ/kg
Confidence interval mass flow	DM	0	kg/s
deviation inlast iteration step pressure	DITP	0	-
deviation inlast iteration step enthalpy	DITH	4.4948619971e-016	-
deviation inlast iteration step mass flow	DITM	2.528607908e-015	-

Display options

图 4-7　管道值设定对话框(局部)

3) 成分

成分设定对话框如图 4-8 所示。窗口左侧显示选定管道流体的物质组成及其他管道参数。如欲改变某一值的单位，将鼠标指针移到单位字段上，单击，并从显示列表中选择单位。如果改变了单位，值字段中显示的值将换算为新的单位值，同时单位字段下的单位也自动转换到新的单位。该表单上显示的所有值均为质量比。如果要查看相应容积比，使用介质特性表工具。

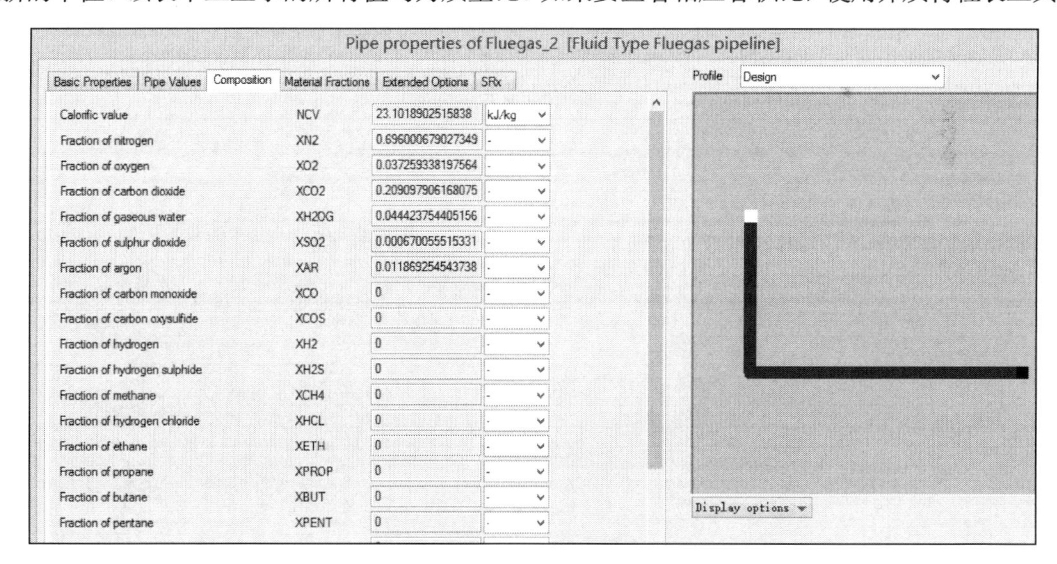

图 4-8　成分设定对话框(局部)

3. 编辑部件

部件属性窗口的左侧包括如下主要选项卡：

(1) 规格值；

(2) 匹配多项式；

(3) 结果；

(4)特性曲线；

(5)基本属性；

(6)流体；

(7)视图。

根据部件的类型，可能会缺少某些选项卡，因为该部件无此方面内容。

窗口右侧实时显示部件在调整属性后在文档中的外观。部件的接头有编号。如果将鼠标指针移动到某一接头上，则显示该接头的说明。入口通过白色的小方块标出，出口通过黑色的小方块标出。如果选中部件图片下面的“显示对接对象”复选框，则显示出与该部件连接的管道。该项用于确定某一管道是真正连接到该部件还是位于部件后面。

在管道显示窗口上方有一个下拉框，在此可切换不同的工作模式。这样就可以在不关闭属性窗口的情况下，查看管道在不同模式下的结果值。在窗口下部有三个按钮。如果要保存所做更改并关闭该窗口，单击“确定”按钮。如果在不保存所做更改的情况下关闭该窗口，单击“取消”按钮。关于编辑部件(规格、物理背景)的更详细信息，单击“帮助”按钮。

1)规格值

“规格值”选项卡(图 4-9)用于显示和更改选定部件的规格值。该选项卡中列出了所有的规格值(也称为预设值)。规格值的显示条目包括：

(1)规格值说明；

(2)标识符(缩写)；

(3)值；

(4)单位。

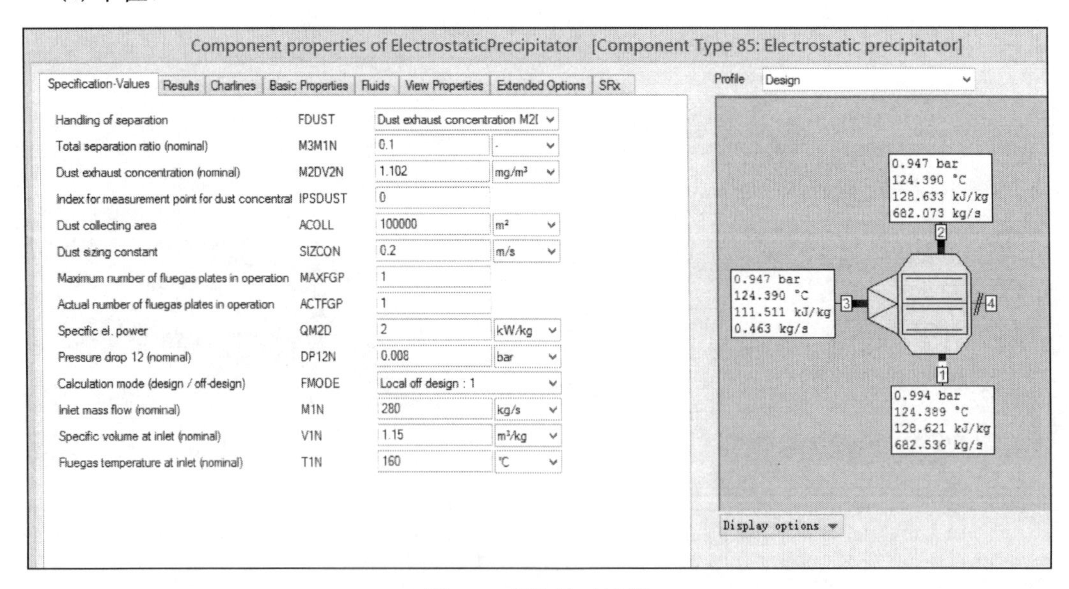

图 4-9　规格值对话框

在输入和输出数据时，标识符用于查看引用指定的规格值。而且，当查看规格值列表时，可协助查找特殊的规格值。列出的数值属于当前工作模式。以蓝色显示的值表明该值采用了当前模式的母模式中的对应值。如欲更改某值，将鼠标指针移到值字段上，并单击。如欲改变值的单位，则光标移到单位字段上，单击，并从所显示列表选择单位。如果改变了单位，值字段中显示的值将换算为新的单位值，同时单位字段下的单位也自动转换到新的单位。

在黑色的条目下面输入的数据将会用作“设计工况”和“非设计工况”仿真的输入数据。蓝色条目只能用作“非设计工况”仿真的输入数据。“设计工况”仿真的结果可用于设置这些值。如欲进行设置，从工具栏中单击“采用标称值”，或者从菜单栏中选择“计算”→“采用标称值”命令。

规格值的类型组合框中显示的是文字，如图4-10所示。不能通过键盘编辑这些文字。通过从其组合框列表中选择条目来确定类型。这些条目以整数的形式存储在内部。对预设值的改变只针对当前“工作模式”。如果选择了数值字段，字段内将显示鼠标光标。使用键盘输入数字。另外，可右击调出子菜单，子菜单也可用编辑命令和键盘快捷键：复制(Ctrl+C)、剪切(Ctrl+X)、粘贴(Ctrl+V)、全选、删除、撤销(Ctrl+Z)。使用Tab或Shift+Tab键，可移到下一个或上一个值字段。

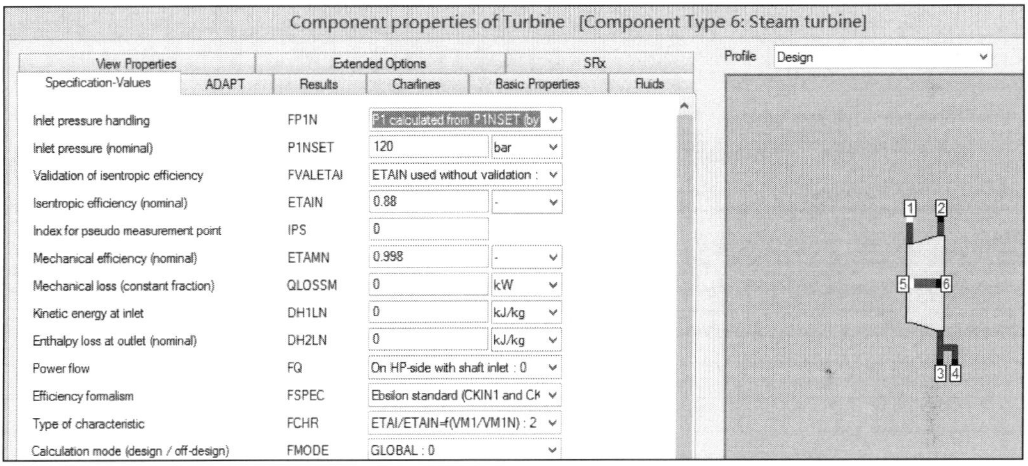

图4-10　规格值的类型组合框(局部)

如果选择类型字段，则打开并显示其组合框列表。使用鼠标从列表中选择某一条目。使用Tab或Shift+Tab键，可移到下一个或上一个值字段。

在某些特定情况下，在某一规格值中将值指定为“空白”也很有用。该功能只对数值有效。第1、33和46类部件对此操作有需要，尤其是当不想指定其所有规格值而只想指定其中一些规格值时。如果需要显示的数值结果过多，则在列表右侧显示一个竖直滚动条。使用该滚动条可查看和编辑列表的后面一些条目。如欲显示关于规格的帮助信息，则单击“帮助”按钮。

2) 结果

“结果”对话框(图4-11)用于显示所选定部件的结果(值和单位)，该选项卡列出了所有结果值。结果条目包括：

(1) 变量结果说明；

(2) 变量缩写；

(3) 变量值；

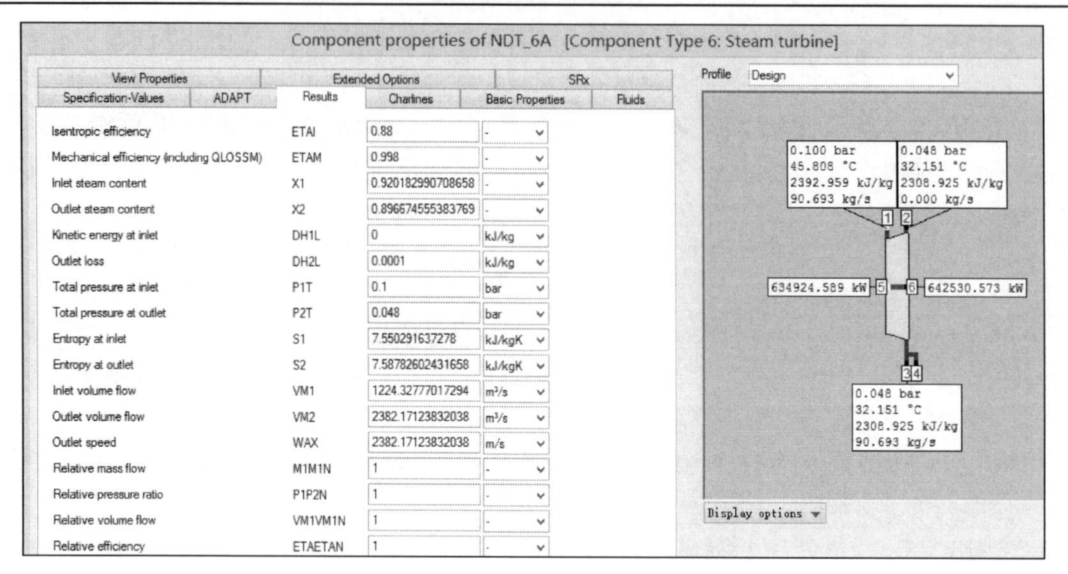

图 4-11 “结果”对话框(局部)

(4) 单位。

如果要改变某一值的单位，则将鼠标指针移到单位字段上，单击，并从显示列表中选择单位。如果更改了单位，在值字段中所显示的值将换算为新的单位值，同时单位字段下的单位也自动转换到新的单位。如果需要显示的数值结果过多，则会在列表右侧显示一个竖直滚动条。使用该滚动条可查看和编辑列表的后面一些条目。如果要显示关于结果的帮助信息，则单击“帮助”按钮。

3) 特性曲线

“特性曲线”对话框如图 4-12 所示。窗口左侧显示选定部件的所有特性曲线列表。选择(对准条目单击)一个名称，可在右侧窗口查看采样点数据。如果要更改某一采样点的“值”，则

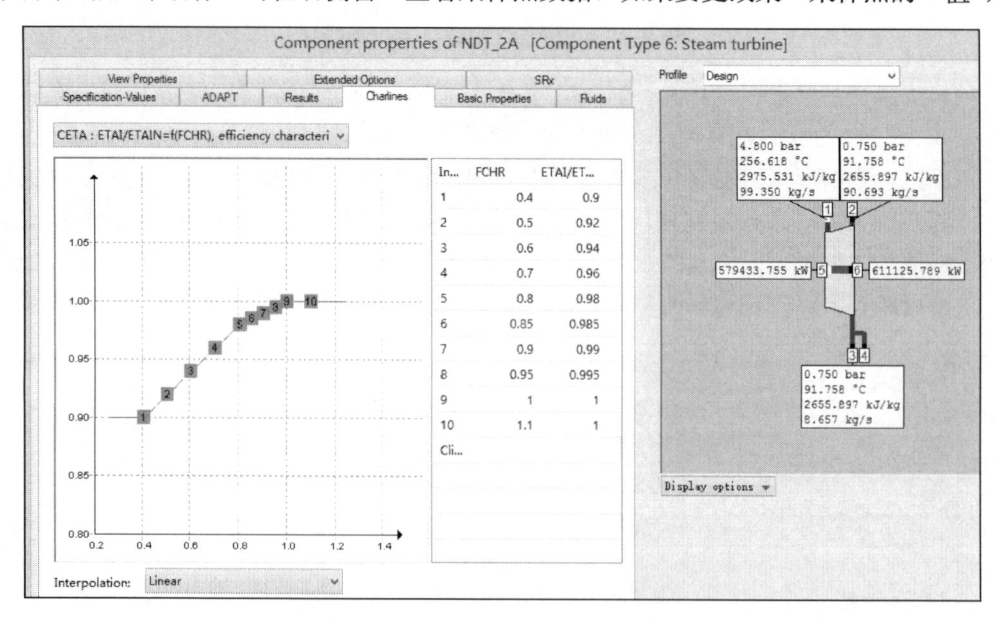

图 4-12 “特性曲线”对话框(局部)

在表格选中该行。此操作可通过单击所要求行中的某一单元格来完成。之后，再单击一次，即可转换到编辑单元格模式，可编辑 x 值或 y 值，也可插入新数值。或者，也可通过剪切板将特性曲线数据粘贴到 Excel，或从 Excel 粘贴到本仿真环境中进行编辑。

为此，选择好需要编辑的数据(按下 Shift 键可选定多个行)并单击选择“复制”。在 Excel 中，可通过“粘贴”将值插入。在将数据输入本仿真环境时，必须在 Excel 中将相应的单元格选中。而后在 Excel 中右击选择“复制”，在本仿真环境中右击选择“粘贴”。

单击“复位”按钮，可以将显示的特性曲线的所有采样点数据恢复为原始值。该按钮只在设计模式下可用。如果处于附属工作模式中，则会有“清除”按钮代替该按钮。如果单击“清除”按钮，会将所有值还原为主工作模式的值。如果想显示有关特性曲线的帮助信息，则单击“帮助”按钮。

4)流体

“流体”对话框(图 4-13)显示部件接头的流体类型。每个接头都有一个条目。该条目包括接头编号以及一个组合框，该组合框总是显示当前给定的流体类型。可通过单击流体类型组合框，并从所显示的列表中选择一种类型，来改变接头的流体类型。以下情况不能改变接头流体类型。

(1)该接头由另一连接决定(在图 4-13 中，连接点 2 由连接点 3 来决定)。

(2)已经给该接点分配了一条管道。在这种情况下，必须首先删除该管道，而后才能改变流体类型。

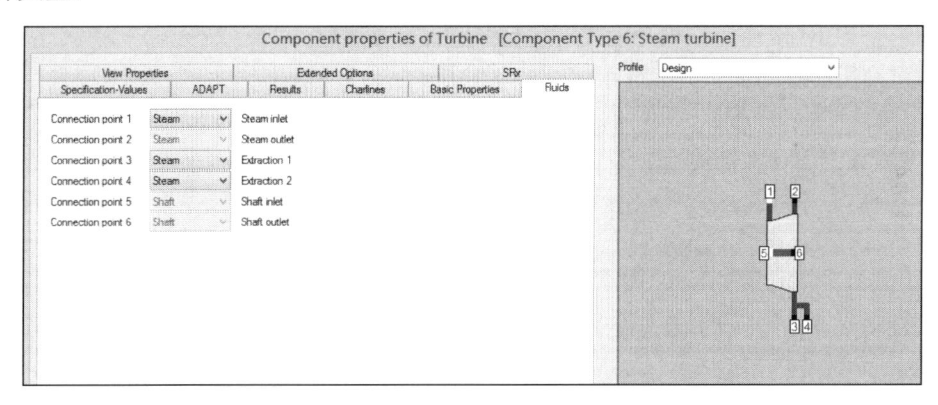

图 4-13 “流体”对话框(局部)

4.1.4 宏部件

宏部件指某些部件组合在一起构成一个比较复杂的大型回路单元。例如，部件 40(汽轮机宏部件)由空压机、燃烧室与轮机组成。又如，部件 70(蒸汽发生器/汽包宏部件)，该宏部件由一个汽包、输送泵和蒸汽发生器组成。从内部内容来说，宏部件本身就是一个固定单元部件，不可以拆分为各小部件。在该黑匣子中可以定义输出/输入端口的类型与数目，以及规格值和结果值。这些数据在进行计算之前及之后将会被自动调用。

4.1.5 Profile 模式

通过不同模式设置，可以在一个文档内管理一个循环的几种不同工况。这尤其适用于处理：

(1)设计和非设计工况模式；

(2)属性数据的变更。

模式文件存储文档中所有的对象属性(规格值、特性曲线、结果数据)。每个文档可有多个模式。每个文档至少有一个“设计工况”模式。该模式为默认模式。可以将其中一个模式设为“当前模式”。任何计算(仿真或验证)的进行都将采用“当前模式”内定义的属性。计算结果总是输出到“当前模式”的属性中。

模式采用树形结构编排。默认的设计模式是树形结构的根。每个模式都具有一个唯一的ID(一个整数)以及唯一的名称。模式的名称中可包括字母、数字和下划线(_)。不能使用其他特殊字符(因为可能会出现问题，如与Excel界面之间的连接)。

可以使用“模式”窗口创建新模式。新创建的模式具有与其母模式相同的属性。如果改变了模式内任何的属性数据，则在该模式及其所属的子模式内的属性数据都会随之改变。

1. 当前模式

文档中总是会有一个当前模式。仿真和验证时使用当前模式的属性数据。计算结果同当前模式的属性数据一同存储在当前模式下。可以将任何模式选为当前模式。如果想检查模式改变对当前文档的影响，进行下列各项操作：

(1)复制一个现有模式；

(2)将其选为有效模式；

(3)更改想要检查的属性；

(4)进行计算(设计或非设计模式，仿真或验证)；

(5)对结果进行研究。

2.“模式”窗口

通过下列方式打开“模式”窗口：单击模式栏中的“P”，或者从菜单栏选择“数据”→“模式”命令。打开“模式”对话框(图 4-14)，显示现有的模式结构。包含子模式的模式在

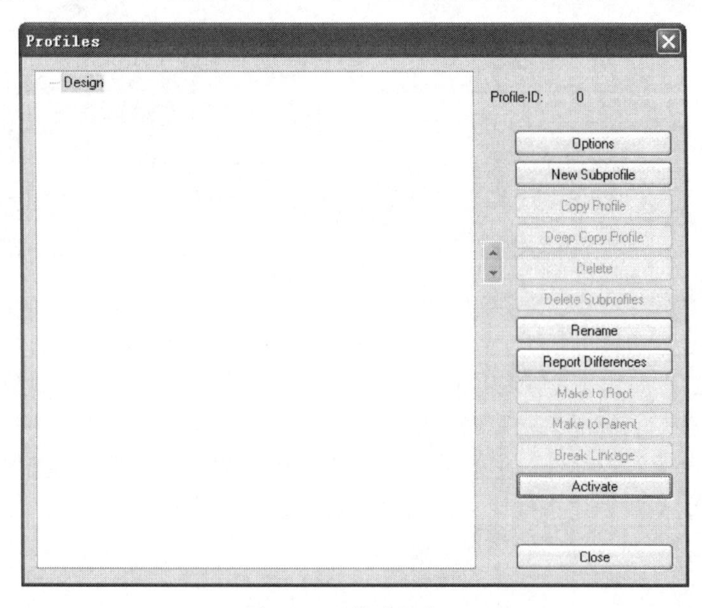

图 4-14 “模式”窗口

其名称左侧有一个方框。单击该方框中显示的“+”或“−”号，即可打开或关闭其所有的子模式。

3. 创建模式

如欲添加模式，打开模式窗口。然后选择希望作为母模式的模式(或子模式)，单击“新建子模式”。将创建所选模式下名为“New Subprofile”的新子模式。该模式的所有规格值都将以灰色显示。这些规格值与新创建的子模式的值相同。

4. 激活模式

可以采用下列方式将任何模式设为当前：

(1) 从当前模式下拉列表(在模式栏中)中选择该模式；

(2) 从“模式”窗口选择该模式，并单击“激活”(Activate)和“关闭”(Close)按钮。

5. 更改模式名称

如欲更改模式名称，打开“模式”窗口。选定一个模式，单击“重命名”(Rename)按钮。在树形结构中单击模式的名称，此时即可编辑模式的名称。注意实际上必须单击两次(一次用于选择，一次用于激活编辑模式)。这与双击不同。在两次单击之间，需等待片刻。模式的名称用于输入描述模式的信息以及用于模式的选择激活、选择或删除。

选择模式，单击“向上”(“向下”)按钮后，模式在树形结构中的位置会在树层内向上(下)移一个位置。在模式树中移动模式中，可通过拖放的方式将模式树中的模式以及其子模式一起移动，也可以在不同层级之间转换。

如欲将某一模式转为母模式，打开“模式”窗口。单击模式树中的“转为母模式”(Make to Parent)按钮。而后打开一个列表，显示比此模式层级高的模式列表。在此可以选择想要替换的母模式。当前的模式将被替换到所选模式的位置。之前位于该位置处的模式将被删除(连同其选项子模式一起)。属于新的母模式的子模式保持不变。

6. 复制与删除模式

如欲复制模式，打开“模式”窗口。可在树层内复制模式。选择要复制的模式(在本示例中为“BranchB_LeafB”)，并单击“复制模式”(Copy Profile)按钮。模式副本将被插入树形结构中与所选模式相同的树层中，名称为“Copy of BranchB_LeafB”。可以对该模式进行重命名。“模式”的树形结构如图 4-15 所示。

如欲复制模式结构，打开“模式”窗口。复制模式结构的形式与复制模式相同。但是，子模式同时也将被复制。

如欲删除模式，打开“模式”窗口。可以删除：单个模式及其所有子模式，或者某一模式的所有子模式；单个模式及其所有子模式，或者某一模式的所有子模式。

如欲删除子模式，选择要删除的模式，单击“删除模式”(Delete)按钮。在确认后，会删除该

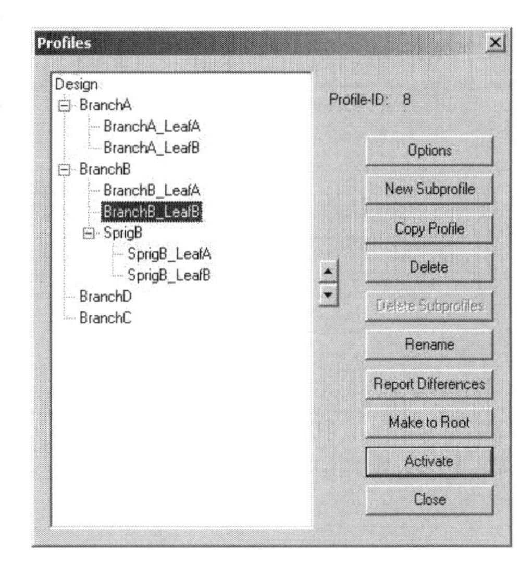

图 4-15　“模式”的树形结构

模式，包括其所有子模式。如欲删除子模式，选择要删除其子模式的模式，并单击“删除子模式”(Delete Subprofile)按钮。在确认后，会删除选定模式的所有子模式。在这种情况下，不会删除所选定模式本身。

注意，因为模型中必须至少存在一个模式，所以不能采用这种方法分别删除设计或根模式。如果确实想删除设计模式，必须将某一子模式选为新的根模式。

4.1.6　物性设置

如欲定义流体介质特性，使用部件 1(边界值输入)或部件 33(普通数值输入)。介质特性表适用于空气、烟气、原煤气、(燃)气、油、煤、用户定义流体。如果使用部件 1，必须将流体类型(在属性表单的“流体”选项卡上)设为上面所列出的类型之一。如果使用部件 33，必须将该部件置于具有上面列出的流体类型之一的管道上。

打开属性表单中的“介质成分”选项卡。在左侧有两个字段：上面的是信息字段，下面的是成分字段，如图 4-16 所示。信息字段和成分字段的内容取决于流体类型。

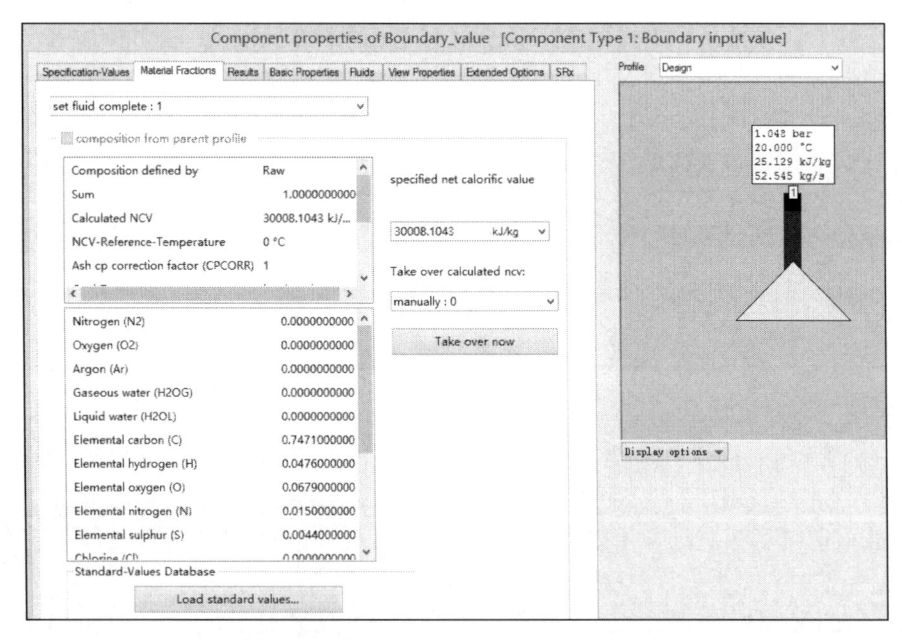

图 4-16　“边界值”部件的属性对话框(局部)

通过“成分定义方式”条目，可在不同的成分类型之间切换。对于气态液体可选择质量比和体积比。对于煤炭，可以在下列规格之间选择：

(1)天然成分(“RAW”)；

(2)无水成分(“WF”)；

(3)无灰渣成分(“AF”)；

(4)无水及无灰渣成分(“WAF”)。

“总和”给出成分字段中设定的各种成分之和。注意，在关闭对话框时该值必须为“1”，否则将会出现计算错误。“计算净热值”显示仿真系统根据所设定成分计算出来的流体净热值，但不是计算中所用的净热值。

必须单击“接收计算值”按钮，才可在计算中使用该值。这种做法的原因是净热值计算，特别是对于固体和液体燃料而言，只是近似计算。如果用户知道所用燃料准确的净热值，可以在“设定的净热值”字段中直接输入该值。

“净热值基准温度”所示是计算净热值时所采用的温度。在本稳态仿真环境中，该温度是一种模型设置，不能在该字段中进行修改。原因在于，模型中所有净热值计算采用的温度必须都相同。因此，要改变该温度，使用“其他功能”→“模型选项”、“仿真”选项卡来修改该值。

如果流体是油，则还会有用以指定“系数”和“密度”的附加字段。这些值将在 CP 多项式的计算中用到。如果流体为煤，则会有用于设置“煤类型”、“挥发物含量”、“总水分含量”和“总灰渣成分含量”的附加字段。煤类型可以为硬煤、褐煤。值字段“挥发物份额”与其他规格值无关。该字段指明所指定煤的挥发物占多少比例。该比例影响煤的热力学性质(CP 多项式的计算)，但不会影响基本燃烧过程。因为该比例与介质成分无关，所以更改煤成分或从“天然”切换到其他模式，该比例不会出现变化。值字段“总水分含量”和“总灰渣含量”给出流体中，基本煤、水和灰渣所占的比例。如果从“RAW”切换到“WAF”、“WF”或“AF”，这些值不会变化。

在“RAW”模式中，“总水分份额”和“总灰分份额”都不可编辑。在“WAF”和“WF”模式中，“总水分含量”可以编辑；在“WAF”和“AF”模式中，“总灰分含量”可以编辑。

成分列表(图 4-17)中，各物质依据成分定义(“RAW”、“WAF”、“WF”或“AF”)列出，“灰渣”和“化学结合水(H_2OB)”除外。在“RAW”模式中，所有条目均为物质在流体中的总成分含量。所有条目的总和必须为 1。在“WAF”模式中，条目“灰渣”和“化学结合水(H_2OB)”为它们在流体中的总成分含量，与信息字段中相应条目中给出的值保持一致。所有其他条目的计算建立在输入介质中无水和无灰渣含量的基础上。不包括“灰渣”和“化学结合水(H_2OB)”，所有其他条目的总和必须为 1。在“WF”模式中，只有条目“化学结合水(H_2OB)”为其在流体中的总成分含量，并且与信息字段中的“总水分含量”条目中给出的值保持一致。

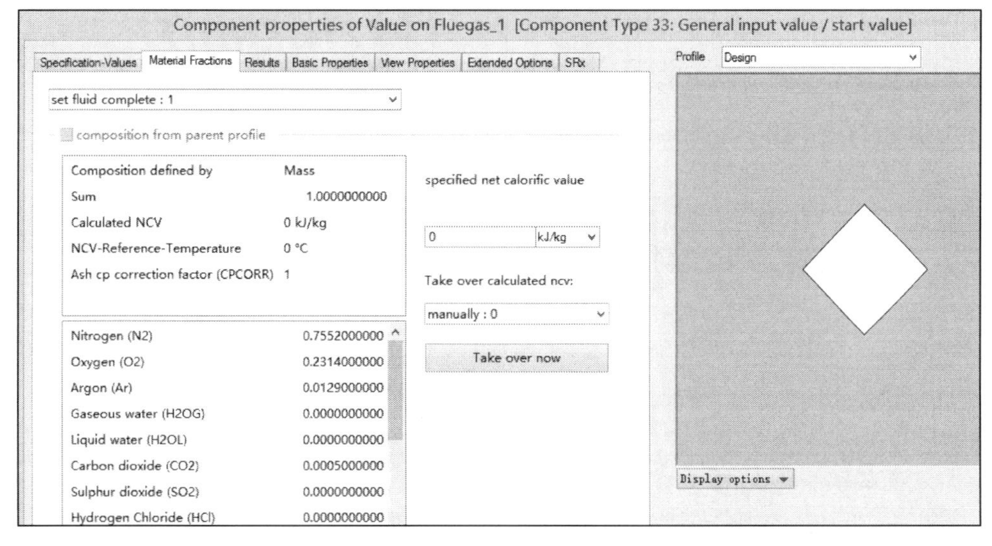

图 4-17 成分列表

所有其他条目的计算建立在输入介质中无水含量的基础上，不包括“化学结合水(H_2OB)”，所有条目的总和必须为 1。在“AF”模式中，只有条目“灰渣”为在流体中的总含量，并且与信息字段中的条目“灰渣”中给出的值保持一致。所有其他条目的计算建立在输入介质中无灰渣含量的基础上。不包括“灰”，所有条目的总和必须为 1。

在模式结构中，成分与其他规格值一样都是从上级文件继承而得的。但有如下一些不同之处。

(1) 从母模式继承的值不以蓝色显示。

(2) 如果更改了成分中的某个值，则所有值都将与母模式脱离关联关系。

(3) 当单击“删除用于该模式的数据”按钮时，将删除局部定义的值，并恢复与母模式的继承关系。

(4) 此操作只会影响成分，而不会影响净热值，也不会影响挥发物份额。

单击“加载标准值”按钮可以从标准值数据库中加载预定义的成分含量。在此按钮的下面会显示出最后一次加载的成分数据的名称。

4.1.7 成分的输入

成分的输入字段用于依据上述设置指定流体成分。如果选定一行并单击其编号，字段即变为可编辑，可以在该处键入新值。如果在表中选择一行或多行，右击可提供下面一些快捷功能。

(1) “编辑”，用于打开字段键入值。

(2) “增加至 100%”，用于修改选定成分的含量，以使所有成分的总和为 1。

(3) “按比例增至 100%”，用于用合适的比例系数乘以所有成分，以使所有成分的总和为 1。

(4) “以选定条目按比例增至 100%”，用于用合适的比例系数乘以所选定的成分，以使所有成分的总和为 1。

(5) “以未选条目按比例增至”，用于用合适的比例系数乘以所未选定的成分，以使所有成分的总和为 1。

4.1.8 工具提示

当鼠标指针移动到部件或者管道上方时，将显示工具提示窗口，如图 4-18 所示。具体哪些值将显示出来，由部件编号或者管道中的流体类型决定。

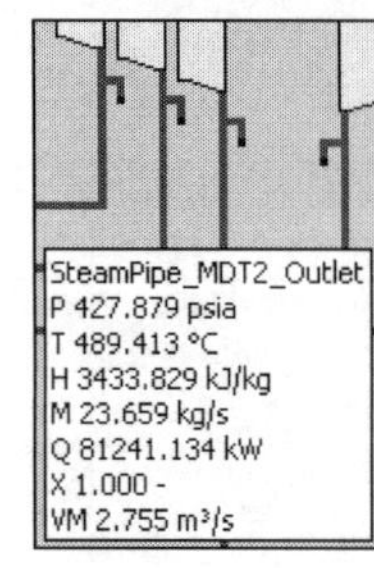

图 4-18 工具提示

可以在“其他功能”→“高级设置”→“用户界面”→“显示”→“工具提示”下找到工具提示的各选项设置。单击“工具提示”按钮，打开“工具提示”窗口，如图 4-19 所示，然后可以设置工具提示的显示值。通过选定顶部的复选框，可以激活与取消工具提示。在其下方的字段中，可以设定鼠标移动到目标后显示工具提示所需要的时间。

窗口左侧(“对象类型”)列出所有部件与管道类型。单击从列表(部件或管道)中选择一种类型。右侧(“工具提示窗口输出的相应值”)显示出所选对象类型下面所有的规格值和结果值。利用数值左侧的复选框来定义哪些参数值将显示在工具提示窗口中。复选框为切换按钮。第一次单击选定相应项目，第二次单击取消选择。

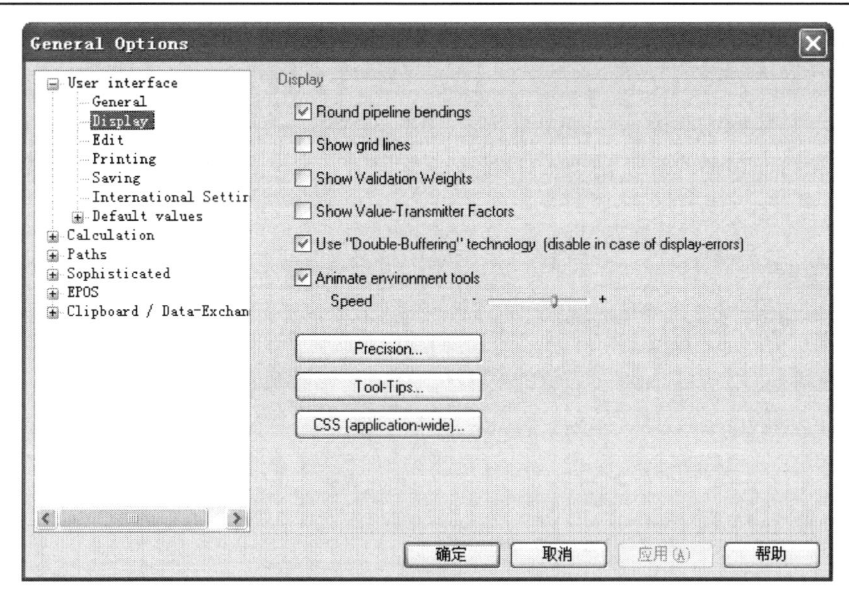

图 4-19 “工具提示”的各项设置

“工具提示窗口输出的相应值”区域右侧的微调按钮用于调整数值在“工具提示”对话框(图 4-20)中的显示顺序。本列表中各数值的顺序即是这些数值在工具提示窗口中的显示顺序。要将所有对象的工具提示条目的设置恢复为默认值，单击“所有对象”按钮。

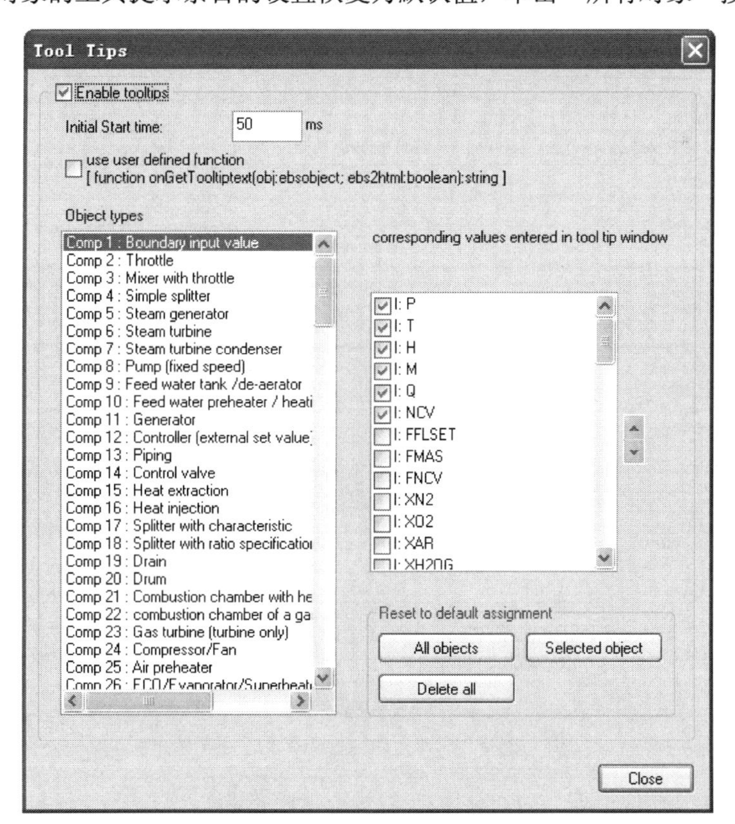

图 4-20 “工具提示”对话框

4.1.9 错误搜索工具

建立模型的过程中，在进行模拟运算时，通常计算核心都会提示错误。借助错误分析工具可方便查找错误出现在什么地方。大多数情况下，借助该工具可排除大多数错误。但是，有时需要更详细的检查。常用的方法是切开管道，连接数值传送器(部件 36)从而输出各值进行观察(压力、焓、质量流量)，或者将整个模型拆开为多个子模型。实现这一操作有下面两个途径。

(1)选择管道，在管道上方右击，从关联菜单中选择“切开管道”，从而“切开”管道。管道将在光标位置处被切为两端。管道参数值将被分别复制到这两段管道上。

(2)要设置(部件 33 的)起始值，可单击关联菜单中的“采用管道值”选项，调用管道值为默认起始值，从而完成起始值设置。管道压力、焓以及质量流量等将被复制到部件。

4.1.10 介质特性表

介质特性表工具用于查看热力学属性，如图 4-21 所示。在未进行仿真计算的情况下，也可使用介质特性表。可通过如下方法来调用该工具。

Water-Steam- & Gas-Table

Type
Formulation Water/Steam　IAPWS-IF97
Formulation Gas　FDBR
Saltwater-Table　Lib-SeaWa (2009)
Table　Water/steam table
Function　Saturation temperature　t_sat　=f(p_sa

Pressure　1　bar

Temperature　99.6059186113379　℃

Calculate　Read Object　Clear Output　Close

```
Water/Steam Library:    Water - Industry Formulation IAPWS-IF97
Table Type: Water/Steam
Function:   Saturation temperature  t_sat       = f ( p_sat )
--------------------------------------------------------------------------

                 Pressure              Temperature
                    [bar]                     [°C]
                        0       -0.02732555648876

Water/Steam Library:    Water - Industry Formulation IAPWS-IF97
Table Type: Water/Steam
Function:   Saturation temperature  t_sat       = f ( p_sat )
--------------------------------------------------------------------------

                 Pressure              Temperature
                    [bar]                     [°C]
                        1        99.6059186113379
```

图 4-21 “介质特性表”对话框

(1)菜单指令“其他功能”→“工具”→“介质特性表”。

(2)菜单指令“其他功能“→“工具”→“对象材料表”。

该指令下光标变为波形。如果移动鼠标到管道或数值输入(部件 33)上方，光标会变为叹号(！)，此时，单击即打开介质特性表对话框。该对话框此时已填入相应的管道参数值或输入值。在“类型”区域中，请指定使用何种水/蒸汽表达公式。本仿真系统提供了 IFC-67 和 IAPWS-97 两种公式。

不同的计算规则分别适用于水/蒸汽、空气/烟气、(燃)气、原煤气、油、煤或者用户定义的流体。可用的函数如下所述。

(1)对于水/蒸汽。

定压比热 cp = f (p,h)。

比焓 h = f (p,t)；该函数在湿蒸汽区域返回 h′(液体水的 h)。

饱和水的比焓 h' = f (p_sat)。

饱和水蒸气的比焓 h = f (p_sat)。

比焓 h = f (p,s)。

饱和压力 p_sat = f (h′)。

饱和压力 p_sat = f (s)。

饱和压力 p_sat = f (t_sat)。

比熵 s = f (p,h)。

比熵 s = f (p,t)；该函数在湿蒸汽区中返回 s′(液态水的 s)。

温度 t = f (p,h)。

温度 t = f (p,s)。

饱和温度 t_sat = f (p_sat)。

比容 v = f (p,h)。

比容 v = f (p,t)；该函数在湿蒸汽区返回 v′(液态水的 v)。

质量分数(蒸汽含量) x = f (p,h)。

(2)对于空气/烟气、气体、原煤气。

等压比热 cp = f (p,h)。

等压比热 cp = f (p,t)。

比焓 h = f (p,s)。

比焓 h = f (p,t)。

比熵 s = f (p,h)。

比熵 s = f (p,t)。

温度 t = f (p,h)。

温度 t = f (p,s)。

比容 v = f (p,t)。

液态水比例 x_H2OL = f (p,t)。

蒸汽饱和浓度 x_sat = f (p,t)。

摩尔质量 mg。

净热值 NCV。

容积比与质量比的比例。

质量比与容积比的比例。

(3)对于煤、油和用户定义流体。

定压比热 $cp = f(p,h)$。

定压比热 $cp = f(p,t)$。

比焓 $h = f(p,t)$。

温度 $t = f(p,h)$。

净热值 NCV。

输入字段和结果字段(最多各两个输入输出)的含义随选定的函数而异。在输入字段中，指定函数的输入参数，例如，函数 $h = f(p,t)$，单击“计算”按钮后，结果字段显示计算结果。另外，在底部块中列出函数以及输入和结果值。

如果选择需要输入材料成分的表格，材料表窗口右上角显示成分规格的两个字段。对这个字段的处理类似于部件 1 和 33 的介质属性定义。唯一的差别在于此处可编辑字段“净热值基准温度”。注意在材料表工具内进行的任何更改都不会传送到循环。

4.1.11　管道工具

管道工具用于改善图形编辑区中管子的外观，对计算没有任何影响。不同的方法可调用该工具，包括如下方法。

(1)通过“编辑”→“工具”下的菜单命令。

(2)选择管道时，通过关联菜单。

(3)通过常规关联菜单(不选中任何对象)中的“工具”子菜单。

(4)通过管道的属性表。

管道属性表并不启动管道工具，但是因为通过属性表单可以对管子进行某些变更，并且这些变更与通过管道工具进行变更的效果类似，所以在此列出，以确保完整。管线工具包括如下内容。

(1)切换管线工具。

(2)底切工具。

(3)管线上的箭头工具。

(4)管线上的圆圈工具。

在属性表单，可以改变可见性，并可定义双色管。因为“剪切工具(切开管道)”实际上改变了模型的性能，属于错误分析工具，所以不在此列出。注意底切(一段管道仅在图形编辑区上不可见，但仍旧实际存在)和真实剪切(将管道分为不再相连的两段线路)之间的差异。

1. 切换各节管道

该工具用于设置管道不可见或虚线显示两种模式。在激活本工具时，光标变为图 4-22 所示的外观。

toggleline.cur

图 4-22　激活“切换管道工具”状态

使用该工具前鼠标在管道上的外观必须为“+”。根据按下鼠标左键或者右键，可进行不同的操作。单击可在如下三种状态之间切换当前选中管段：可见、不可见、虚线。右击鼠标，整条管道将在以下三种状态之间切换：全部可见、全部不可见、可见性取决于管道在相应区域的设置。

在使用本工具时，不可见管段将以相反的颜色显示(否则，在编辑当中将无法查看)。在选中的不可见区域里，管道也以相反的颜色显示出来。鼠标右键所进行的状态设置相当于在“管道属性表单”→“基本属性”→“下拉菜单”→“可见状态”中所进行的管道状态设置。在属性表单中，可为管道选择第二种颜色，显示结果为一条双色虚线管道。如果在“虚线”部分外面选择一管道，则其外观情况取决于管道的长度。只需简单地按 Esc 键，即可从鼠标可视化工具中退出。管道的显示如图 4-23 所示。

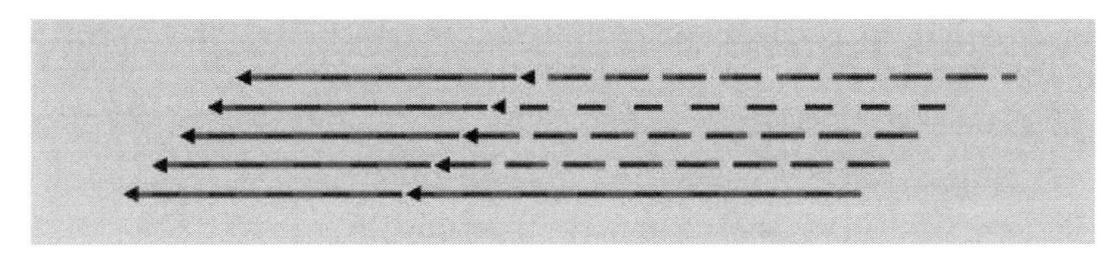

图 4-23　管道的显示

2. 底切工具

底切工具用于改善相交管道的外观。标示管道实际并未相交，只是其中一条重叠在另一条的上面。当调用该工具时，光标的外观变为如图 4-24 所示。

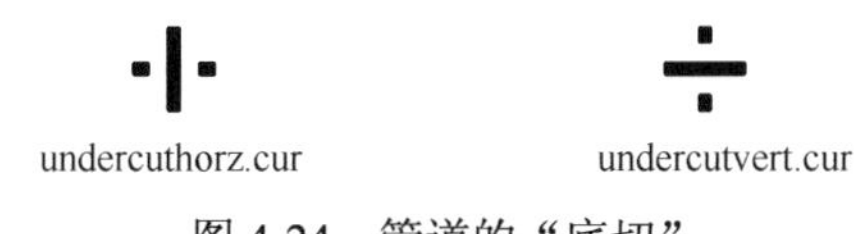

图 4-24　管道的“底切”

按住 Shift 键，以右侧外观显示。现在单击两条管道的交点，如果光标以左侧的外观显示，水平管道会有一小段不可见。反之，竖直管道会有一小段不可见。当光标一直处于上述外观时，可以一个接一个选择几处底切。当完成时，右击或执行另一项操作。

3. 管道上的箭头工具

“管道上的箭头”工具可用来指明管线中的流向。但是，通常情况下，更多地用于在管道末端上设置箭头或者双箭头。在调用该工具时，光标的外观变为如图 4-25 所示。

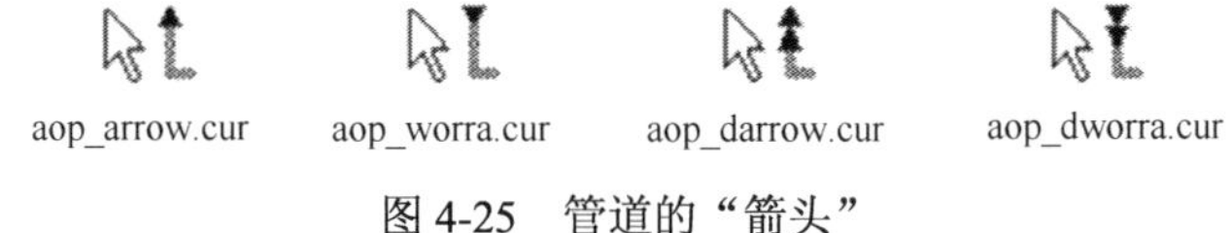

图 4-25　管道的“箭头”

按住 Shift 键，鼠标具有第二种外观；按住 Ctrl 键，第三种外观；同时按住 Shift+Ctrl 键获得第四种外观。Shift 键用于改变箭头方向，而 Ctrl 键用于在单箭头和双箭头之间切换。单击线路末端，会在线路末端放置箭头(或双箭头)，方向向外(如果光标为外观 1 或 3)或向内(光标为外观 2 或 4)。如果再次单击，删除该箭头。

不仅可以在线路末端，而且可以在任何中间点插入箭头(从关联菜单调用“添加新点”即可在管子上随意创建中间点)。但必须小心不要正好点中正中间点，而是朝向应得到箭头的一段稍微偏开一段距离。否则，可能是错误的一段得到箭头(如果出现这种情况，只需再次单击鼠标，即可删除该箭头)。

当光标一直保持图 4-25 所示外观之一时，可以一个接一个插入几个箭头。当完成时，右击或执行另一项操作。

4. 管道上的画圈工具

模型不断扩展的过程中，可能会遇到必须把模型中一边的管道拉到另一边的情况。通常，要追踪此类管道相当不便，并会影响模型的外观。在这种情况下，可以配合可见性工具，使用画圈工具。先将长管道的主要部分切换为“不可见”状态，但在两侧留一小部分可见。然后使用画圈工具在两侧添加带有编号或字母的小圈，指示管道向哪里延伸。管道的“画圈工具”如图 4-26 所示。

图 4-26　管道的“画圈工具”

单击管道可见部分希望插入圆圈附近的点。打开一输入窗口，在此可以指定编号或字母(最多两个字符)，如图 4-27 所示。

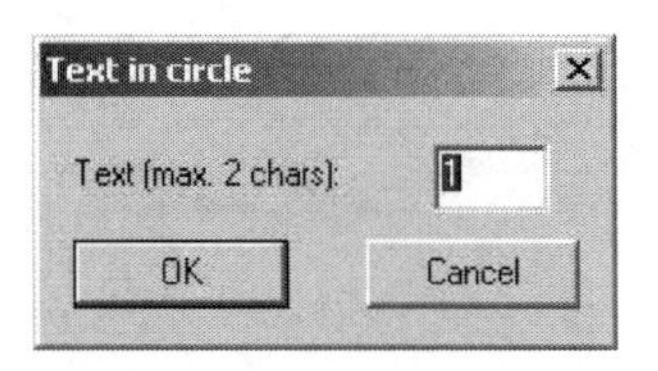

图 4-27　插入圆圈文字

当单击“确定”按钮时，插入圆圈。

对另一侧进行相同操作。当打开输入框时，默认值与管道另一侧的相同。该功能很实用，如果需要在多条管道插入圆圈，注意两端圆圈内编号始终相同。如果改变其中一个圆圈内的编号，则该条管道上所有圆圈内的号码也随之改变(一条管道上可以有两个以上圆圈)。如欲删除圆圈，再次单击同一位置。当光标处于上边外观时，可以一个接一个插入几个圆圈。当完成时，右击或执行另一项操作。

4.1.12　模型设置

1. 仿真设置

仿真设置操控仿真运算。“仿真设置”对话框如图 4-28 所示。设置在每次进行运算时将被调入仿真系统的计算内核。计算内核采用何种算法取决于此设置。仿真设置主要包括三个方面：迭代、松弛、计算。

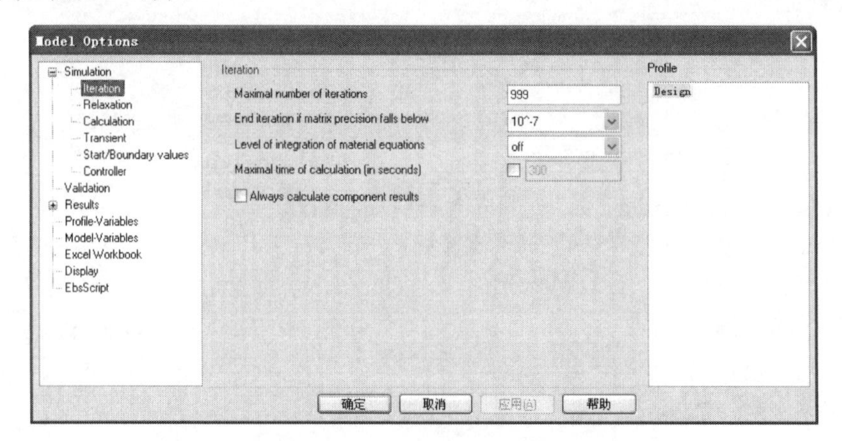

图 4-28　“仿真设置”对话框中的“迭代功能”设置

迭代功能中，“最大迭代次数”指定最大迭代次数，从而避免在收敛性能不好的情况下出现无限循环。在复选框“终止迭代精确度”中，可设定中止迭代时所要达到的精确度。如果两次迭代之间的差异小于指定值，则终止迭代。

松弛功能中，字段“在第几次迭代修改松弛系数 ITRX=”通常设为 50。下拉列表“ITRX 次迭代前的部件松弛系数”定义部件在第 ITRX 次迭代之前的计算松弛系数。下拉列表“ITRX 次迭代后的部件松弛系数”定义部件在第 ITRX 次迭代后的计算松弛系数。默认值为 1。如选中复选框“极限松弛”，则从 ITRX 次迭代之后直到迭代结束都采用极限松弛系数进行计算。部件松弛强度设置及含义见表 4-2。

表 4-2　部件松弛强度

部件松弛强度	说明
0	无松弛
1	微弱
2	轻微
3	轻微至中度
4	中度
5	中至强
6	强
7	最高

计算功能中，“全局计算模式”(Global)(图 4-29)下拉列表确定两种计算模式：“设计”或者“非设计”模式，也可利用工具栏上的“设计\非设计”按钮设定该选项(并编辑设置)。

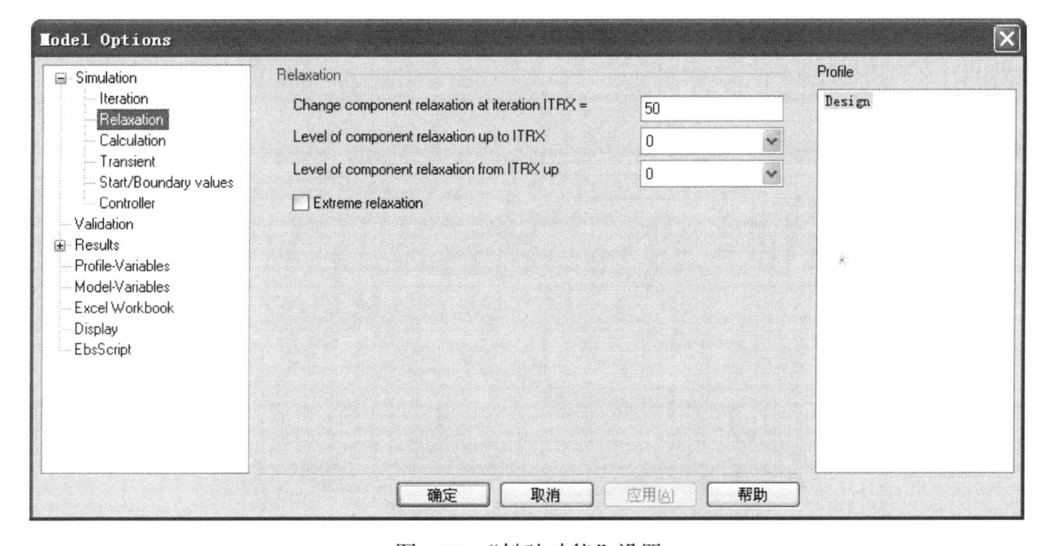

图 4-29 “松弛功能”设置

“斯托多拉定律公式”下拉列表指定使用哪种斯托多拉定律的公式。

“水\水蒸气表”下拉列表用于计算的蒸汽表(IFC-67 或者 IAPWS-IF 97)。默认情况下，使用 IAPWS-IF 97，只有当用户希望恢复旧计算结果时，才需要用到 IFC-67。“烟气表”下拉列表用于计算的烟气表。此处，需确定是根据 FDBR、VDI 理想气体还是实际气体表进行计算。在高压力和低温条件下，推荐使用实际气体。然而，由于并不是所有气体的实际属性值都可用，在某些情况下，采用气体的理想值。“计算 NCV 的基准温度”字段用于净热值计算的基准温度。该基准温度广泛用来计算模型中的所有热值。“氧气基准浓度”字段用于污染物浓度计算的氧气基准浓度。该基准浓度也广泛用于整个模型。“守恒错误报告容忍值”字段用于确定(图 4-30)与迭代精度相乘的系数(用于质量、能量和物质平衡)。

如果相对平衡误差高于该值，则显示出警告信息。如果相对平衡误差高于该值 10 倍，则发出错误信息。

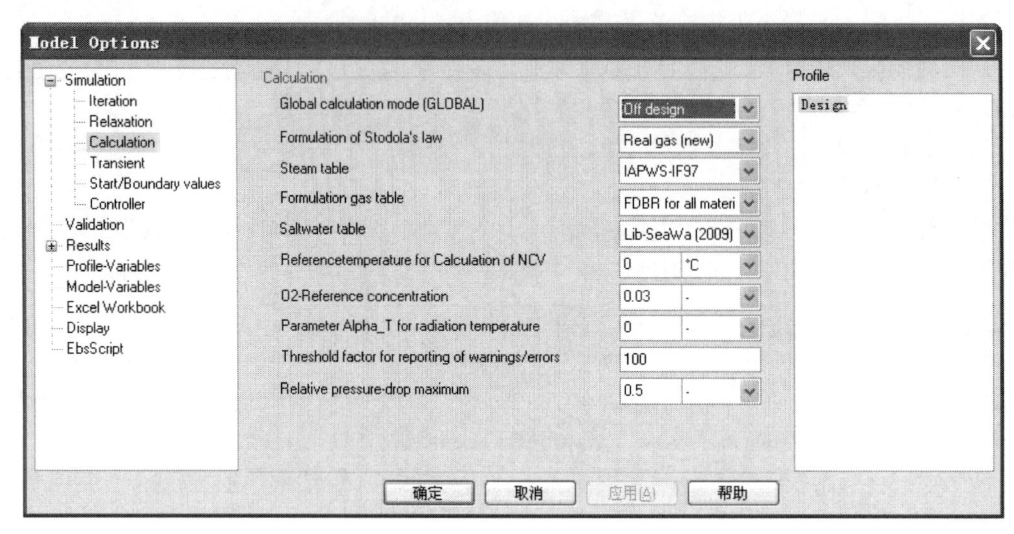

图 4-30 “计算功能”设置全局计算模式为“非设计模式”

选择“起始值与边界值”选项，将打开一个新窗口(图 4-31)，从而设定水/蒸汽等各型管道压力、焓、质量流量的计算起始值与边界值。利用该窗口，可计算压力低于 0.1bar 的情况。但是这些值的修改会影响计算的收敛性能，请小心使用。此外，在此处设定超出材料有效值范围的值也不具任何意义。

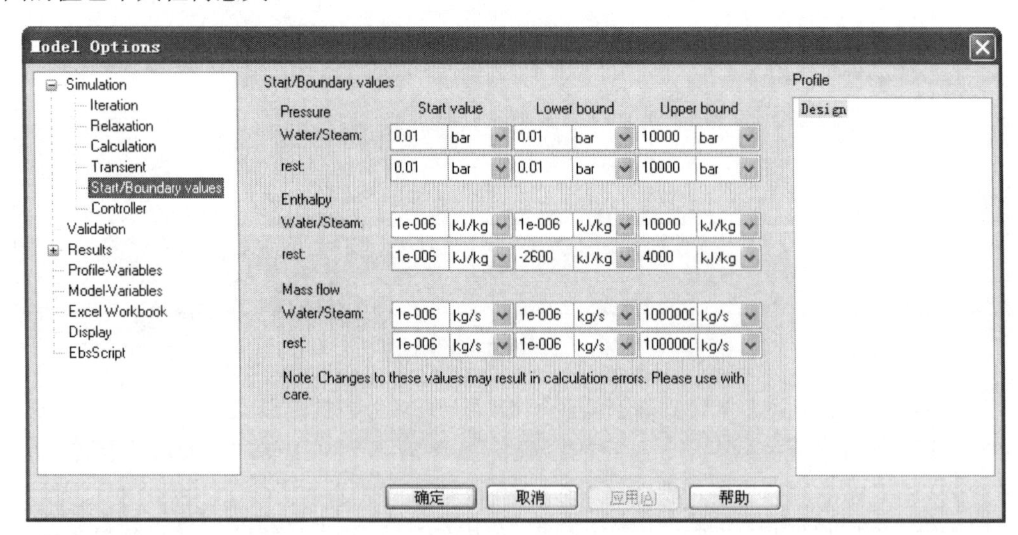

图 4-31 “起始值与边界值”设定

2. 结果值

“结果值”(图 4-32)显示一个模式文件在上次计算的一些信息。注意，在窗口右边的模式文件区域可以切换不同的工作模式。结果值部分包括“概览”和“验证”两项。

结果条目中，“元件数量”条目给出通过计算核心处理的部件数目。由于某些部件未被激活，或者因为某些计算核心操作，如自动简化逻辑线路连接和补充未建立的连接。该数目可能跟用户界面上显示的数目有出入。如果模型之前已经计算过，在“最后一次计算类型”条目中将显示“仿真”或者“验证”两种状态之一。如果模型之前并未计算过，则显示“未计算”。

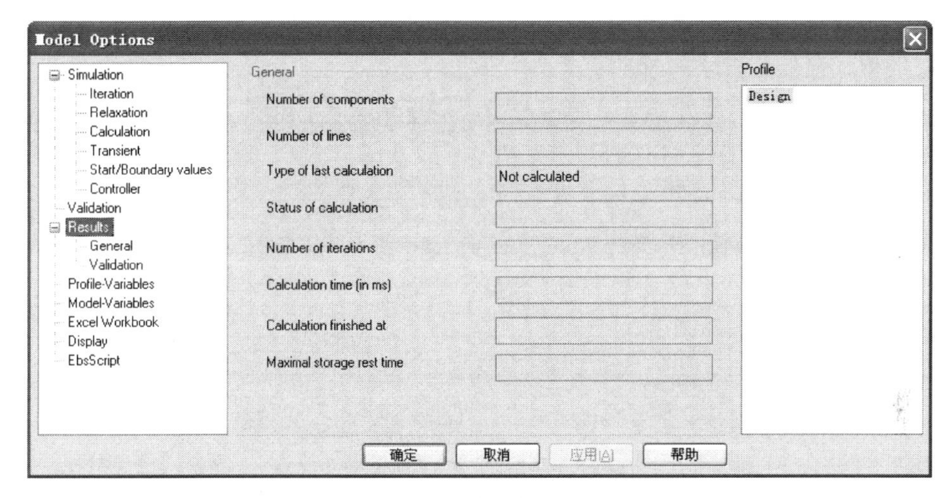

图 4-32 “结果值”显示

注意，如果模型执行过计算，则本选项卡中的该信息将被存储起来。“计算状态”条目指出上次计算成功与否。其中，包括一个字段，用以显示计算已经终止。“迭代数”显示达到所设精确度需要的迭代步骤数。如果达到迭代步骤最大数，计算仍然没有收敛，则应当提高最大迭代数(或者进行其他一些改善收敛性能的操作)。

3．用户定义的流体

当模型需要涉及仿真系统流体表中未包含的特殊流体材料时，用户可以自己进行对该材料的定义。在本仿真系统中，流体的热力学属性通过多项式设定。如果已知流体的这些系数，即可在仿真系统中定义并使用该流体。本仿真系统采用三级多项式定义：

$$C_p = a_0 + a_1 t + a_2 t^2 + a_3 t^3$$

注意，测量值温度 t 的单位为℃。该多项式的定义只针对与流体中通过元素分析定义的该部分。如果流体中包含气体，则按照一般情况，气体部分的计算采用自己本身的 CP。

例如，流体在上面各例中的 CP = 3(常数)，$a_0 = 3.0$，$a_1 = a_2 = a_3 = 0$。

第 1 种情况：完全使用指定的多项式。基本元素分析指定流体(50%C、50%H)。在这种情况下，完全使用指定的 CP 多项式。基本元素分析对热力学计算没有影响(但是如果将该流体用于燃烧计算，则会有影响)。

第 2 种情况：混合使用。流体包括有通过基本元素分析(C、H)给定的部分以及气体部分(N_2、O_2)。因此必须综合计算：对于气体部分，采用标准计算；而对于通过基本元素分析给定的部分，采用给定的 CP 多项式。

第 3 种情况：不使用 CP 多项式。因为此时流体只包括气体(N_2、O_2)，完全按气体计算流体的熵，不考虑多项式。

第 4 种情况：具有 80% N_2 和 20% O_2 的空气，与上面第 3 种情况相同。

4. 变量

变量通常包括两类：模型全局变量和模式相关变量。

全局变量与模式无关，即该变量在各模式中都存在，并且具有相同的值。在任何一个模式中改变全局变量的值，则该变量在各模式中的值都会随之一起改变。模式可以有自己的模式相关变量，这些变量在不同的模式中可以有不同的值。如果在一个模式中改变了一个模式相关变量的值，该修改只影响当前模式。

注意这种情况下模式继承机制无效。模型全局变量与模式相关变量的定义和赋值方法相同。“模型全局变量”窗口和“模式相关变量”窗口都包括六列：“名称”、“类型”、“描述”、“最小”、“最大”和“值”，如图 4-33 所示。

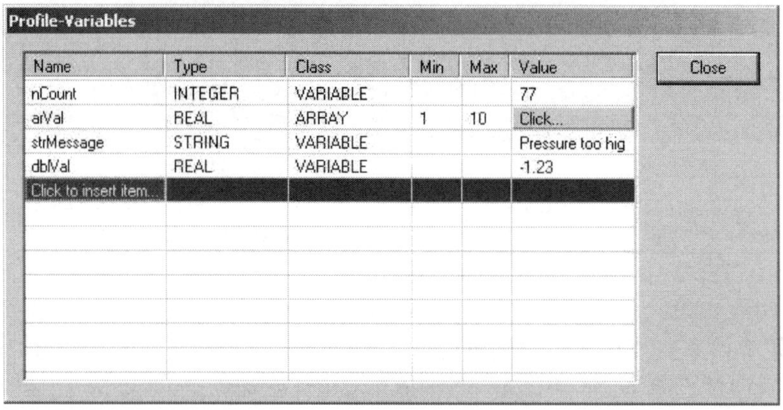

Profile-Variables

Name	Type	Class	Min	Max	Value
nCount	INTEGER	VARIABLE			77
arVal	REAL	ARRAY	1	10	Click...
strMessage	STRING	VARIABLE			Pressure too hig
dblVal	REAL	VARIABLE			-1.23
Click to insert item...					

Close

图 4-33　“模型全局变量”窗口

如欲创建新变量，单击字段“单击并插入项目”。当字段变成红色时，再次单击即可开始编辑字段，此时可以键入变量名称。

用 Tab 键或鼠标，可以激活“类型”字段，在该字段中，可以定义变量类型：布尔型(真或假)、字符(单个字符)、整数、实数或字符串(字符序列)，如图 4-34 所示。

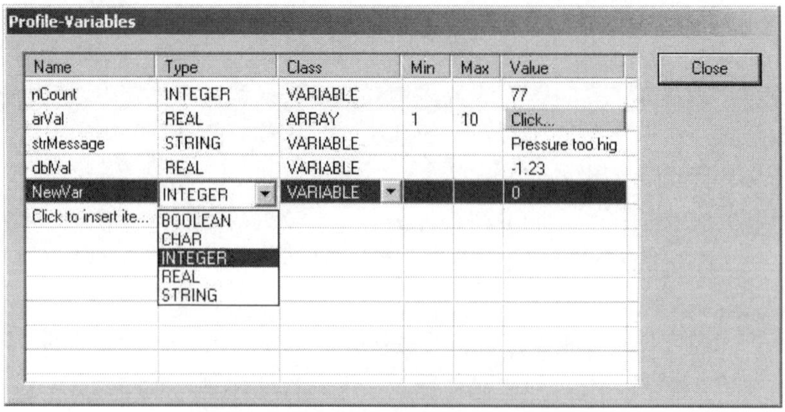

Profile-Variables

Name	Type	Class	Min	Max	Value
nCount	INTEGER	VARIABLE			77
arVal	REAL	ARRAY	1	10	Click...
strMessage	STRING	VARIABLE			Pressure too hig
dblVal	REAL	VARIABLE			-1.23
NewVar	INTEGER	VARIABLE			0
Click to insert ite...	BOOLEAN CHAR INTEGER REAL STRING				

Close

图 4-34　修改变量类型

在“类别”(Class)字段中，可以选择“变量”或“数组”。如果定义数组，可编辑字段“最小”和“最大”，以定义数组的下限和上限。在“值”字段中，可以直接设定简单变量的值。对于数组，单击“Click”按钮，可打开“变更数组”对话框，在此可编辑数组的值，如图 4-35 所示。

如欲删除变量，选择相应变量所在行，并按下“删除”键。如欲修改变量，选择相应字段，并进行修改。对名称的修改不会改变变量值。但改变变量类型的情况下，值可能会不同。

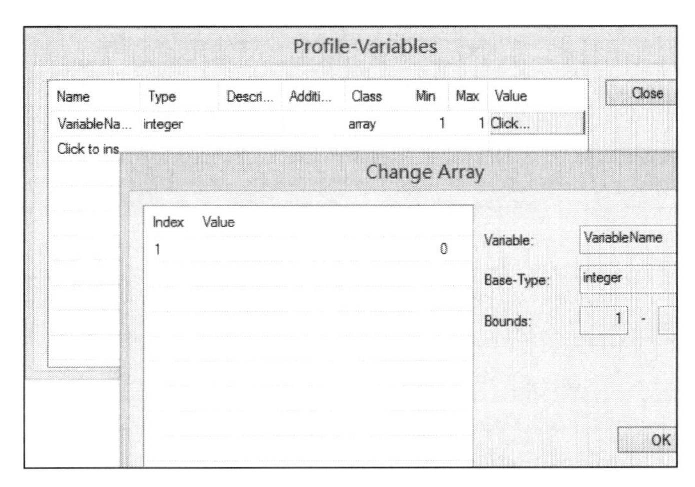

图 4-35　变更数组值

5. 模式相关的变量

模式相关变量属于每个模式特有。与规格值不同，该类变量在不同模式下不会通过继承关系关联在一起。创建模式相关变量时，必须在各模式下对其分别设值。

变量继承的情况只发生在一种条件下：当创建新模式时，母模式中的模式相关变量将被复制到新模式中。但在创建模式后，值互不相关。当打开“模型选项”窗口中“模式变量”条目时，出现两个按钮：创建/重新定义/删除、查看值/编辑值，如图 4-36 所示。注意第一个按钮进行的所有操作适用于所有模式。第二个按钮进行的操作只适用于当前模式。

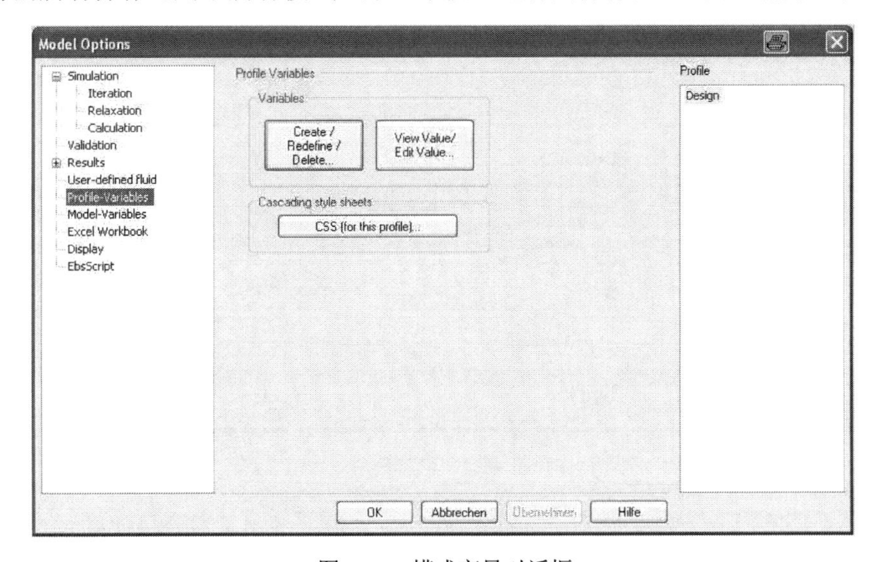

图 4-36　模式变量对话框

当单击这些按钮中任意一个时，“模式变量”窗口打开，如图 4-37 所示。哪些字段可编辑取决于单击按钮的不同。

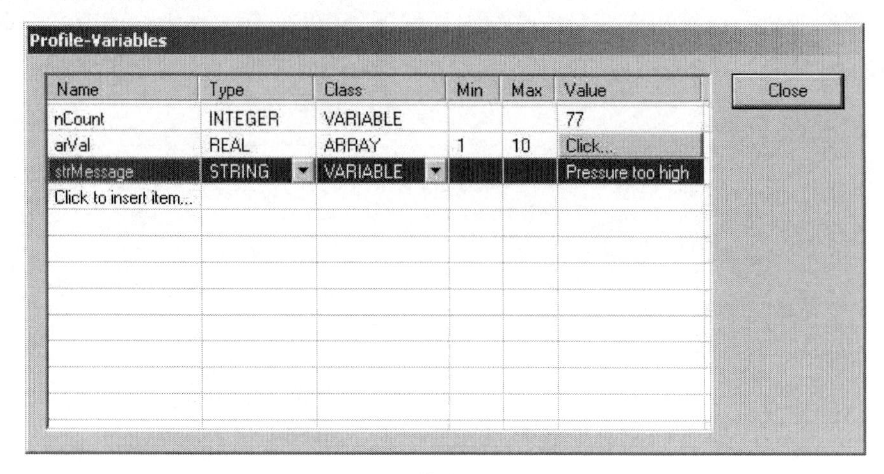

图 4-37　“模式变量”窗口

如果单击第一个按钮，则处于变量定义模式。在该模式中，不能修改变量值，但可以修改“名称”、“最大”列等所有列。所做更改适用于所有模式。

如果单击第二个按钮，则处于值设置模式，在该模式中，只可更改“值”与“最大”列。所做变更只适用于当前模式。注意在此处继承机制无效。

6. 全局变量(Global Variables)

全局模型变量在各模式中都具有相同的值。因此，变量的赋值与当前打开的模式无关。所赋的值适用于所有模式，如图 4-38 所示。

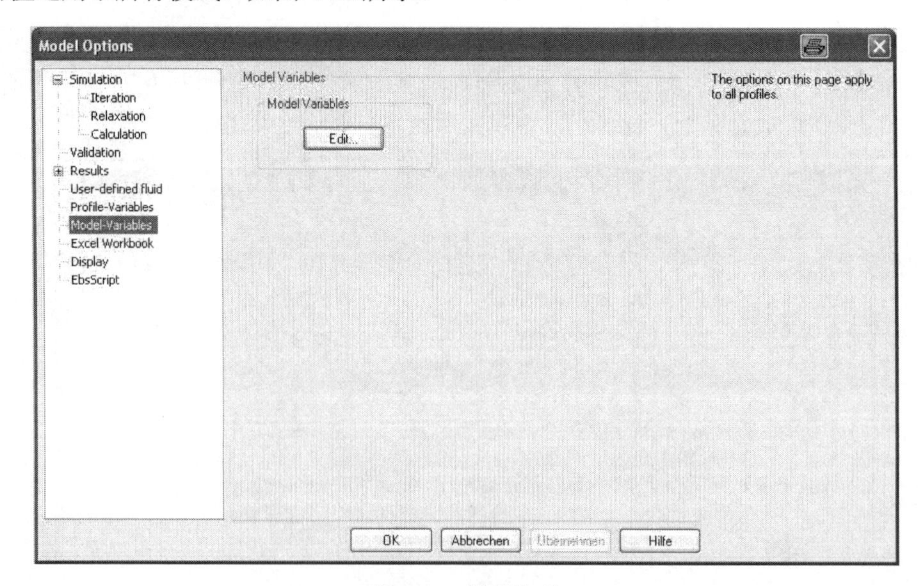

图 4-38　模型选项

在打开“模型变量”选项页时，“模型变量”表也随之打开，如图 4-39 所示。

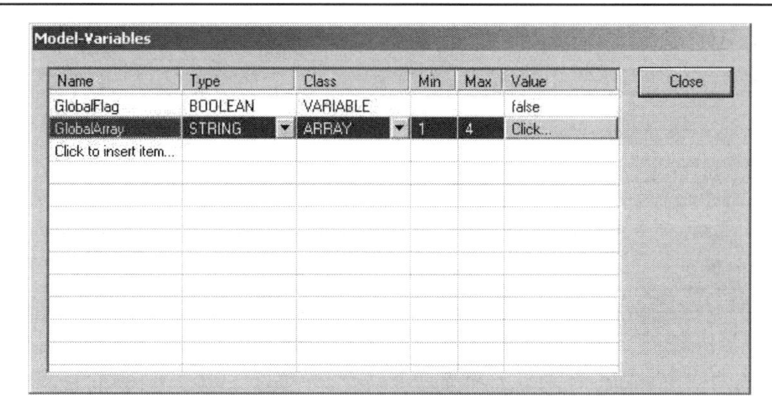

图 4-39　模型变量表

4.2　实验 1：发电厂热力系统结构与循环过程认识实验

4.2.1　实验目的

(1) 认识稳态仿真实验系统中与热力系统有关的设备部件，掌握主要设备模块的热力过程。
(2) 了解发电厂热力系统的组成和循环过程涉及的主要设备。
(3) 了解模块化系统仿真软件进行过程仿真的基本方法。
(4) 掌握观察循环过程的热力参数变化规律的方法。

4.2.2　实验原理

电厂热力系统是由汽轮机、回热加热器、除氧器、凝结器、给水泵等多种设备构成的。要认识热力系统的工作特性，首先要对构成系统的部件与设备的工作原理与特性有一定的了解。本实验的主要内容是结合理论教学内容，认识主要热力设备的特性。下面以除氧器为例进行介绍，其他设备可以采用类似的过程进行工作原理的了解。图 4-40 是热力发电厂除氧器相关热力系统的基本连接图。

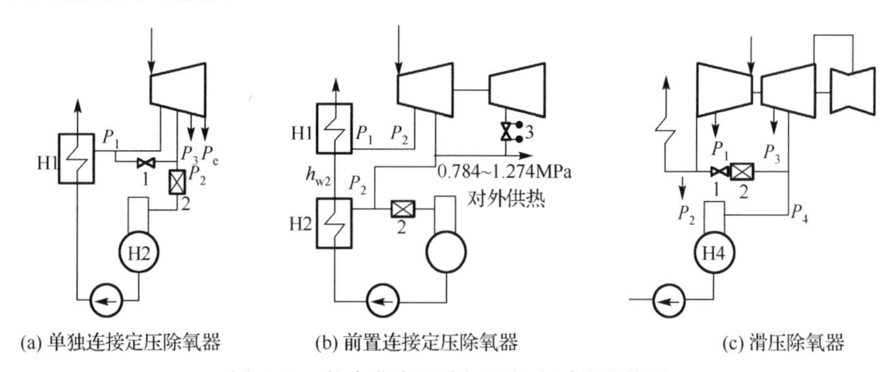

(a) 单独连接定压除氧器　(b) 前置连接定压除氧器　(c) 滑压除氧器

图 4-40　热力发电厂除氧器热力系统连接图

1-切换阀；2-压力调节器；3-回转隔板

除氧器在热力系统中的主要作用是除去水中所有气体。除氧器也是混合式回热加热器，出口处紧接给水泵。因此，与一般的回热加热器有所不同，除氧器原则性热力系统的特点和要求是：保证在所有运行工况下有稳定的除氧效果；给水泵不汽蚀，具有较高的热经济性。

除氧器的运行方式不同，其汽源的连接方式也不同。汽源的连接方式有三种，即单独连接定压除氧器、前置连接定压除氧器和滑压除氧器。

图 4-40(a)所示为有三级回热抽气的中压凝汽式汽轮机组，除氧器为单独连接定压除氧器，故有压力调节阀 2 和切换至上一级抽汽的切换阀 1。定压除氧器的压力调节阀使蒸汽节流损失增加，抽汽管道压降增大，导致除氧器出口水的比焓降低，引起本级抽汽量减少，压力高一级的回热抽汽量加大，回热做功比降低，因此经济性较差。定压除氧器低负荷运行时，汽源切换至压力高一级的抽汽，关闭原级抽汽，相当于减少了一级回热抽汽，增大了回热过程的不可逆损失。因此，定压除氧器的压力调节，会降低机组的热经济性，低负荷时尤为明显。

图 4-40(b)所示为有五级回热抽汽的供热式汽轮机组，该除氧器为高压定压除氧器，与二号高压加热器 H2 和供热抽汽共用一级抽汽。沿给水流向，高压除氧器位于 H2 之前，故称为前置连接。回转隔板 3 用以调节供热抽气压力，高压定压除氧器压力与供热抽汽参数值不一致，故仍需装压力调节阀 2。采用前置连接时，H2 的出口水比焓与除氧器压力无关，因而压力调节阀不会降低机组的热经济性。

图 4-40(c)所示为滑压除氧器。滑压范围的上限是按汽轮机组额定工况的该级抽汽压力减去抽汽管道压损来确定的，滑压下限取决于雾化喷嘴的性能。滑压范围内，加热蒸汽压力随主机电负荷而变化(滑动)，避免蒸汽节流损失，机组热经济性提高 0.1%～0.15%，故应用广泛。为保证除氧器能自动向大气排气，低负荷时要切换为定压除氧器运行，故仍装有至高一级的切换阀 1 和压力调节阀 2。

4.2.3 实验内容

1. 熟悉主要部件

图 4-41 是稳态仿真环境中发电厂热力系统相关的一些重要部件。本实验应熟悉电厂热力

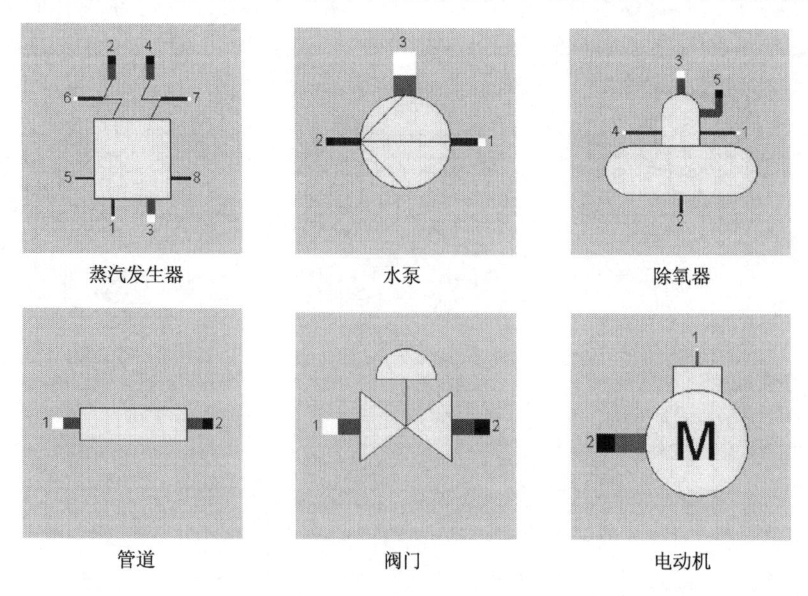

蒸汽发生器　　水泵　　除氧器

管道　　阀门　　电动机

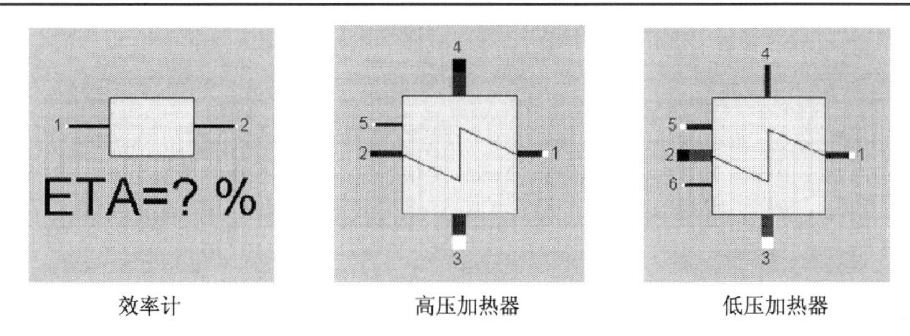

图 4-41　热力系统仿真部件

系统中蒸汽发生器、水泵、除氧器、管道、阀门、回热加热器、给水泵等部件输入、输出端口的含义以及相关参数和连接方法。通过查阅帮助文档，了解每个部件的功能和数学描述。结合理论课内容，学会解释部件的功能。

2. 掌握对部件工作过程进行仿真的方法

图 4-42 是一个简单的除氧器与周边管道的连接结构。结合软件的使用方法，单击图中的各部件，从弹出的对话框中了解除氧器和周边管道的特性。适当改变除氧器的参数，观察周边管道参数的变化。同理，图 4-43 是回热换热器与周边管道的连接结构。观察蒸汽管道和水管道的介质参数。

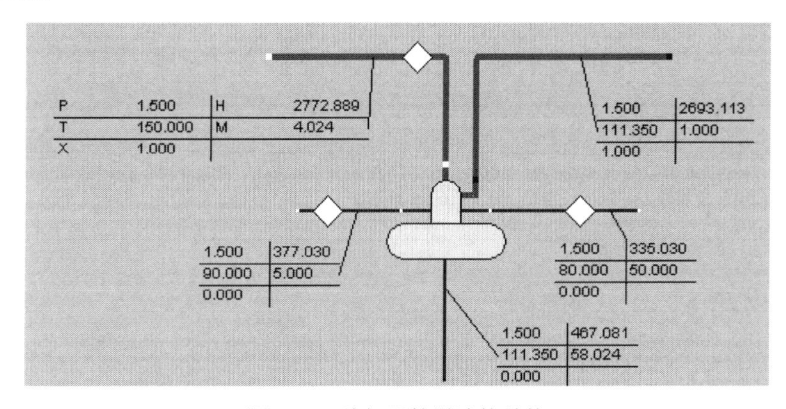

图 4-42　除氧器管道连接结构

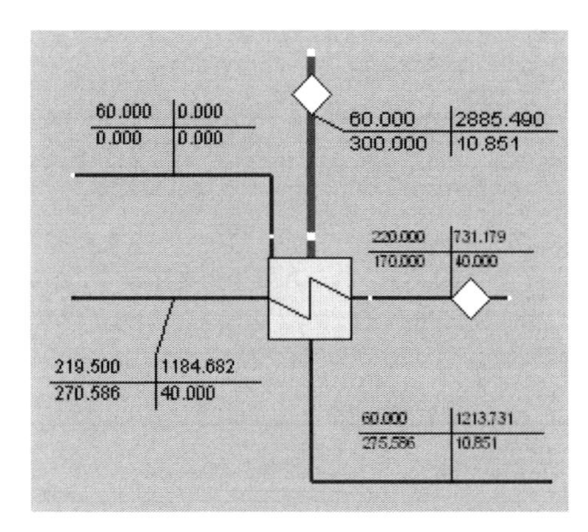

图 4-43　回热加热器管道连接结构

4.2.4 实验准备

在进行实验前，应认真预习本教材中 1.2 节和 4.1 节的内容。掌握电厂热力系统的工作原理和系统主要变量值的观察方法。进而通过观察不同设备运行变量值了解发电厂热力系统的工作过程、设备与系统特性。

4.2.5 实验步骤

1. 熟悉部件

(1) 阅读本教材关于仿真平台基本使用方法的说明，做好实验的准备工作。

(2) 创建一个空白热力系统仿真页面并在仿真环境中打开。

(3) 在部件工具条中查找图 4-41 中的热力系统部件，并在空白页面中添加这些部件。

(4) 查阅设备特性的信息，了解各部件的参数与接口设置。

2. 熟悉系统

(1) 用鼠标移动观察热力系统不同区段的参数值，如蒸汽发生器入口、出口、汽轮机入口、出口等。

(2) 用数值十字标观察，在系统不同部位设置数值十字标，观察参数的变化。

(3) 用图表工具观察不同区段的热力过程图，如温-熵 (T-s) 关系。

(4) 根据设备的工作原理解释变量变化的原因。

(5) 生成 Excel 实验结果数据表格，保存为.xls 表格文件。

(6) 保存中间截图和生成的表格，保存为.bmp、.jpg 图像文件。

(7) 实验结束后关机。

4.2.6 注意事项

(1) 请按照本教材的操作要求内容进行实验，仿真平台功能很多，暂时不要进行与本实验无关的操作。

(2) 实验前注意机房计算机设备的安全使用。

(3) 实验中要注意及时记录和保存实验中间结果。

4.2.7 考核要求

(1) 完成实验操作，记录实验结果以及完成实验报告。

(2) 实验报告中要尽可能反映实验中获得的中间结果、经验、问题以及解决过程。

(3) 对于实验报告中的内容，任课教师将有选择地进行面谈抽查。

4.2.8 思考题

(1) 高压加热器和低压加热器的端口设计有何不同？为什么？

(2) 除氧器有哪些主要参数和接口？各有什么作用？

(3) 蒸汽发生器有哪些主要参数和接口？各有什么作用？

4.3　实验 2：发电厂热力系统过程分析实验

4.3.1　实验目的

(1) 了解大型火力电站热力系统的组成与工作流程。

(2) 初步掌握热力系统的模块化构建方法。

(3) 初步掌握热力系统的变工况实验方法和性能分析方法。

4.3.2　实验原理

发电厂原则性热力系统表征发电厂运行时的热力循环特征，它在很大程度上决定了发电厂的热经济性和工作可靠性。因此，拟定一个发电厂的原则性热力系统是一件极其重要的工作，而且需要解决一系列的重要问题。在拟定发电厂的原则性热力系统时，应选择以下各项。

(1) 发电厂的形式和容量。

(2) 汽轮机的形式、参数和容量。

(3) 锅炉的形式和参数。

(4) 给水回热加热系统。

(5) 除氧器的安置。

(6) 给水泵形式。

图 4-44 所示为典型 300MW 机组原则性热力系统。该机组汽轮机为亚临界压力、一次中间再热、单轴、双缸、双排汽、反动、凝汽式汽轮机。锅炉为亚临界压力自然循环炉。回热系统由 3 台高压加热器、1 台除氧器和 4 台低压加热器组成，分别由汽轮机的 8 级非调整抽汽供汽。

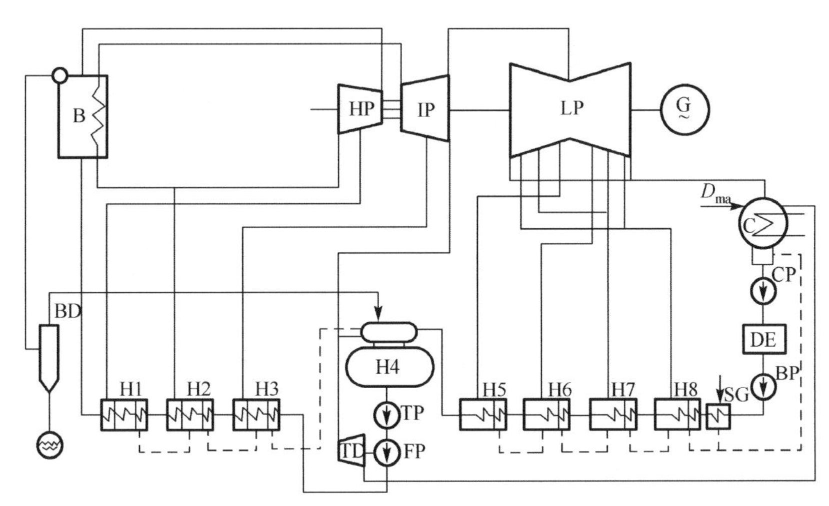

图 4-44　300MW 机组原则性热力系统图

机组汽轮机高中压缸采用合缸反流结构。第 1 级回热抽汽抽自汽轮机高压缸。第 2 级回热抽汽从再热冷段管道抽出，减少高压缸上的开孔数量。第 3、4 级回热抽汽来自汽轮机中压缸。第 5～8 级回热抽汽来自汽轮机的低压缸。该汽轮机低压缸抽汽为非对称布置，以便于在低压缸上开孔。其中第 5 级回热抽汽来自低压缸第 5 级抽汽，第 6 级抽汽来自低压缸右侧汽缸，第 7、8 级回热抽汽采用对称布置，分别来自低压缸的两侧。

由于亚临界机组对给水品质的特殊要求，该机组采用凝结水精处理 DE。凝结水有凝结水泵 CP 引出后进入凝结水精处理装置 DE 进行除盐处理。

3 台高压加热器疏水采用逐级自流方式，流入除氧器。4 台低压加热器疏水也采用逐级自流方式，最后流入凝汽器热井。

4.3.3　实验内容

1. 认识大型电站热力系统的工作过程

结合实验原理部分，以图 4-45 提供的大型火电厂热力系统为对象，观察原则性热力系统所涉及的各设备的工质流量、压力、温度、焓等参数的变化，并用质量守恒和能量守恒的理论分析各参数变化的原因。

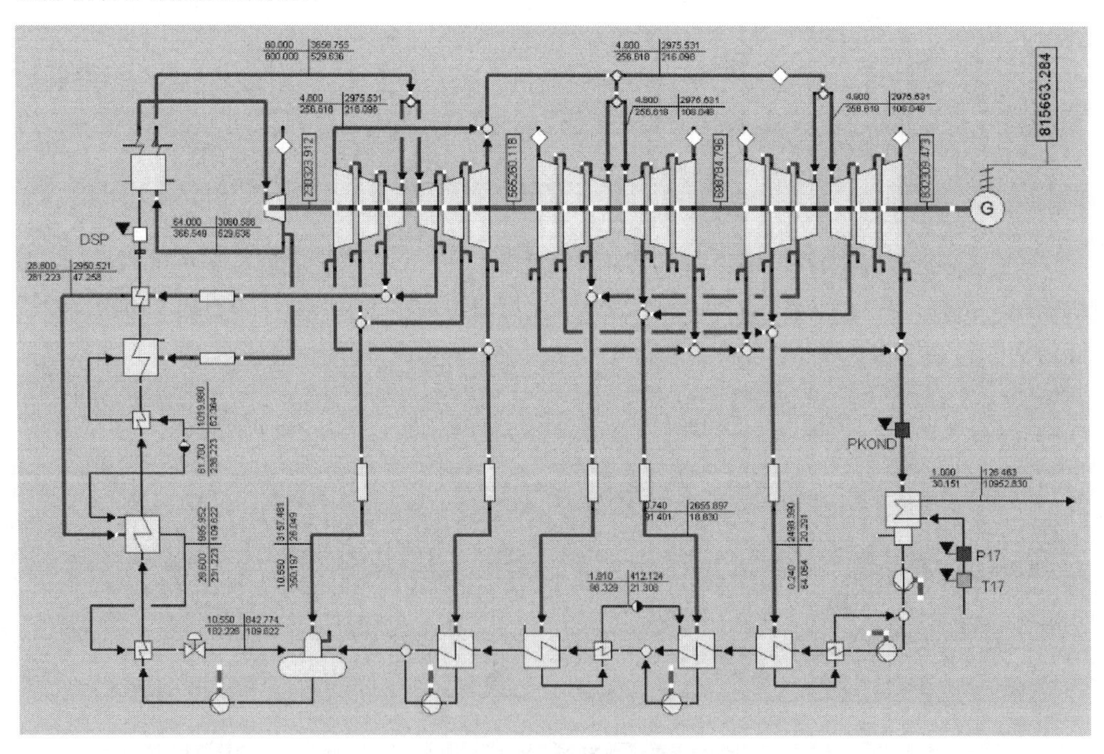

图 4-45　大型火力发电厂热力系统仿真环境

图 4-46 所示为该系统的热力循环温-熵图。从软件中打开温-熵图显示，根据系统查找温-熵图上各点在系统图中对应的位置。根据工质在系统中的流程，结合温-熵图中工质状态的变化，分析状态变化过程的原因。

2. 构建简单的热力系统

打开一个空白的系统构建空间。运用蒸汽发生器、汽轮机、冷凝器、泵、管线、发电机、数值十字标等部件，构建如图 4-47 所示的朗肯循环系统，并运行该系统产生一定的发电量。通过温-熵图观察热力过程，如图 4-48 所示。

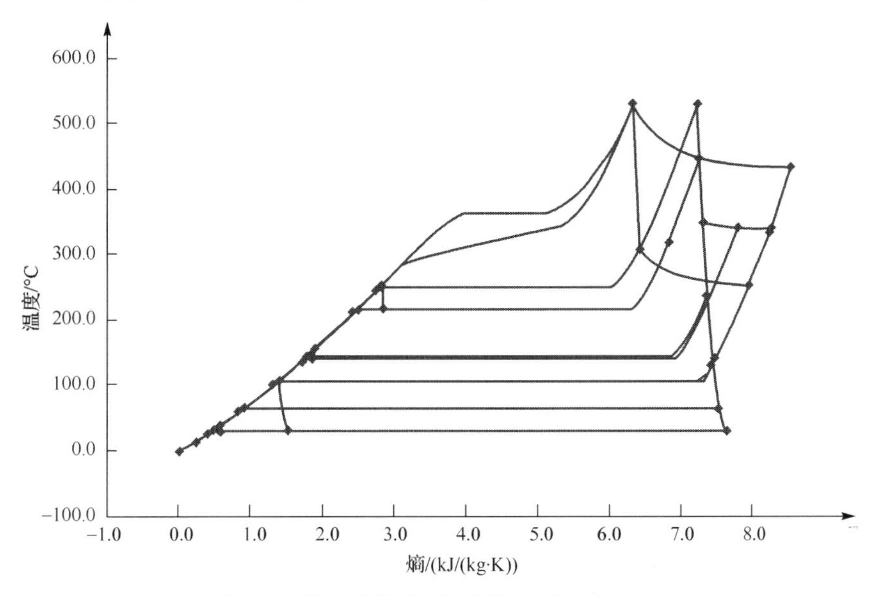

图 4-46　热力系统循环过程的温-熵图(*T-s* 图)

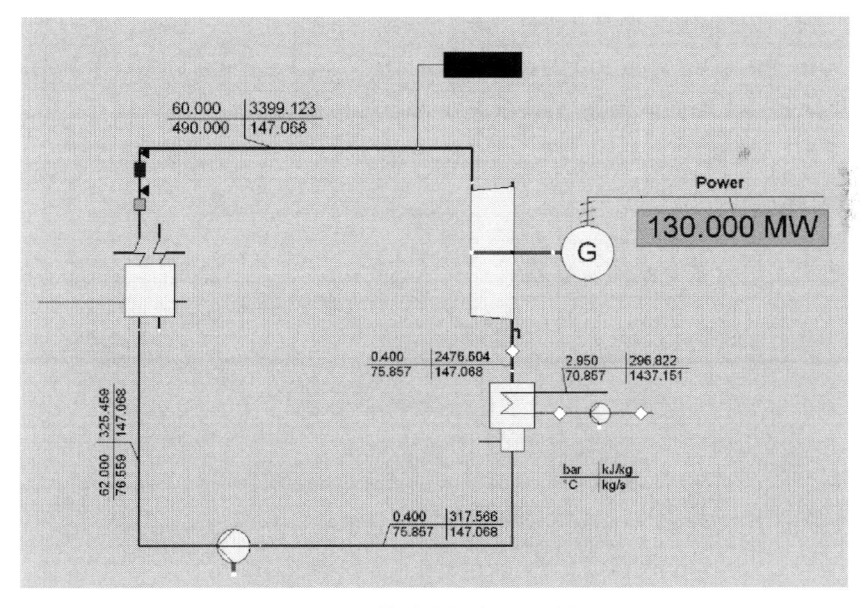

图 4-47　简单的朗肯循环系统

3．对热力系统进行能效实验

改变负荷，观察相应负荷下的系统热力循环是否有变化。观察各设备参数值是否有变化。观察蒸汽发生器需要的热能与发电机所发电能的关系，根据热力系统相关理论计算循环热效率。

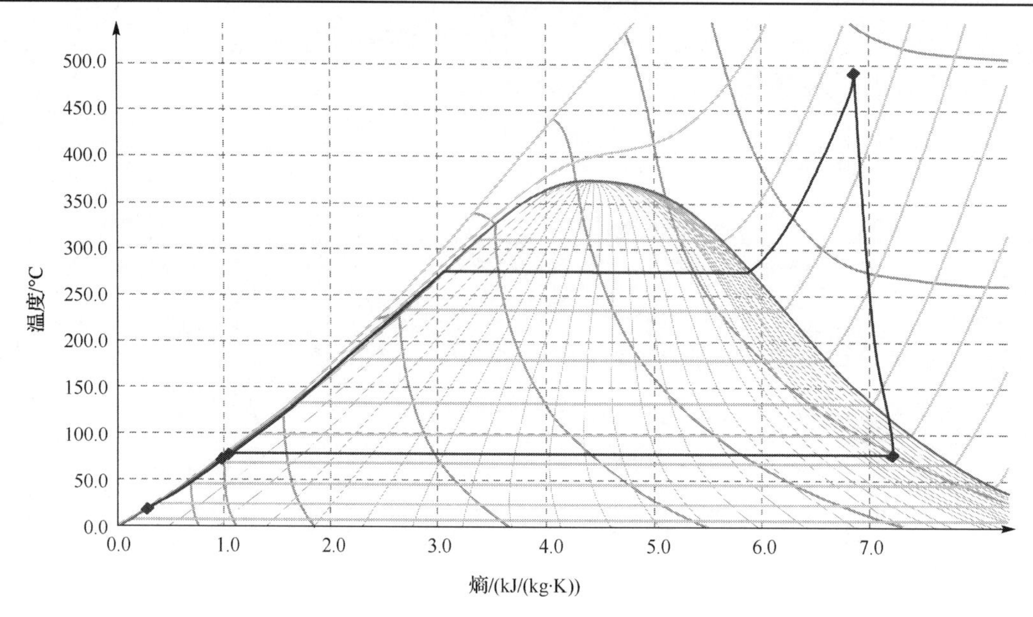

图 4-48　朗肯循环的温-熵(T-s)图

4.3.4　实验准备

在进行实验前，应认真预习本教材 1.2 节和 4.1 节的内容。掌握电厂热力系统的工作原理、原则性热力系统的结构和系统主要变量值的观察方法。进而通过观察系统不同部位的同一变量值(如压力、温度、流量等)的变化，了解发电厂热力系统的工作过程、系统特性和整体循环特性。

4.3.5　实验步骤

1．熟悉大型热力系统结构与参数

(1)阅读本教材关于仿真平台基本使用方法的说明，做好实验的准备工作。

(2)在仿真环境中打开本实验所用大型火力发电厂热力系统仿真环境。

(3)查阅设备特性的信息，了解各部件的参数与接口设置。

(4)用鼠标移动观察热力系统不同区段的参数值，如蒸汽发生器入口、出口、汽轮机入口、出口等。

(5)用数值十字标观察，在系统不同部位设置数值十字标，观察参数的变化。

(6)用图表工具观察不同区段的热力过程图，如温-熵(*T-s*)关系。

(7)根据设备的工作原理解释变量变化的原因。

2．构建简单热力系统

(1)创建一个空白热力系统仿真页面并在仿真环境中打开。

(2)在部件工具条中查找图 4-45 中的热力系统部件，并在空白页面中添加这些部件。

(3)按图 4-47 所示的结构搭建朗肯循环热力系统。

(4)设置各设备和管道的参数值。

(5)在不同管路上设置数值十字标用来观察仿真结果。

(6) 运行系统得到仿真结果。
(7) 生成 Excel 实验结果数据表格，保存为.xls 表格文件。
(8) 保存中间截图和生成的表格，保存为.bmp、.jpg 图像文件。
(9) 实验结束后关机。

4.3.6　注意事项

(1) 请按照本教材的操作要求内容进行实验，仿真平台功能很多，暂时不要进行与本实验无关的操作。
(2) 实验前注意机房计算机设备的安全使用。
(3) 实验中要注意及时记录和保存实验中间结果。

4.3.7　考核要求

(1) 完成实验操作，记录实验结果以及完成实验报告。
(2) 实验报告中要尽可能反映实验中获得的中间结果、经验、问题及解决过程。
(3) 对于实验报告中的内容，任课教师将有选择地进行面谈抽查。

4.3.8　思考题

(1) 主蒸汽压力减小 1MPa 后，一级高压回热加热器汽侧压力怎样改变？
(2) 在朗肯循环基础上添加一个回热加热器，哪些参数会发生变化？是怎样变化的？

4.4　实验 3：热力系统参数调整与能效分析实验

4.4.1　实验目的

(1) 认识并理解实际电厂热力系统的构成及热力过程。
(2) 分析调整设备参数对系统能效的影响。

4.4.2　实验原理

热力发电厂的经济运行主要取决于燃料和电量的消耗情况。因此，热力发电厂的主要经济指标是发电标准煤耗率和厂用电率。

标准煤耗率和厂用电率的大小主要取决于机组的设计、制造及燃料，同时选择调整运行方式对这两项指标也有很大影响。因此，在运行中应尽可能提高能量转换过程的各个环节的效率，降低单元机组的标准煤耗率和厂用电率。

在运行中，常把单元机组的标准煤耗率和厂用电率等主要经济指标分解成能量转换过程中各环节对应的技术经济小指标。只要控制这些小指标，也就控制了各个环节的效率，从而保证了机组的经济性。

1．锅炉效率

锅炉效率是表征锅炉运行经济性的主要指标，影响锅炉效率的主要因素有排烟损失、化学不完全燃烧损失、机械不完全燃烧损失、散热损失、灰渣物理损失等。

2. **主蒸汽压力**

主蒸汽压力是单元机组在运行中必须监视和调节的主要参数之一。汽压的不正常波动对机组的安全、经济性都有很大影响。当机组采用滑压运行方式时，必须控制主蒸汽压力在机组滑压运行曲线允许范围内。主蒸汽压力降低，蒸汽在汽轮机内做功的焓降减少，从而使汽耗量增大；主蒸汽压力太高，会使旁路甚至安全门动作，机组运行的经济性下降。

3. **主蒸汽温度**

主蒸汽温度对机组的安全、经济运行有很大影响。汽温增高可提高机组运行的经济性。但汽温过高会使工作在高温区域的金属材料强度下降，缩短过热器和机组使用寿命，严重超温时，可能会引起过热器爆管。汽温过低，汽轮机末几级叶片的蒸汽湿度将增加，对叶片的冲蚀作用加剧；同时，使机组汽耗、热耗增加，经济性降低。

4. **凝汽器的真空度**

凝汽器的真空度对煤耗影响很大，真空度每下降 1%，煤耗增加 1%～1.5%，出力约降低 1%。在单元机组运行中，影响真空度的因素很多，如真空系统的严密性、冷却水入口温度、进入凝汽器的蒸汽量、凝汽器铜管的清洁度等，因此，必须根据机组负荷、冷却水温、水量等的变化情况，对凝汽器真空变化及时做出判断，以保证凝汽器的安全、经济运行。

5. **凝汽器传热端差**

凝汽器传热端差通常为 3～5℃。凝汽器端差每降低 1℃，真空约可提高 0.3，汽耗可降低 0.25%～3%。

6. **给水温度**

机组运行中，应保持给水温度在设计值下运行。给水温度每降低 10℃，煤耗约增加 0.5%。

提高热力发电厂运行的经济性主要有以下一些措施。

1) 提高循环热效率

提高循环热效率对提高单元机组运行的经济性有很大的影响，具体措施有：维持额定的蒸汽参数；保持凝汽器的最佳真空；充分利用回热加热设备，提高给水温度。

2) 维持各主要设备的经济运行

锅炉的经济运行，应注意以下几个方面：选择合理的送风量，维持最佳过剩空气系数；选择合理的煤粉细度，即经济细度，使各项损失之和最小；注意调整燃烧，减少不完全燃烧损失。

3) 降低厂用电

对于燃煤电厂来说，给水泵、循环水泵、引风机、送风机和制粉系统所消耗的电量占厂用电的比例很大。如中压电厂给水泵耗电占厂用电的 14%左右，高压电厂给水泵耗电则占厂用电的 40%左右，超临界电厂如果全部使用电动给水泵，其耗电量可占厂用电的 50%，所以降低这些电力负荷的用电量对降低厂用电率效果最明显。

4.4.3 实验内容

1. **通过效率计进行系统效率的分析**

图 4-49 所示为一个具有效率计算和显示功能的朗肯循环。首先通过单击部件，激活各部件的属性对话框，了解系统效率分析与计算的基本方法。改变机组的负荷，分别取 50%、70%、

80%、100%负荷，观察效率的变化并记录。然后在主蒸汽管线中适当添加管道部件，并设置管道部件的流动损失，然后再次运行系统，观察效率的变化并记录。改变冷凝器的真空或循环冷却水的流量，再次观察机组效率的变化并记录。

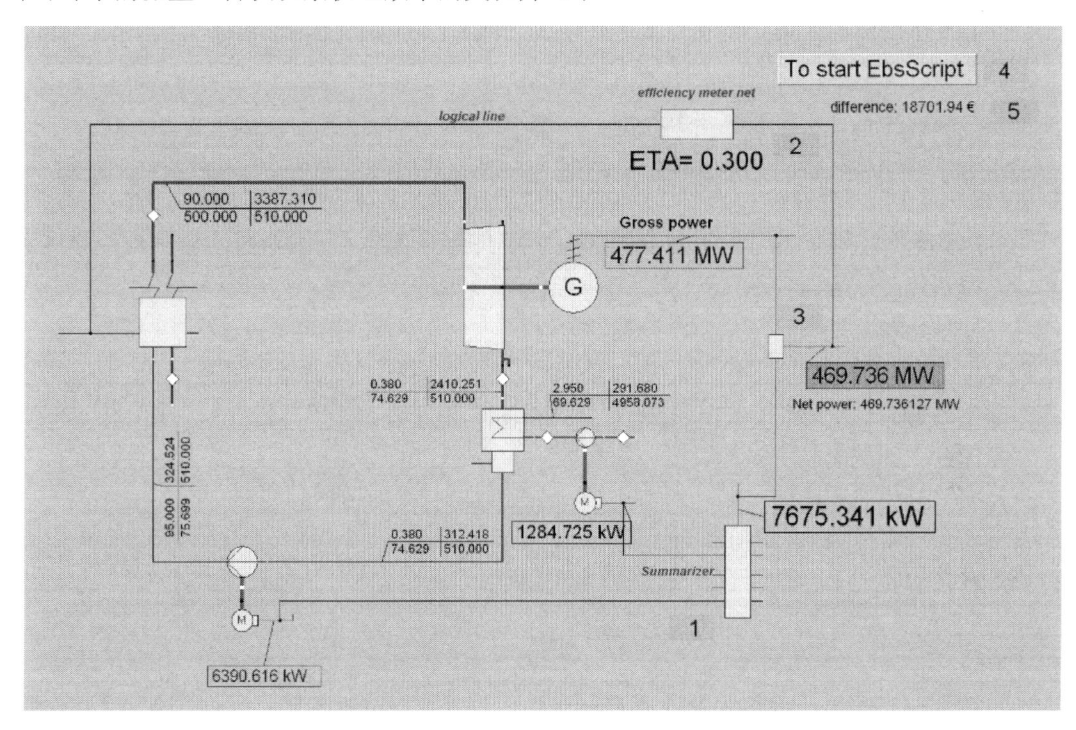

图 4-49　发电厂热力系统仿真模型

2. 改变过程参数观察系统能效的变化

可以通过改变一些系统参数的值来观察系统特性的变化。例如，可以改变主蒸汽的温度和压力，在保持流量不变的情况下，观察发电量的变化和系统循环热效率的变化；可以改变锅炉蒸汽发生器的效率，观察发电量的变化和系统循环热效率的变化；也可以改变汽轮机的效率，观察发电量的变化和系统循环热效率的变化；还可以改变循环冷却水的流量或入口温度，观察冷凝器的压力变化和机组发电量的化。

这些修改可以通过如图 4-50 所示的“设备参数调整”对话框进行设置。

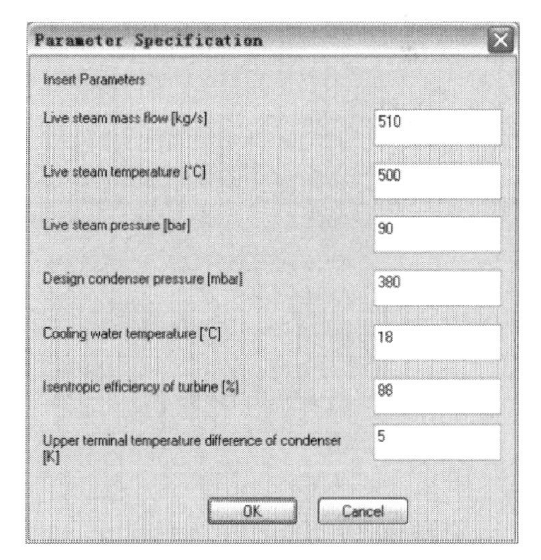

图 4-50　“设备参数调整”对话框

4.4.4　实验准备

在进行实验前，应认真预习本教材中 4.1 节和 4.2 节的内容。掌握电厂热力系统工作原理和系统主要变量值的观察方法和调整方法。进而通过调整和观察不同设备运行变量值了解发电厂热力系统的工作过程、设备与系统特性。

4.4.5 实验步骤

1. 熟悉能效分析热力系统结构与参数

(1)阅读本教材中关于仿真平台基本使用方法的说明，做好实验的准备工作。

(2)在仿真环境中打开图 4-49 所示的实验系统。

(3)查阅设备特性的信息，了解各部件的参数与接口设置。

(4)用鼠标移动观察热力系统不同区段的参数值，如蒸汽发生器入口/出口、汽轮机入口/出口等。

(5)用数值十字标观察，在系统不同部位设置数值十字标，观察参数的变化。

2. 调整热力系统的参数

(1)调整负荷，观察循环效率的变化。

(2)用图表工具观察不同区段的热力过程图，如温-熵(T-s)关系。

(3)生成 Excel 实验结果数据表格，保存为.xls 表格文件。

(4)保存中间截图和生成的表格，保存为.bmp、.jpg 图像文件。

(5)调整其他参数，如循环冷却水流量，重复(1)～(4)的过程。

(6)实验结束后关机。

(7)根据设备的工作原理解释变量变化的原因。

4.4.6 注意事项

(1)请按照本教材的操作要求内容进行实验，仿真平台功能很多，暂时不要进行与本实验无关的操作。

(2)实验前注意机房计算机设备的安全使用。

(3)实验中要注意及时记录和保存实验中间结果。

4.4.7 考核要求

(1)完成实验操作，记录实验结果以及完成实验报告。

(2)实验报告中要尽可能反映实验中获得的中间结果、经验、问题以及解决过程。

(3)对于实验报告中的内容，任课教师将有选择地进行面谈抽查。

4.4.8 思考题

(1)对于实验系统，主蒸汽温度升高 3℃将使机组发电量改变多少？

(2)对于实验系统，主蒸汽压力减小 1MPa 将使机组发电量改变多少？

(3)对于实验系统，汽轮机内效率升高 1%将使机组发电量改变多少？

(4)环境温度从 20℃上升到 25℃，机组发电量改变多少？循环热效率改变多少？

第 5 章　单元机组集控运行实验

5.1　实验 1：单元机组启停

5.1.1　实验目的

(1) 巩固、扩大和深入已学的热力发电厂相关理论知识，使之与现场实践相结合，进一步培养学生分析问题和解决问题的能力。

(2) 熟悉热力发电厂各设备的热力特性，学习热力发电厂冷态工况下各主要设备的工作原理。

(3) 了解热力发电厂的主要技术经济指标，以便指导热力发电厂的仿真运行。

(4) 掌握汽轮机、锅炉和发电机等在冷态工况下的状态变化规律和操控规律。

5.1.2　实验原理

单元机组启动的任务就是严格按照科学的工艺操作逻辑和物理、化学变化规律，通过对投入燃料的燃烧控制，对工质压力、温度、流量及液位等诸多参数的控制以及对发出功率的控制，安全经济地把机组从停运状态(冷态)启动过渡到额定的正常运行状态。

单元机组的启动过程可分为三个阶段：从锅炉点火到汽轮机冲转，为锅炉的启动阶段；从汽轮机冲转到发电机并网，为汽轮机的启动阶段；从并网到带满负荷，为机组的升负荷阶段。不同阶段有不同的状态变化规律及操控规律。

单元机组的启动过程包括启动的组织准备；辅助设备及系统的分步投运；锅炉点火、疏水及暖管、升温升压；汽轮机冲转升速、定速暖机，升至额定转速后的相关实验、汽轮发电机同步并网、升负荷、定负荷暖机、升至目标负荷等内容。由于启动过程的启动及调控对象繁多，各被控对象处于非稳定的过渡变化状态，需要密切监控的物理化学参数数量庞大，使启动过程处于最危险和最不利的工况，因此通过对热力发电厂启动的仿真，可科学合理地对单元机组的启动过程进行严密的组织计划，从而使启动过程最优化。

5.1.3　实验步骤

本实验利用单元机组仿真机进行机组冷态启动的虚拟仿真，熟悉机组冷态启动的特点，以及各子系统的工作流程。冷态启动整个过程非常复杂，本实验主要安排 2 个实验：锅炉冷态启动、汽轮机冲转。

1．锅炉冷态启动

1) 锅炉点火

使用普通油枪点火的过程如下。

(1) 安排专人就地监视油枪点火情况。

(2) 根据对角投运原则，投入锅炉 B 层 1、3 号角或 2、4 号角两支油枪。

(3) 首支油枪点火不成功，等待 1min 后可以再试投一支。若仍不成功，应分析原因，联系处理，并重新进行锅炉吹扫方可再次点火。

(4) 10min 后，投入 B 层剩下的两支油枪。

(5) 再依次投入 C 层的 4 支油枪。

(6) 控制温升率不大于 4.5℃/min，压力上升速率不大于 0.12MPa/min，炉膛烟温探针温度必须小于 538℃。

使用微油点火的过程如下。

(1) 检查一次风机启动条件满足，利用磨煤机打通一次风道时，应确认磨煤机内没有存煤被吹入炉膛内部，否则应将需要打通风道的磨煤机对应的油燃烧器投入运行，对磨煤机逐一进行吹扫，吹扫结束后，才可利用微油启动。

(2) 启动一次风机，调整一次风母管压力使其正常；启动密封风机，检查密封风压力正常。

(3) 通知除灰运行，锅炉准备煤粉点火，投入电除尘及输灰系统运行。

(4) 投入 B 磨进口暖风器，控制 B 磨入口热一次风的温度在 150℃左右。

(5) 确认燃烧起摆角在水平位置，各风门挡板开关正确。

(6) 将 B 磨煤机运行方式切换到“微油模式”。锅炉 B 层燃烧器的 8 支微油枪点火成功。

(7) 启动 B 磨煤机，在规定的出口温度下暖磨 15min 以上。

(8) 暖磨完成后，确认 B 制粉系统点火条件满足后，启动 B 给煤机，初始煤量维持在 28t/h (8%BMCR 燃料量)，控制磨煤机出口温度为 65～70℃。

(9) 控制温升率不大于 4.5℃/min，压力上升速率不大于 0.12MPa/min，炉膛烟温探针温度必须小于 538℃。

2) 锅炉热态清洗

(1) 当水冷壁介质温度达到 170℃时，锅炉进入热态清洗阶段。维持锅炉上水温度为 105～120℃。

(2) 调整锅炉燃料量，保证水冷壁出口工质温度为 150～190℃。因为在该温度范围内，铁离子在水中的溶解度最大。同时，变温清洗可保证冲洗效果。

(3) 当分疏箱疏水含铁量大于 500μg/L 时，打开扩容器水箱至机组排水槽放水门部分排放。

(4) 当分疏箱疏水含铁量小于 500μg/L 时，锅炉疏水回收至凝汽器。

(5) 当分疏箱疏水含铁量小于 50μg/L 时，SiO_2 含量小于 30μg/L 时，锅炉热态清洗合格。

(6) 热态清洗水质合格后，应严格按照锅炉厂提供的启动曲线增加燃料量，进行升温升压。各阶段最大升温和升压速度如表 5-1 和表 5-2 所示。

表 5-1　机组不同状态下升温升压表 (1)

状态名称	冷态	温态	热态	极热态
划分依据/MPa	<1	1～6	6～12	12～28
升温速率/(℃/ min)	<400℃时，<5 >400℃时，<1.28	<400℃时，<3.14 >400℃时，<2.28	<540℃时，<2.89 >540℃时，<2.03	<540℃时，<2.43 >540℃时，<2.17
升压速率/(MPa/min)	<8MPa 时，<0.133 >8MPa 时，<0.128	<8MPa 时，<0.1 >8MPa 时，<0.213	<8MPa 时，<0.034 >8MPa 时，<0.632	>8MPa 时，<0.505

表5-2　机组不同状态下升温升压表(2)

状态	划分依据/MPa	主汽升温速度/(℃/ min)	再热蒸汽升温速度/(℃/ min)
冷态	<1	0MPa时，<5.79 ≥27.9MPa时，<7.41	0MPa时，<22.52 ≥6MPa时，<26.37
温态	1～6	<0.9MPa时，<4.53 ≥27.9MPa时，<6.03	0MPa时，<17.96 ≥6MPa时，<21.66
热态	6～12	<5.9MPa时，<3.62 ≥27.9MPa时，<4.74	<0.4MPa时，<13.97 ≥6MPa时，<17.15
极热态	12～28	<11.9MPa时，<2.38 ≥27.9MPa时，<3.16	<0.9MPa时，<8.71 ≥6MPa时，<11.48

锅炉升压速率受汽水分离器内外壁温度差限制，主要影响的因素有主蒸汽流量和汽水分离器压力，升压速度已体现在高旁压力控制中。

2. 汽轮机冲转

1)冲转应具备的条件

(1)主要技术参数指标负荷冲转要求限值范围内。

(2)实验工作全部完成。

(3)冲转参数选择合理。

2)在DEH操作员站上进行汽轮机冲转操作

(1)汽机挂闸：按挂闸按钮，红灯亮。

(2)将自动手动切换开关切至自动位置，按全自动按钮，红灯亮，投入操作员自动方式。

(3)按阀限限值按钮，红灯亮，用数字键盘输入100，按输入键输入。

(4)将DEH监视画面切至相应画面，按主汽门控制按钮，红灯亮，观察高压调节门逐渐打开。

(5)按升速率按钮，红灯亮，用数字键盘输入升速率100，按输入键输入。

(6)按目标值按钮，红灯亮，用数字键盘输入转速目标600r/min，按输入键输入，保持灯亮，按进行按钮，红灯亮，汽机开始冲转。

(7)汽机冲转至600r/min，将DEH监视画面切至相应画面，观察胀差，轴位移等在正常范围内。

(8)重复步骤(6)，将目标转速设定为2040r/min，继续升速。

(9)汽机冲转至2040r/min，中速暖机，观察WDPF高中压缸金属温度与蒸汽温度相差在40℃以内，暖机结束。

(10)重复步骤(6)，将目标转速设定为2900r/min，继续升速。

(11)汽机冲转至2900r/min，按高调控制按钮，红灯亮，主汽门控制灯灭，阀门切换开始，观察DEH监视画面，高压主汽门全开，由高压调节门控制汽机转速。

(12)重复步骤(6)，将目标转速设定为3000r/min，继续升速。

(13)汽机冲转至3000r/min，通知电气可以并网。

一般以启动过程中温度变化剧烈的调节室下汽缸内壁温度作为监视指标，严格控制温升速度。按规定进行中速暖机和高速暖机。当转速达到2800r/min左右时，主油泵已能正常工作，可逐渐关小启动油泵出口油门。汽机定速后，应对机组进行全面检查。

3) 冲转和升速注意事项

(1) 过临界转速时，注意轴承振动情况。

(2) 油温不低于 40℃，也不高于 45℃。

(3) 注意机组的膨胀情况、金属温度、真空等参数。

5.1.4　实验报告内容及要求

(1) 实验目的。

(2) 实验原理。

(3) 实验步骤。

(4) 实验记录表。

(5) 实验结果。

(6) 结果分析及对实验的改进建议。

5.1.5　思考题

(1) 热力发电厂额定工况仿真与冷态工况仿真的区别是什么？

(2) 热力发电厂额定工况各主要参数计算与冷态工况的各参数计算时有何差别？不同工况运行时各主要参数的变化有何异同？

5.2　实验 2：单元机组正常运行

5.2.1　实验目的

(1) 巩固、扩大和深入已学的热力发电厂相关理论知识，使之与现场实践相结合，进一步培养学生分析问题和解决问题的能力。

(2) 熟悉热力发电厂各设备的热力特性，学习热力发电厂正常工况下各主要设备的工作情况。

(3) 了解热力发电厂的主要技术经济指标。

(4) 掌握汽轮机、锅炉和发电机等在额定工况下的状态变化规律和操控规律。

5.2.2　实验原理

单元机组的仿真实验具有性能计算的功能，它可以按给定的时间间隔周期性计算热力发电厂的各种性能参数和偏差损失。大部分的输出数据还可供运行人员分析、评估机组运行状况。性能计算有下列内容。

(1) 由锅炉效率、汽轮发电机组综合热耗率及厂用电耗计算得出的机组净热耗率。

(2) 用输入-输出方法，计算汽轮发电机整个循环性能，所获得的数据应与主蒸汽温度、压力及排气压力等。

(3) 用等热焓降法计算汽机效率，同时可分别计算高压缸、中压缸和低压缸的效率。

(4) 用输入-输出和热量损失的方法，计算锅炉效率，还可分别列出可控热量损失和非可控热量损失。

(5) 用端差和逼近法，计算给水加热器效率。

(6) 用热交换协会标准(HEIS)提供的凝汽器清洁系数，计算凝汽器效率。

(7) 用能量平衡原理计算空气预热器效率。

(8) 锅炉给水泵和汽轮机给水泵效率。

(9) 过热器和再热器效率。

(10) 蒸汽温度、进气压力、凝汽器压力、给水温度、过剩空气等的偏差。

性能计算具有判别机组运行状况是否稳定的功能，从而对发电厂运行具有指导意义。冷态工况是指热力发电厂最初始的状态，进行该工况的仿真时，应根据当时发电厂的状态设定相关设备。

5.2.3　实验步骤

机组在协调方式正常采用炉跟机协调方式，若遇机组工况的不正常或有关设备装置故障，也可灵活地采用汽机跟随或锅炉跟随的运行方式。

1. 直流锅炉调节

直流锅炉调节包括：锅炉运行的监视和调整，锅炉运行调整的任务，保持锅炉的蒸发量能满足机组负荷的要求；调节各参数在允许范围内变动；保持炉内燃烧工况良好，确保机组安全运行，及时调整锅炉运行工况，提高锅炉效率，尽量维持各参数在最佳工况下运行。调整包括：锅炉主、再热蒸汽温度监视调整，锅炉燃烧调整，锅炉风量调整，制粉系统调整，锅炉汽压调整。

1) 直流锅炉过热汽温的调节

(1) 影响过热汽温的主要因素有：煤水比、给水温度、过量空气系数、火焰中心高度、受热面结渣、过热汽温的调节。在直流锅炉中，过热汽温可通过煤水比来调节，煤水比调节的主要温度参照点是中间电的温度。

(2) 再热汽温的调节：直流锅炉的再热汽温调节与汽包锅炉类似，以烟气侧为主，事故喷水减温作为辅助调温手段。

(3) 过热蒸汽压力的调节：过热蒸汽压力调节的任务是调节锅炉蒸发量与汽轮机需求量的平衡。

2) 主蒸汽压力的监视

如果蒸汽压力波动过大，会直接影响到锅炉和汽轮机的安全和经济运行。

(1) 影响汽压变化的因素分为外扰和内扰两种。外扰主要指外界负荷正常的增减及事故情况下的大幅度波动。内扰主要指锅炉内燃烧工况变动。在锅炉运行中，除了利用电力负荷表直接判明外界负荷变化外，还可根据汽压与蒸汽流量的变化关系来判断汽压变化的原因是属于内扰还是外扰。

(2) 汽压的变化速度取决于外界负荷变化速度、锅炉的储热能力、燃烧设备的惯性以及自动调节装置或运行人员操作的灵敏性。

(3) 控制汽压稳定，实际上就是力图保持锅炉蒸发量与汽轮机负荷之间的平衡。

3) 主蒸汽温度的监视

在锅炉运行中，如果过热蒸汽温度额定值过大，将会直接影响到锅炉、汽轮机的安全、经济运行。

2. 汽机主要参数的监视与调整

1) 主汽压力、主汽、再热汽温度

(1) 汽机侧主汽、再热汽温度的额定值为 566℃。

(2) 正常情况下主汽、再热汽温度的变化范围为 566^{+5}_{-104}℃。

(3) 正常运行情况下，主、再热蒸汽温差应小于±28℃；异常情况下，再热汽温度不允许低于主汽温度 42℃。

(4) 正常运行时主汽温度、再热汽温度左右两侧偏差应小于 14℃。

(5) 异常情况下任意 4h 内主汽温度、再热汽温度左右两侧偏差不大于 42℃，运行时间不能超过 15min。

(6) 任何情况下的高排温度不允许超过 450℃。

2) 汽轮机油系统

(1) 正常运行润滑油压应为 0.1～0.18MPa。

(2) 主油箱油位保持±50mm。

(3) 主油箱负压为–100～–250Pa。

(4) 冷油器出口油温维持在 43～49℃。

(5) 轴承回油温度正常应小于 70℃。

(6) 隔膜阀自动停机油压应大于 0.7MPa，当下降到 0.35MPa 时，隔膜阀将开启。

(7) EH 油高压蓄能器氮气压力为 9.4～10.2MPa。

(8) EH 油低压蓄能器氮气压力为 0.16～0.21MPa。

(9) 机组轴振应小于 0.125mm。

(10) 高加全部切除，机组允许带负荷 600MW。

3) 其他

(1) 低压缸排汽温度小于 80℃，凝汽器真空当低于 84.6kPa 时报警，低于 73.3kPa 时跳闸。

(2) 除氧器的正常水位为 2200～2450mm，凝汽器的正常水位为 480～700mm。

4) 汽机负荷变化限制

(1) 机组以滑压方式运行时，滑压运行的范围为 30%～90%额定负荷。

(2) 负荷变化过程中，注意各调速汽门开度与指令相同，否则停止负荷涨落，避免由于汽门犯卡造成负荷骤变。

5.2.4 实验报告内容及要求

(1) 实验目的。

(2) 实验原理。

(3) 实验步骤。

(4) 实验记录表。

(5) 实验结果。

(6) 结果分析及对实验的改进建议。

5.2.5 思考题

(1) 单元机组正常运行的主要监视参数是什么？

(2) 单元机组正常运行的主要调节参数是什么？

5.3　实验 3：单元机组事故处理

5.3.1　实验目的

了解热力发电厂主要的事故类型和基本处理过程。

5.3.2　实验原理

热力发电厂是由多台单元制中间再热机组组成的，包括锅炉主体、锅炉燃烧系统、锅炉汽水系统、烟风系统、制粉系统、燃油系统、吹灰系统、除灰渣系统、脱硫装置、汽轮机主机、热力系统及辅助设备、汽轮发电机。设备众多、系统复杂、运行工况多变。因此随时可能发生不同性质的运行事故。由于设备本身缺陷和故障而造成身故或扩大事故的可能性也较大。

5.3.3　实验步骤

火力发电设备的炉、机、电、控四大系统中，锅炉设备及系统的故障率最高。这是由锅炉设备及系统的复杂性及工作环境的恶劣性决定的。锅炉设备及系统一旦发生事故，对整个单元机组的影响是全局性的。而汽轮机组长期工作在高温、高压、高转速及一定振动状态下，又与众多辅助设备及汽、水、油、气系统紧密联系，运行过程中不可避免地会发生不同程度的事故。电气事故常见的诱因一般是：发动机及变压器自身缺陷，发动机及变压器的密封、冷却系统故障、一次回路的线路及开关设备缺陷、继电保护装置缺陷和集控员误操作等。各主要系统的事故包括如下内容。

1) 锅炉事故

锅炉事故主要包括锅炉燃烧事故(锅炉灭火、锅炉炉膛燃爆和过锅炉尾部烟道二次燃烧)、锅炉水位事故(锅炉满水事故、锅炉缺水事故)和锅炉“四管”爆漏(水冷壁管爆破、省煤器管爆漏、过热器管爆漏和再热器管爆漏)。

2) 汽轮机事故

汽轮机事故主要包括汽轮机进水及进冷气、汽轮机叶片损坏或断落、汽轮机油系统事故、汽轮机真空下降和汽轮机动静部分摩擦、振动异常及大轴弯曲。

3) 电气事故

电气事故包括发电机组甩负荷、厂用电中断和发电机事故(发电机非同期并列、发电机失磁故障、发电机变同步电动机运行、发电机的振荡或失步、发电机氢爆和着火以及发电机冷却水系统故障)。

火力发电厂事故种类很多，这里安排两个事故操作。

1) 紧急停炉处理步骤

(1) 同时按两个“紧急停炉”按钮，立即停用燃油和燃煤燃烧器，停止向炉膛供给燃料。

(2) 检查下列设备动作正常，如不动作应立即手动停用该设备。

① 进、回油电磁阀关闭，所有油枪电磁阀关闭。

② 所有一次风机、磨煤机、给煤机停止运行，给煤量到零。

③ 所有一、二级减温水分门及进口总门关闭，事故、微量减温水分门及进口总门关闭。

④ 停用其他由 MFT 以后应联动而未动作的设备。

⑤ 根据需要启动给水泵向锅炉进小流量给水冷却水冷壁。

2)破坏真空紧急停机的主要操作

(1)机组破坏真空，应立即按下“紧急停机”事故按钮。

(2)检查高、中压主汽门、调门、补汽门及各段抽汽逆止门、抽汽电动门均关闭，高排通风阀开启，发电机逆功率动作与系统解列，机组转速下降。

(3)解除真空泵连锁，停用运行真空泵，开启真空破坏门。

(4)检查高、低压旁路状态。待高压旁路快开条件消失后，立即关闭高、低压旁路。

(5)关闭所有进入凝汽器的疏水门。但如果遇到汽机水冲击，应及时开启汽机本体及各段抽汽管道疏水门，必要时强制开启。

(6)待真空到 0 后，停用轴封汽并做好汽源的隔离工作；待轴封汽母管压力到 0 后，停用轴加风机。

(7)破坏真空停机，必须停运汽泵。

(8)在机组惰走期间，应安排人员去就地检查机组的振动、润滑油回油温度、供油压力，倾听机组内部的声音，并准确记录惰走时间。

(9)完成运行规程规定的其他停机、停炉操作。

5.3.4　思考题

(1)故障停机的注意事项有哪些？

(2)根据已发现的故障，分析各设备故障的原因。

第 6 章　水泵性能实验

6.1　实验 1：水泵性能测定

6.1.1　实验目的

（1）熟悉离心泵性能测定装置的结构与基本原理。

（2）掌握利用实验装置测定离心泵主要工作参数的实验方法。

（3）通过实验得出被测水泵的性能曲线（全压-流量、轴功率-流量、效率-流量）。

6.1.2　实验原理

图 6-1 所示为水泵性能综合实验台结构。该实验台为桌面立屏结构，便于操作、便于观察。图 6-2 所示为水泵性能综合实验台系统结构。泵的开关 29 布置在右侧台面下方的侧面板外侧，其开关与电源连接。出口管路 24 上装有可旋转的出口弯头 30，用于管路冲水。

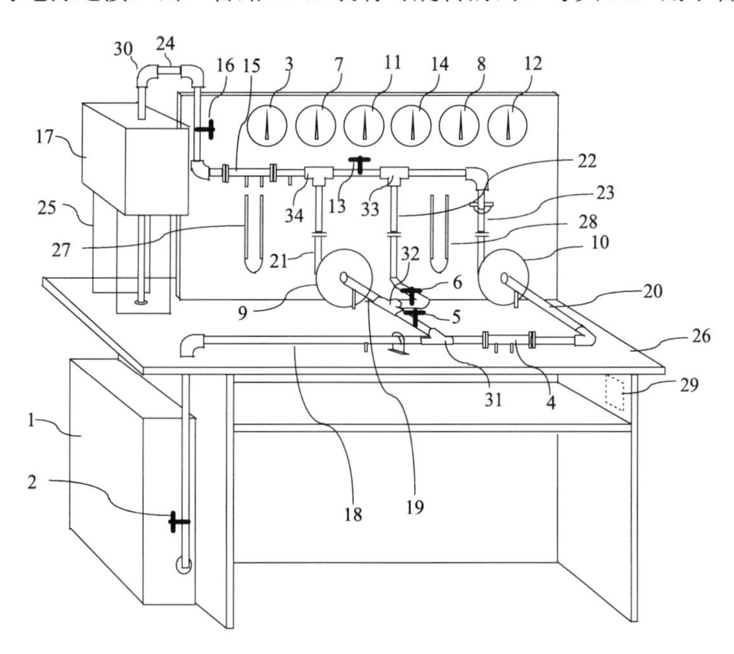

图 6-1　立屏式水泵性能综合实验台结构

1-进水箱；2-入口阀；3-入口总管真空表；4-支路流量计；5-第一切换阀；6-第二切换阀；7-一号泵入口真空表；8-二号泵入口真空表；9-一号泵；10-二号泵；11-一号泵出口压力表；12-二号泵出口压力表；13-第三切换阀；14-出口总管压力表；15-出口总管流量计；16-出口调节阀；17-出口水箱；18-入口总管；19-一号泵入口管；20-二号泵入口管；21-一号泵出口管；22-切换管路；23-二号泵出口管；24-出口总管；25-铝制支架；26-下水管；27、28-U 形管差压计；29-泵的开关；30-出口弯头；31-第一个三通；32-第二个三通；33-第三个三通；34-第四个三通

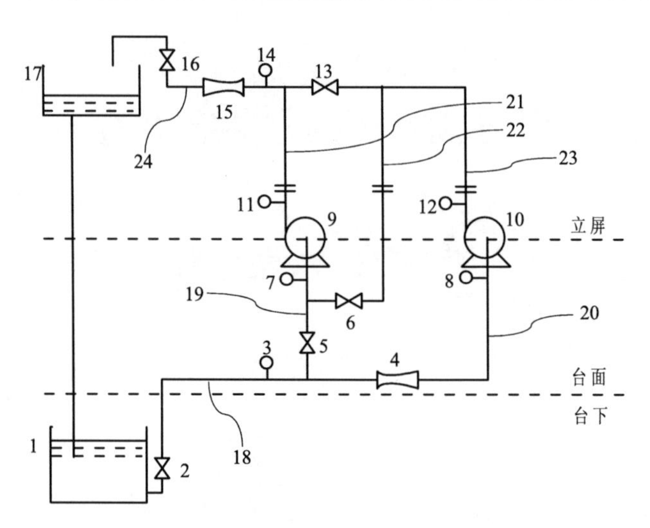

图 6-2　立屏式水泵性能综合实验台的系统循环流程(编号同图 6-1)

利用装置相应阀门的开、闭和调节，形成一号泵的单泵工作回路，在一号泵出水阀的开度一定时，测量一组相应的压力表 12、真空压力表和真空压力表和孔板流量计的读数，由此测得这个工况下泵的扬程 H 和流量 q_V；并利用电功率表读出电机 P_m，由此可得出泵的相应功率 P。在多个工况(阀门 11 的不同开度)下分别测得每个工况的流量 q_V、扬程 H 和功率 P 等数据，从而可经计算并绘制出泵的 H-q_V、P-q_V 和 η -q_V 等特性曲线。

1．**扬程 H 的测量和计算**

$$H=\Delta Z+\frac{p_2+p_1}{\rho g}+\frac{v_2^2-v_1^2}{2g} \tag{6-1}$$

式中，p_1 为压力表 12 的读数，MPa；p_2 为真空压力表的读数，MPa；ΔZ 为压力表 12 与真空压力表接出点之间的高度，m；v_1、v_2 为泵进口流速、一般进口和出口管径相同，$d_2=d_1$、v_1=v_2，所以 $\frac{v_2^2-v_1^2}{2g}=0$ 。

2．**流量 Q 的测量和计算**

(1)利用文特里管流量计测量，计算式为

$$q_V=C_0K\sqrt{h}$$
$$K=\frac{\pi d_2}{4}\sqrt{\frac{2g}{1-\left(\frac{d_2}{d_1}\right)^4}} \tag{6-2}$$

式中，h 为流量计压差计压差读数，m；C_0 为流量系数(排出系数)；d_2 为喉部直径，m；d_1 为管径，m；

流量系数 C_0 需要经过实验来测定。C_0 值与直径比 d_2/d_1 有关，并与雷诺数有关。由实验知，当流过空口的雷诺数 Re≥3000 后，C_0 值即不随流量而变，C_0 取其值等于 0.61。这种情况下：

$$q_V = 0.61K\sqrt{h} \tag{6-3}$$

(2) 利用计量水箱实测流量。在工况的流量稳定时，利用计量水箱测定一定时间间隔 t 内泵出流的容积 V，即可计算出泵的体积流量 $q_V = V/t$。

逐渐改变阀门的开度测得不同的 q_V 值和其相应的水头 H 值（p_1 和 p_2），在 H-q_V 坐标系中得到相应的若干测点，将这些点光滑地连接起来，即得水泵的 H-q_V 曲线。

3. 泵的输入功率和泵效率 η 的测试和计算

离心泵综合实验台的实验一号泵在运行时功率 P 的测定，是通过电功率表测定泵和驱动电机的输入电功率 P_g，再用 P_g 乘以电机效率 η_g，即得出泵的输入功率 P：

$$P = \eta_g P_g \tag{6-4}$$

测得不同的 q_V 值和其相应泵实用功率 P 值，在 P-q_V 坐标系中得到相应得若干测点，将这些点光滑地连接起来，即得水泵的 P-q_V 曲线。

利用 H-q_V 和 P-q_V 曲线任取一个 q_V 值可以得出相应的 H 和 P 值，由此可得该流量下的相应效率 η 值为

$$\eta = \frac{\rho g q_V H}{P} \tag{6-5}$$

式中，ρ 为流体密度，kg/m^3；q_V 为泵的流量，m^3/s；H 为泵的扬程，m；P 为在此工况下的实用功率，kW。

在 η-q_V 坐标系中可光滑地连出泵的 η-q_V 效率曲线。

图 6-3 是根据该实验台的一组实验结果绘制的 H-q_V 性能曲线。

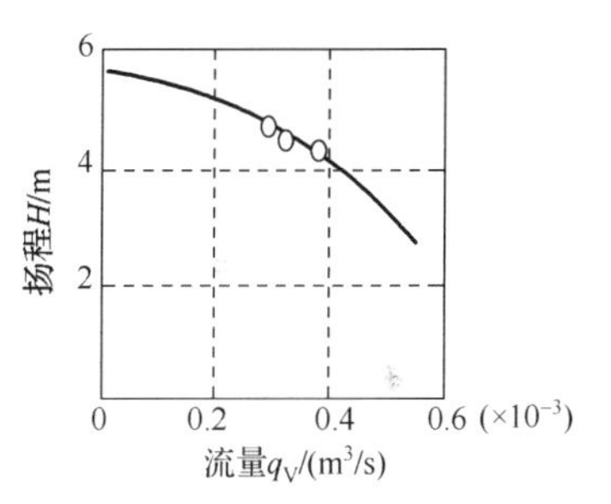

图 6-3　单泵 H-q_V 性能曲线

6.1.3　实验步骤

实验过程如下。

1. 准备阶段

将系统入口阀 2 关闭，其他阀打开，将出口弯头 57 向上旋转，使管出口向上。然后向一号泵和二号泵内冲水；冲水完成后将出口管转回向下。关闭出口调节阀 16，打开入口阀 2。检查真空表 3、7、8 和压力表 11、12、14 及 U 形管差压计 27、28 的指示为零。

2. 性能实验

关闭第一和第二切换阀 5、6，打开第三切换阀 13 和出口调节阀 16，按下二号泵 10 启动按钮，系统处于单泵运行状态。逐渐打开出口调节阀 16，分别记录不同工况下的差压计读数和压力表读数，以及电功率表读数。

3. 数据处理

经修正计算后，可绘出单泵运行时的 H-q_V、P-q_V、η-q_V 性能曲线。

6.1.4　注意事项

(1) 水箱应保持清洁明亮。

(2)不用时应盖上塑料布。

(3)接电运转前应仔细检查各阀门、接头和表头等有无松动，如有松动、应进行紧固。

(4)将水箱注满水，并使泵内全部充满水。完成上述安装工作以后，即可接电试运转。

(5)启动水泵，观察有无漏水现象，如漏水，应设法处理。

6.1.5 思考题

(1)在泵的性能实验中，为什么流量越大，入口处真空表的读数越大，出口处压力表读数越小？

(2)随着流量的增大，实验泵的功率如何变化？为什么？

6.2 实验 2：水泵串并联性能

6.2.1 实验目的

(1)掌握离心泵串联与并联的运行方式。

(2)掌握离心泵串、并联产生的效果。

6.2.2 实验原理

实验装置与 6.1 节相同。读者可参考 6.1.2 节。

1. 串联运行

当单台泵工作不能提供所需要的压力(扬程)时，可用两台泵(或两台以上)的串联方式工作。串联泵所输送的流量均相等，而串联后的总扬程为串联各泵所产生的扬程之和，即若有 2 台泵串联，则

$$
\begin{aligned}
H_{串} &= H_1 + H_2 \\
q_{V串} &= q_{V1} = q_{V2}
\end{aligned}
\tag{6-6}
$$

式中，H_1、H_2 为第 1、2 台泵的扬程，m；q_{V1}、q_{V2} 为第 1、2 台泵的流量，m^3/s。

由此可见，泵串联后的性能曲线(两台泵)$(H\text{-}q_V)_{串}$ 的作法是把串联各泵的性能曲线 $H\text{-}q_V$ 上同一流量点的扬程值相加。实验时，可以分别测绘出单台泵 1 和泵 2 的特性曲线并将它们合成为两台泵串联的总性能曲线$(H\text{-}q_V)_{串}$，将两台泵串联运行，测出串联工况下的某些实际工作点与总性能曲线的相应点相比较。

2. 并联运行

当用单泵不能满足工作需要的流量时，可采用两台泵(或两台以上)的并联工作方式。并联后的总流量应等于并联各泵流量之和，并联后的扬程与并联运行各泵的扬程相等，即若有 2 台泵并联，则

$$
\begin{aligned}
H_{并} &= H_1 = H_2 \\
q_{V并} &= q_{V1} + q_{V2}
\end{aligned}
\tag{6-7}
$$

式中，H_1、H_2 为第 1、2 台泵的扬程，m；q_{V1}、q_{V2} 为第 1、2 台泵的流量，m^3/s。

由此可见，泵并联后的性能曲线$(H\text{-}q_V)_{串}$的作法是把并联各泵的性能曲线$H\text{-}q_V$上同一扬程点的流量值相加。进行实验时，可以分别测绘出单台一号泵和二号泵工作时的特性曲线，把它们合成为两台泵并联的总性能曲线$(H\text{-}q_V)_{串}$，将两台泵并联运行，测出并联工况下的某些实际工作点与总性能曲线上相应点相比较。

图 6-4 是两台泵串联和并联时的流量-扬程性能曲线。

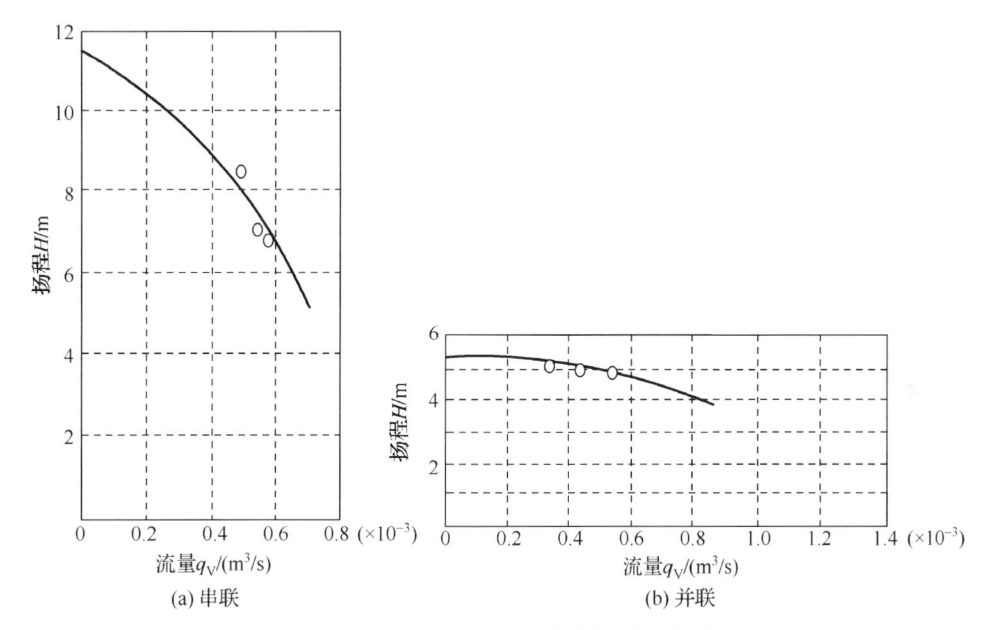

图 6-4　水泵串联与并联时的流量-扬程性能

6.2.3　实验步骤

1. 准备阶段

将系统入口阀 2 关闭，其他阀打开，将出口弯头 57 向上旋转，使管出口向上。然后向一号泵和二号泵内冲水；冲水完成后将出口管转回向下。关闭出口调节阀 16，打开入口阀 2。检查真空表 3、7、8 和压力表 11、12、14 及 U 形管差压计 27、28 的指示为零。

2. 双泵串联实验

关闭出口调节阀 16，将流量降至零，进行单泵向双泵运行的转换。打开切换阀 6，关闭切换阀 5、13，维持二号泵 10 运行，并按下一号泵 9 启动按钮，系统处于两台泵串联运行状态。逐渐打开出口调节阀 16，分别记录不同工况下的差压计读数和压力表读数。经修正计算后，绘出两台泵串联运行时的流量-扬程性能曲线，如图 6-4(a)所示。

3. 双泵并联实验

关闭出口调节阀 16，将流量降至零，进行双泵串联向并联运行的转换。打开切换阀 5、13，关闭切换阀 6，维持两台泵运行，系统处于两台泵并联运行状态。逐渐打开出口调节阀 16，分别记录不同工况下的差压计读数和压力表读数。经修正计算后，绘出两台泵并联运行时的流量-扬程性能曲线，如图 6-4(b)所示。

6.2.4　注意事项

(1) 水箱应保持清洁明亮。

(2) 不用时应盖上塑料布。

(3) 接电运转前应仔细检查各阀门、接头和表头等有无松动，如有松动、应进行紧固。

(4) 将水箱注满水，并使泵内全部充满水。完成上述安装工作以后，即可接电试运转。

(5) 启动水泵，观察有无漏水现象，若漏水，应设法处理。

6.2.5　思考题

(1) 串联运行实验中，串联的两台泵连接的先后顺序有要求吗？实际应用中，两泵串联后，对泵的安全经济运行有什么样的影响？

(2) 并联运行实验中，如果关小阀门 11，会对两台泵的安全经济运行有什么影响？

第 7 章　热工控制系统实验

热工控制系统实验是为热能与动力工程专业课程“热工控制系统”配套开设的实验课程，通过实验使学生加深理解课堂学习的内容，掌握现代大型热力发电厂在热力设备自动控制方面的基本原理和方法。该实验主要是在以开发电站仿真系统的仿真建模软件 PanySimu 的基础上设计的与热工控制系统课程相关的实验课程。

通过上水箱动态特性测试实验分析系统动态特性，了解单容水箱的动态特性，根据实验原理确定相关参数。

通过锅炉燃料控制系统实验可以熟悉锅炉燃料控制系统的构成，正确理解锅炉燃料过程控制的原理，了解锅炉燃烧控制系统中各子系统中调节量和被调节量之间的关系。

7.1　实验 1：上水箱动态特性测试

7.1.1　实验目的

(1) 熟悉单容水箱的数学模型及其阶跃响应曲线。

(2) 根据仿真实验所得的单容水箱液位的阶跃响应曲线，用相关的方法分别确定它们的参数。

7.1.2　实验原理

阶跃响应测试法是系统在开环运行条件下，待系统稳定后，通过调节器或其他操作器，手动改变对象的输入信号(阶跃信号)。同时，记录对象的输出数据或阶跃响应曲线，然后根据已给定对象模型的结构形式，对实验数据进行处理，确定模型中的各参数。

图解法是确定模型参数的一种实用方法，不同的模型结构，有不同的图解方法。单容水箱对象模型用一阶加时滞环节来近似描述时，常可用两点法直接求取对象参数。单容水箱系统结构如图 7-1 所示。

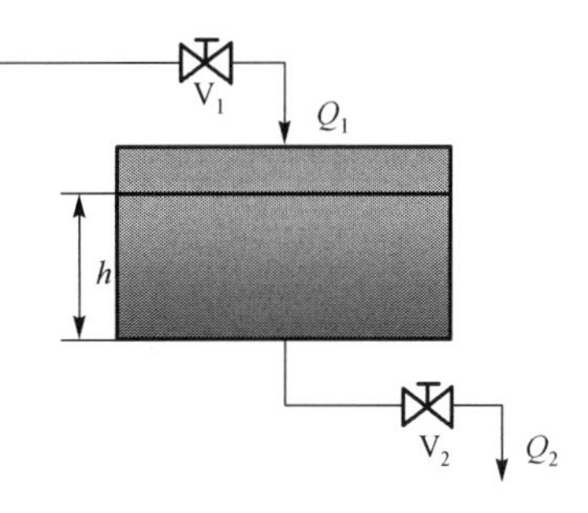

图 7-1　单容水箱系统结构

如图 7-1 所示，设水箱的进水量为 Q_1，出水量为 Q_2，水箱的液面高度为 h，出水阀 V_2 固定于某一开度值。根据物料动态平衡的关系，求得

$$R_2C\frac{\mathrm{d}\Delta h}{\mathrm{d}f}+\Delta h=R_2\Delta Q_2$$

在零初始条件下，对上式求拉普拉斯变换，得

$$G(S)=\frac{H(S)}{Q_1(S)}=\frac{R_2}{R_2CS+1}=\frac{K}{TS+1} \tag{7-1}$$

式中，T 为水箱的时间常数(注意：阀 V_2 的开度大小会影响到水箱的时间常数)，$T=R_2C$；$K=R_2$ 为过程的放大倍数，R_2 为 V_2 阀的液阻；C 为水箱的容量系数。令输入流量 $Q_1(S)=R_0/S$，R_0 为常量，则输出液位的高度为

$$H(S)=\frac{KR_0}{S(TS+1)}=\frac{KR_0}{S}-\frac{KR_0}{S+1/T} \tag{7-2}$$

当 $t=T$ 时，则有

$$h(T)=KR_0(1-\mathrm{e}^{-1})=0.632KR_0=0.632h(\infty)$$

即

$$h(t)=KR_0(1-\mathrm{e}^{-t/T})$$

当 $t\to\infty$ 时，$h(\infty)=KR_0$，因而有

$$K=h(\infty)/R_0=\text{输出稳态值/阶跃输入}$$

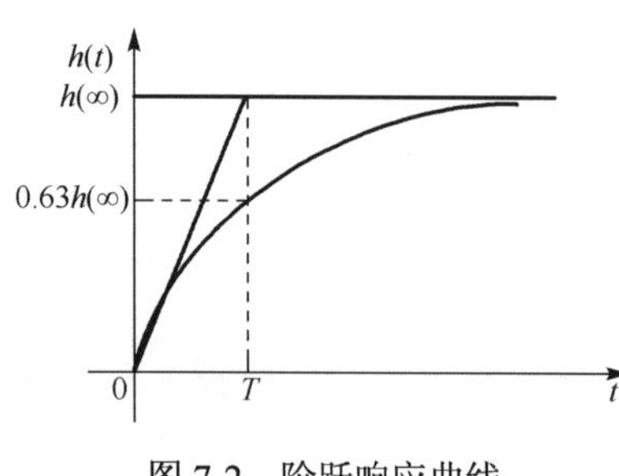

图 7-2　阶跃响应曲线

式(7-2)表示一阶惯性环节的响应曲线是一个单调上升的指数函数，如图 7-2 所示。当由实验求得图 7-2 所示的阶跃响应曲线后，该曲线上升到稳态值的 63%所对应时间，就是水箱的时间常数 T，该时间常数 T 也可以通过坐标原点对响应曲线作切线，切线与稳态值交点所对应的时间就是时间常数 T，其理论依据是

$$\left.\frac{\mathrm{d}h(t)}{\mathrm{d}t}\right|_{t=0}=\left.\frac{KR_0}{T}\mathrm{e}^{\frac{-1}{T}t}\right|_{t=0}=\frac{KR_0}{T}=\frac{h(\infty)}{T}$$

上式表示 $h(t)$ 若以在原点时的速度 $h(\infty)/T$ 恒速变化，即只要花 T 秒时间就可达到稳态值 $h(\infty)$。

7.1.3　实验内容和步骤

1. 单容水箱系统模型的建立

1) 窗口创建

选择菜单项："模型" → "画面管理"，系统弹出"画面管理"窗口，如图 7-3 所示。

图 7-3　窗口建立和模块命名

输入“画面名”、模块的“前缀名”、画面“分类”、“画面高”和“画面宽”、画面“背景色”、所属画面模块“执行周期”后，单击“确定”按钮建立新画面，如图 7-3 所示。

2) 模型建立

(1) 模块的建立：选择窗口左侧对应的算法类，选择相应算法，在当前画面上单击，即在当前位置建立模块。复制画面中某一模块，粘贴生成新模块。

(2) 模块的连接：单击“连接”按钮，分别选择模块的输出引脚和模块的输入引脚连接，连线采用人工的方法。输出模块引脚对应的变量连接到引脚对应的输入端上，如果用户在专家库中进行了相应的设置，可以一次形成数个变量的连接关系。如果输入变量和输出变量类型不一致，连接失败。

(3) 变量的关联：通过引脚“连线”自动关联变量。

3) 手动输入相应变量进行关联

对于关联的变量，选中相应变量对应的输入引脚数字，双击即可自动查找到该变量的生成模块。

4) 模块的设置

双击模块，弹出模块编辑窗口，设置执行周期、步序等。

2. 实验数据记录

对设定的变量记录变化，如图 7-4 所示。

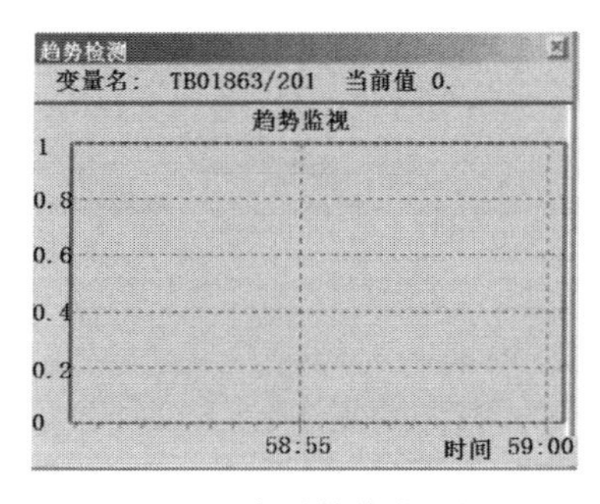

图 7-4　变量趋势监视图

根据记录时间和变量计算所得到的水箱水位填入表 7-1 中。

表 7-1　计算得到的水箱水位

t/s																	
水箱水位 h/cm																	

7.1.4　实验报告要求

(1) 作出一阶环节的阶跃响应曲线。

(2) 根据实验原理中所述的方法，求出一阶环节的相关参数。

7.1.5　思考题

(1) 在实验中，为什么不能任意变化阀的开度大小？

(2) 用两点法和用切线对同一对象进行参数测试，它们各有什么特点？

7.2 实验 2：锅炉燃料控制系统

7.2.1 实验目的

(1)通过实验熟悉锅炉燃料控制系统的构成。

(2)掌握锅炉燃料系统过程控制的原理。

7.2.2 实验原理

锅炉燃料控制系统主要由燃料、送风、引风、磨煤机一次风量、磨煤机出口温度、一次风压控制子系统组成。

1. 燃料控制子系统

燃料控制子系统为单回路控制系统，被调量为给煤机转速，调节量为给煤量，锅炉负荷为给定值。燃料调节器根据给煤机转速与锅炉负荷之间的偏差调节给煤量，满足锅炉负荷要求。

2. 送风控制子系统

送风控制子系统是带氧量修正的单回路控制系统，送风量与一次风总量的和为被调量，锅炉负荷为给定值，送风挡板开度为调节量。

3. 引风控制子系统

引风控制子系统是带送风前馈的单回路控制系统，炉膛压力为被调量，引风机挡板开度为调节量，送风机调节器的输出为前馈信号。

4. 磨煤机一次风量控制子系统

磨煤机一次风量控制子系统是单闭环比值控制系统。给煤机转速指令为主的流量(给定值)，磨煤机一次风量为从动流量(被调量)，磨煤机冷风挡板开度为调节量。一次风量调节器的作用是保持磨煤机一次风量与给煤量之间的比值不变，保证制粉系统正常运转和炉膛内稳定燃烧。

5. 磨煤机出口温度控制子系统

磨煤机出口温度子系统是前馈-反馈控制系统。磨煤机出口温度为被调量，磨煤机热风挡板开度为调节量，磨煤机一次风量调节器的输出为前馈信号。

6. 一次风压控制子系统

一次风压控制子系统是单回路控制系统。一次风压为被调量，一次风挡板开度为调节量。

7.2.3 实验内容与步骤

(1)载入锅炉在 750MW 运行：打开锅炉在 750MW 负荷运行的状态，到磨煤机 B 页面，如图 7-5 所示。

(2)打开磨煤机冷风调节门的控制系统图，了解控制系统组成和控制系统原理如图 7-6～图 7-8 所示。

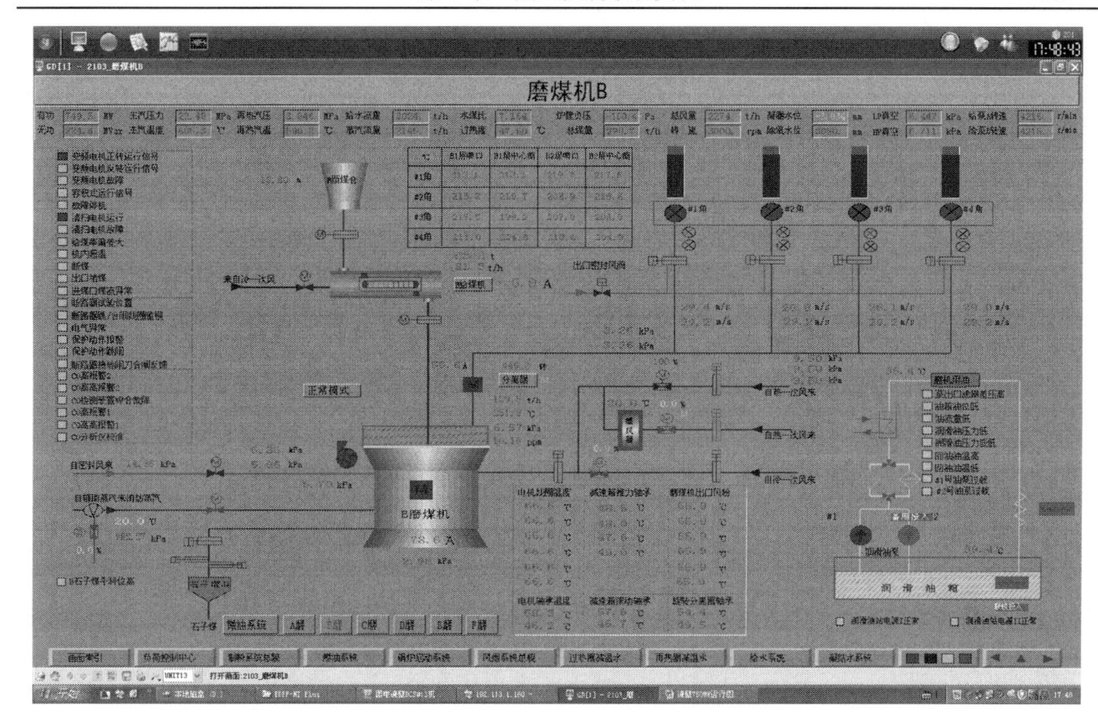

图 7-5　磨煤机 B DCS 控制画面

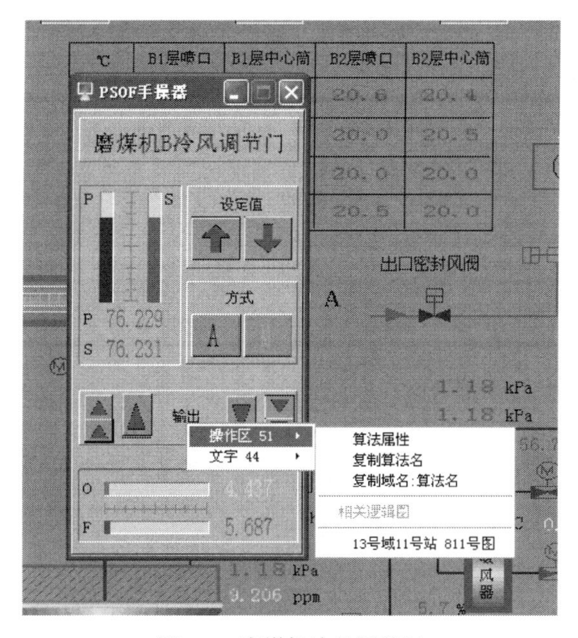

图 7-6　磨煤机冷风调节门

7.2.4　实验报告要求

(1)绘制实验系统中锅炉燃料控制系统原理图。

(2)标注说明各子系统的调节量和被调量，各调节器的作用。

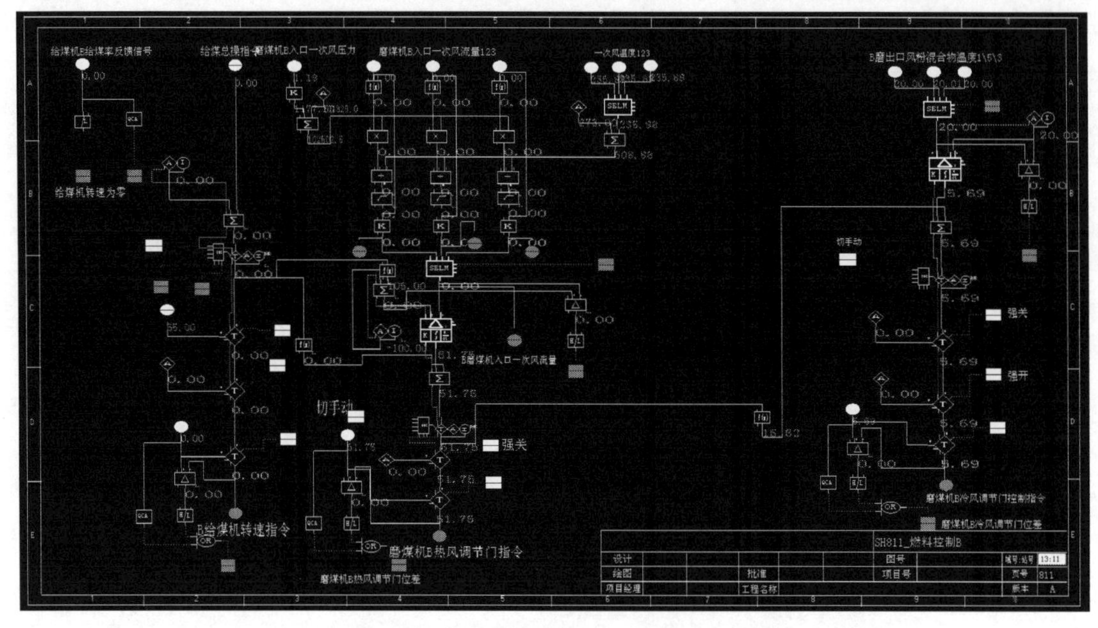

图 7-7　磨煤机燃料控制系统图

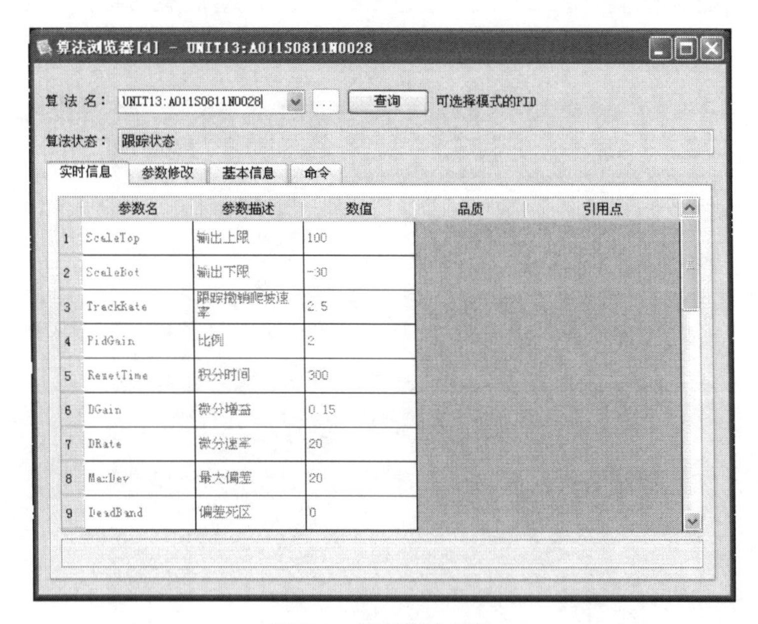
算法浏览器[4] - UNIT13:A011S0811N0028

算 法 名：UNIT13:A011S0811N0028　查询　可选择模式的PID

算法状态：跟踪状态

实时信息　参数修改　基本信息　命令

	参数名	参数描述	数值	品质	引用点
1	ScaleTop	输出上限	100		
2	ScaleBot	输出下限	-30		
3	TrackRate	跟踪撤销爬坡速率	2.5		
4	PidGain	比例	2		
5	ResetTime	积分时间	300		
6	DGain	微分增益	0.15		
7	DRate	微分速率	20		
8	MaxDev	最大偏差	20		
9	DeadBand	偏差死区	0		

图 7-8　控制算法浏览

7.2.5　思考题

(1)锅炉燃烧控制系统主要用到哪些类型控制系统？

(2)PID 控制器由比例、积分和微分三环节组成，各校正环节的作用是什么？

第 8 章　制冷与空调实验

8.1　实验 1：制冷系统结构及过程认识

8.1.1　实验目的

通过本实验的学习，使学生掌握蒸汽压缩式制冷循环的组成和工作原理、蒸汽压缩式制冷机性能测试的原理与方法、单级蒸汽压缩式制冷循环性能参数的确定方法，能够熟练掌握制冷剂热物性图表的使用；认识实验装置中的有关仪器仪表，掌握这些仪器仪表的使用。

8.1.2　实验原理

本实验的制冷系统原理可用如图 8-1 所示的系统结构描述。

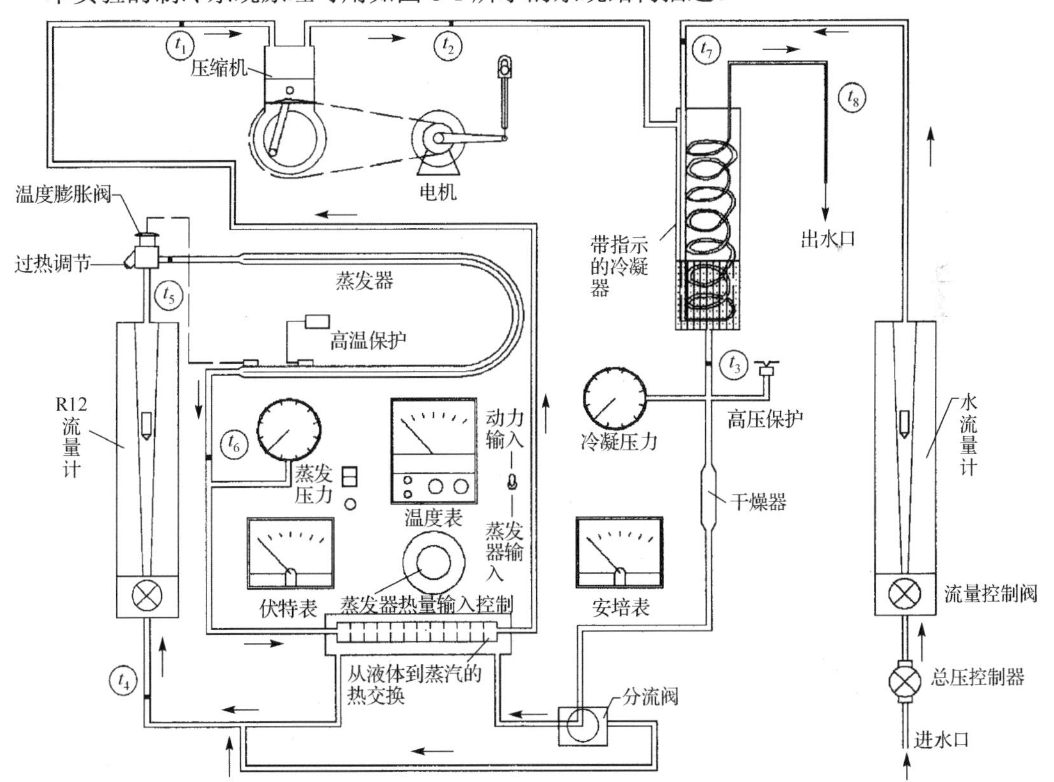

图 8-1　单级蒸汽压缩式制冷教学实验装置原理图

制冷循环的工作原理如下。蒸发器中的制冷剂液体在低压、低温下通过电加热吸收了热量而蒸发，产生的低压制冷剂蒸汽被压缩机吸入，经压缩后成为高压气体进入冷凝器，制冷剂在冷凝器中放出热量被凝结成液体，高压液体经膨胀阀降压，成为湿蒸汽后进入蒸发器。

制冷机的负荷是由蒸发器的电加热元件输入量决定的，并由热量输入控制装置控制，实验台上电流与压力表上的转换开关处于向下位置时，电压表和电流表读数的乘积即为蒸发器的热量输入值，即

$$Q_e = V_e I_e \tag{8-1}$$

蒸发压力和冷凝压力由压力表读得(注意此时的压力是表压力)。蒸汽压力由热力膨胀阀自动控制，并随着负荷的增加而增大。冷凝压力由冷却水量控制，减少冷却水流量可提高冷凝压力。

蒸发器出口的过热度是由热力膨胀阀自动控制的，且应为3～10K(即 t_6 要比 t_5 高3～10K)。

实验台制冷系统中8个测温点的温度可用温度表读取。

手持式转速表接触于电机轴的末端，可以测量电机轴的转速。手持式转速表接触压缩机的轴端部，则可测得压缩机的转速。

电功率测量：当转换开关向下拨时，蒸发器的电加热输入功率为电压表、电流表上的电压、电流值的乘积；当转换开关向上拨时，电动机的输入功率为电压表、电流表上的电压、电流值及功率因数的乘积。

电机的轴功率是电动机的输入功率与电机效率的乘积。

制冷剂流量和冷却水流量通过流量计读得。

单级蒸汽压缩式制冷系统实际循环在压-焓图上的表示如图8-2所示。

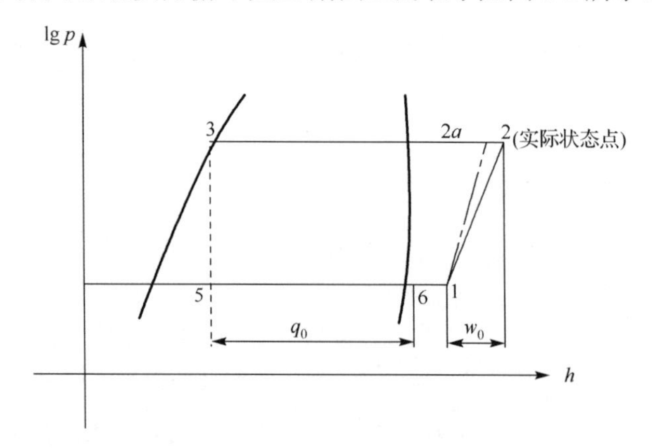

图 8-2　制冷实际循环

实验中测量制冷系统中的制冷剂蒸发压力、冷凝压力、制冷剂在制冷循环中的各状态点温度，通过制冷剂的热力性质图表可以确定各状态点的焓值，计算得到制冷循环的性能指标。

单位制冷量(kJ/kg)：

$$q_0 = h_6 - h_5 \tag{8-2}$$

单位容积制冷量(kJ/m^3)：

$$q_V = \frac{q_0}{V_1} \tag{8-3}$$

制冷机制冷量(kW)：

$$Q_0 = q_m q_0 \tag{8-4}$$

压缩机理论比功(kJ/kg)：

$$w_0 = h_2 - h_1 \tag{8-5}$$

压缩机理论功率(kW)：

$$P_0 = q_{\mathrm{m}} w_0 \tag{8-6}$$

压缩机指示功率(kW)：

$$P_{\mathrm{i}} = \frac{P_0}{\eta_{\mathrm{i}}} \tag{8-7}$$

压缩机轴功率(kW)：

$$P_{\mathrm{e}} = \frac{P_{\mathrm{i}}}{\eta_{\mathrm{m}}} \tag{8-8}$$

冷凝器热负荷(kW)：

$$Q_{\mathrm{k}} = G_{\mathrm{w}} c_{\mathrm{pw}} (t_8 - t_7) \tag{8-9}$$

制冷循环制冷系统：

$$\varepsilon = \frac{Q_0}{N_{\mathrm{e}}} \tag{8-10}$$

8.1.3　实验内容

(1) 了解制冷系统的开机程序。

(2) 熟悉单级蒸汽压缩式制冷系统的组成和工作原理。

(3) 掌握制冷系统性能测试的方法。

(4) 在系统稳定后，读取温度仪表、压力表、流量计、压力表、电流表的读数，测量压缩机和电机转速。

(5) 通过实验测量制冷循环相关参数，由制冷剂热物性图表确定制冷剂各点的焓值，计算得到制冷机性能指标。

8.1.4　实验准备

(1) 学生在进行实验前，应预习实验指导书和“制冷与空调”课程教材中的相关知识。

(2) 熟悉制冷系统工作原理，熟练应用制冷剂热物性图表。

(3) 熟悉测量仪器仪表的使用方法。

(4) 接通电源和冷却水，打开总压力控制阀。

8.1.5　实验步骤

(1) 开启冷却水管路中的截止阀。

(2) 打开电源总开关，启动电动机。

(3) 观察冷凝压力表，粗调节冷却水量控制阀，使冷凝压力接近要求值。

(4) 观察蒸发压力表，粗调蒸发器热量输入旋钮，使蒸发压力接近要求值。

(5) 反复微调冷却水量控制阀及蒸发器热量输入旋钮，使 p_0、p_k 接近要求值。

(6) 待工况稳定后，依次记录各仪表上的读数。

(7) 实验结束后，关机。

8.1.6 安全事项

(1) 一定要严格按照本实验装置的操作要求进行实验。启动本装置一般要在中等负荷(约 700W 左右)下运行 5～10min，然后再改变工况。

(2) 实验结束时，减小制冷机的负荷(蒸发器的热量输入控制)到零，约 1min 后关闭电源开关，最后关闭冷却水阀。

8.1.7 考核要求

(1) 完成实验操作，记录实验结果以及完成实验报告。

(2) 实验报告中要尽可能反映实验中获得的中间结果、经验、问题以及解决过程。

(3) 对于实验报告中的内容，任课教师将有选择地进行面谈抽查。

8.1.8 思考题

(1) 简述单级蒸汽压缩式制冷循环的基本组成和工作原理。

(2) 通过实验分析，需要测量哪些参数才能确定该制冷循环的制冷系数？

(3) 通过实验数据判断制冷剂出冷凝器和出蒸发器的状态。

8.2 实验 2：吸收式制冷系统热力过程仿真

8.2.1 实验目的

(1) 认识吸收式制冷系统的结构与工作过程。

(2) 观察并分析不同负荷下溴化锂制冷系统各部分的参数变化。

8.2.2 实验原理

吸收式制冷机是以一些特殊工质为吸收剂(如溴化锂或氨)，以水为制冷剂，利用水在高真空下蒸发吸热达到制冷的目的。为了使制冷过程能连续不断地进行下去，蒸发后的冷剂水蒸气被溴化锂或氨溶液吸收，溶液变稀，这一过程是在吸收器中发生的，然后以热能为动力，将溶液加热使其水分分离出来，而溶液变浓，这一过程是在发生器中进行的。发生器中得到的蒸汽在冷凝器中凝结成水，经节流后再送至蒸发器中蒸发。如此循环达到连续制冷的目的。吸收式制冷机主要是由吸收器、发生器、冷凝器和蒸发器四部分组成的。溴化锂-水吸收式制冷和氨-水吸收式制冷是两类典型的吸收式制冷系统。图 8-3 所示为单级氨-水吸收式制冷系统结构。

从图 8-3 中不难看出，一方面稀溶液温度较低，送往发生器后需消耗能量对其加热；另一方面，浓溶液的温度较高，在吸收器中需冷却才能有较强的吸收水蒸气的能力，所以，如果能使浓溶液和稀溶液进行热交换，无疑可提高机组的性能系数。因此，在实际的吸收式制冷机中，一般都设有溶液热交换器。在溶液热交换器中，稀溶液在管内流动，而浓溶液在管外(壳程)流动，从而达到热交换的目的。

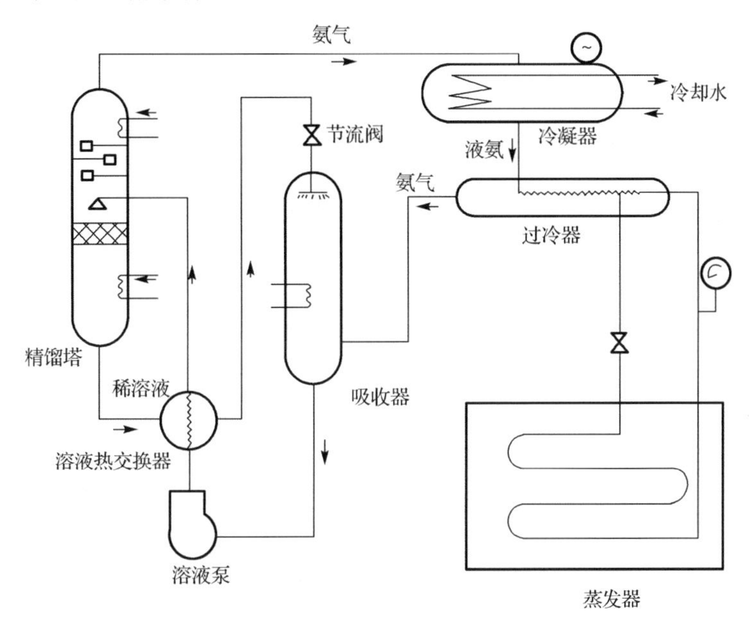

图 8-3　氨-水吸收式制冷循环流程图

8.2.3　实验内容

1. 认识和理解吸收式制冷系统的主要仿真部件

图 8-4 是稳态仿真环境中吸收式制冷系统相关的一些重要部件。本实验应熟悉制冷系统中蒸发器、吸收器、发生器、膨胀阀、溶液泵、冷凝器等部件输入、输出端口的含义以及相关参数和连接方法。通过查阅帮助文档，了解每个部件的功能和数学描述。结合理论课中的相关内容，学会各个部件的功能。

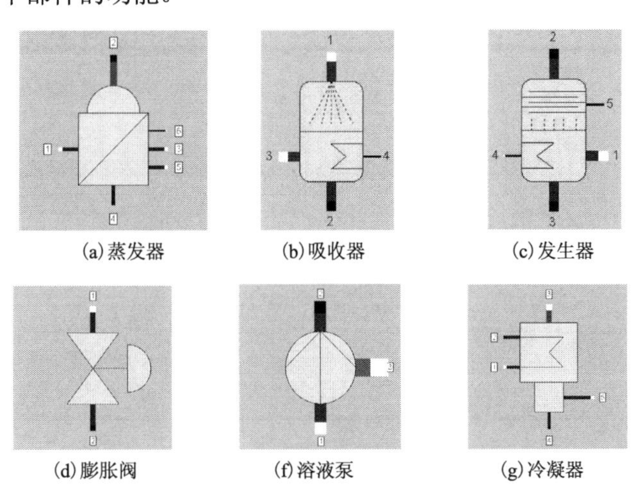

图 8-4　制冷系统主要仿真部件

2. 测量不同工况下的各状态点的温度

图 8-5 是本实验采用的溴化锂-水吸收式制冷系统的仿真模型。该系统包括一个典型单级吸收式制冷的基本部件和管线。通过执行仿真命令，可以观察到不同部位的主要运行参数值，如温度、压力、流量、焓等。特别是观察系统中的能量与质量的平衡关系。

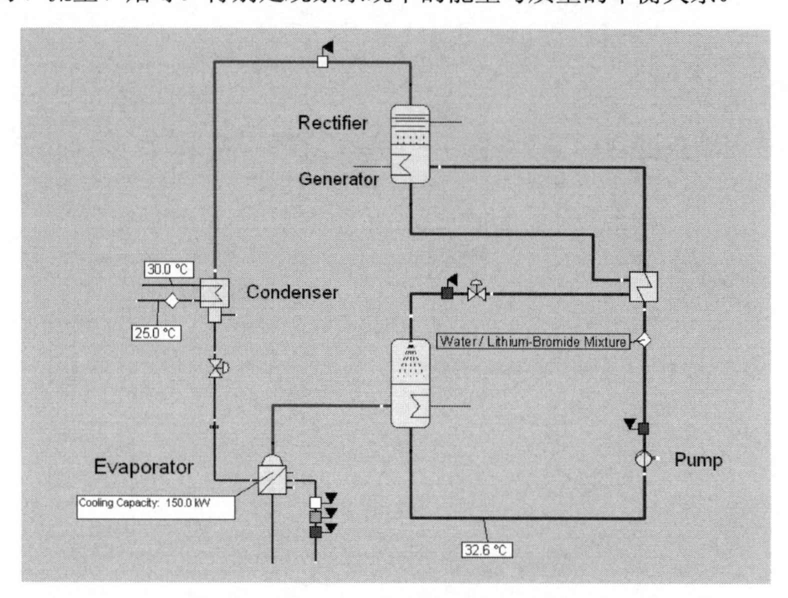

图 8-5　溴化锂-水吸收式制冷系统仿真模型

制冷系统的工作过程及特性受到蒸发器侧的冷源温度、冷凝器侧的热源温度、溶液泵性能、发生器性能、吸收器性能等多种原因的影响。改变这些参数的值，观察整个系统不同部位参数值的变化。根据制冷过程的基本理论和各设备的工作原理，并分析变化的原因。

8.2.4 实验准备

学生在进行实验前，应预习实验指导书和“制冷与空调”课程教材中的相关知识。在进行实验前，应认真预习本教材中 1.2 节和 4.1 节的内容。掌握吸收式制冷系统的工作原理和系统主要变量值的观察方法。进而通过观察不同设备运行变量值了解吸收式制冷系统的工作过程、设备与系统特性。

8.2.5 实验步骤

1. 熟悉部件

(1)阅读本教材中关于仿真平台基本使用方法的说明，做好实验的准备工作。

(2)创建一个空白热力系统仿真页面并在仿真环境中打开。

(3)在部件工具条中查找图 8-4 中的吸收式制冷系统部件，并添加到页面中。

(4)查阅设备特性的信息，了解各部件的参数与接口设置。

2. 熟悉系统

(1)用鼠标移动观察吸收式制冷系统不同区段的参数值，如蒸发器入口/出口、吸收器入口/出口等。

(2) 用数值十字标观察，在系统不同部位设置数值十字标，观察参数的变化。
(3) 用图表工具观察不同区段的热力过程图，如 *p-h* 关系。
(4) 根据设备的工作原理解释变量变化的原因。
(5) 选择 3～5 个不同的流量进行系统仿真。
(6) 生成 Excel 实验结果数据表格，保存为.xls 表格文件。
(7) 保存中间截图和生成的表格，保存为.bmp、.jpg 图像文件。
(8) 实验结束后关机。

8.2.6　安全事项

(1) 请按照本教材中的操作要求内容进行实验。仿真平台的功能很多，暂时不要进行与本实验无关的操作。
(2) 实验前注意机房计算机设备的安全使用。
(3) 实验中要注意及时记录和保存实验的中间结果。

8.2.7　考核要求

(1) 完成实验操作，记录实验结果以及完成实验报告。
(2) 实验报告中要尽可能反映实验中获得的中间结果、经验、问题及解决过程。
(3) 对于实验报告中的内容，任课教师将有选择地进行面谈抽查。

8.2.8　思考题

(1) 影响制冷循环制冷系统的因素有哪些？
(2) 通过实验数据分析冷凝温度不变，蒸发温度升高时，制冷循环的制冷量、功耗的变化。

8.3　实验 3：制冷系统热力特性分析

8.3.1　实验目的

(1) 了解制冷系统特性分析的方法。
(2) 比较不同工况下的制冷系统特性。

8.3.2　实验原理

吸收式制冷循环遵循质量守恒与能量守恒定律。总体能量守恒为

$$Q_g + Q_e + W_p = Q_c + Q_a \tag{8-11}$$

式中，Q_g 为发生器负荷；Q_e 为蒸发器负荷；W_p 为溶液泵功率；Q_c 为冷凝器负荷；Q_a 为吸收器负荷。

若忽略溶液泵带入的热量，式 (8-11) 可简化为

$$Q_g + Q_e = Q_c + Q_a \tag{8-12}$$

物料的质量守恒为

$$m_s x_a = (m_s - m_r) x_g \tag{8-13}$$

循环倍率为

$$f = \frac{m_s}{m_r} = \frac{x_g - x_a}{x_g} \tag{8-14}$$

式中，m_r、m_s 为制冷剂蒸汽流量和吸收器出口溶液流量；x_a、x_g 为吸收器溶液和发生器溶液中吸收剂的质量比；f 为循环倍率。

由于溶液泵功率远小于发生器的输入热量，制冷系统的能效比为

$$\mathrm{COP} = \frac{Q_e}{Q_g} \tag{8-15}$$

8.3.3 实验内容

1．了解制冷系统回热部分的部件连接

本实验提供两个吸收式制冷系统：溴化锂-水制冷系统（图 8-5）和氨-水吸收式制冷系统（图 8-6）。这两个系统在结构上类似，但制冷剂不同。通过对比不同的制冷剂以及不同的参数设定值，对比这两类吸收式制冷系统不同部位运行参数的差异。从而发现它们在系统特性和应用上的差异。

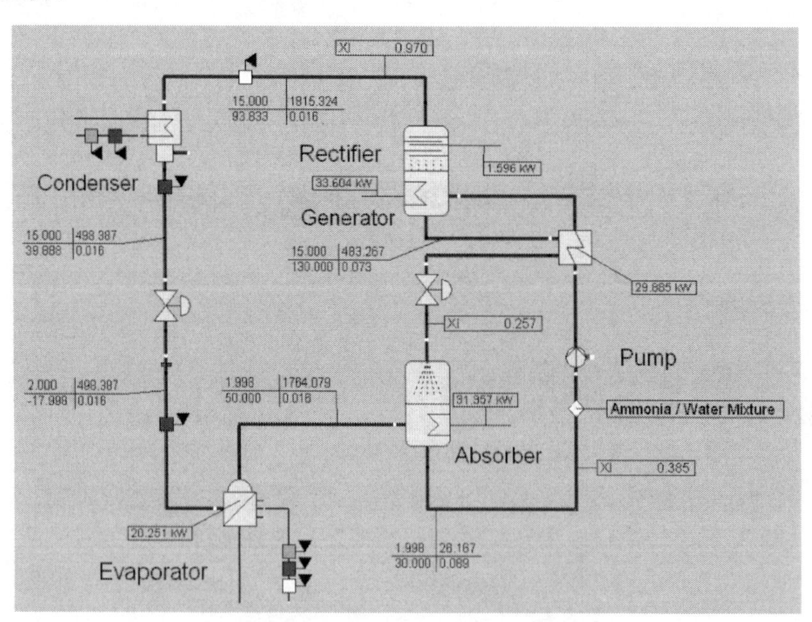

图 8-6　氨-水吸收式制冷系统仿真模型

本实验应该特别注意加热器相关的管道连接，通过设定加热器可用和不可用来观察系统热力过程的变化，认识加热器在能源利用上的作用。查看两个不同系统中冷剂溶液的设置方法。通过改变冷剂溶液中溴化锂-水或氨-水溶液的浓度，观察这两类系统热力过程的变化。

2. 确定实验工况

确定 3～5 个实验工况，使制冷系统在无回热循环状态下仿真运行，观察并记录相关的参数值。

3. 观察并记录相关的参数值

维持相同的工况，使实验装置在有回热循环的状态下仿真运行，观察并记录相关的参数值。

4. 系统性能比较

根据实验数据，查制冷剂热物性图表，进行无回热与有回热循环的计算，比较这两个循环的性能差别。

8.3.4　实验准备

学生在进行实验前，应预习实验指导书和“制冷与空调”课程教材中的相关知识。在进行实验前，应认真预习本教材中 1.2 和 4.1 节的内容，掌握电厂热力系统的工作原理和系统的主要变量值的观察方法。进而通过观察不同设备运行变量值了解发电厂热力系统的工作过程、设备与系统特性。

8.3.5　实验步骤

(1) 阅读本教材中关于仿真平台基本使用方法的说明，做好实验的准备工作。

(2) 在仿真环境中打开本实验所用溴化锂-水系统和氨-水系统仿真环境。

(3) 查阅设备特性的信息，了解各部件的参数与接口设置。

(4) 用鼠标移动观察制冷系统不同区段的参数值，如蒸发器入口、出口、吸收器入口、出口等。

(5) 用数值十字标观察，在系统不同部位设置数值十字标，观察参数的变化。

(6) 用图表工具观察不同区段的热力过程图，如 p-h 关系。

(7) 结合吸收剂物性特点，解释两类系统参数变化的不同规律的原因。

(8) 选择 3～5 个不同溶液浓度，对两类系统进行仿真，并观察参数变化。

(9) 改变管道连接方式，分别观察采用和不采用回热加热器时系统参数的变化。

(10) 生成 Excel 实验结果数据表格，保存为.xls 表格文件。

(11) 保存中间截图和生成的表格，保存为.bmp、.jpg 图像文件。

(12) 实验结束后关机。

(13) 根据相关理论知识，分析两个系统的特性。

8.3.6　安全事项

(1) 请按照本教材中的操作要求内容进行实验。仿真平台的功能很多，暂时不要进行与本实验无关的操作。

(2) 实验前注意机房计算机设备的安全使用。

(3) 实验中要注意及时记录和保存实验中间结果。

8.3.7　考核要求

(1)完成实验操作，记录实验结果以及完成实验报告。

(2)实验报告中要尽可能反映实验中获得的中间结果、经验、问题以及解决过程。

(3)对于实验报告中的内容，任课教师将有选择地进行面谈抽查。

8.3.8　思考题

(1)采用回热循环制冷系统是否一定能提高经济性？

(2)什么条件下考虑采用回热循环？

第 9 章　换热器与强化换热技术实验

换热器的强化传热就是通过改变影响传热过程的各种因素力求使换热器在单位时间内、单位传热面积上传递更多的热量。强化传热研究的主要目的是提高热量传递过程的速率，力图达到以最经济的设备(重量小、体积小、成本低)来完成规定传递的热量或在设备规模相同的情况下能更快更多地传递热量，用最高的热效率来实现能源的合理利用。“换热器与强化换热技术”课程的主要任务是使学生了解换热器技术的发展概况；了解换热技术的基本概念和理论；掌握换热过程和换热器性能的一般测定方法。本教材有较强的应用性与实践性，通过实验环节的训练，着重培养学生的动手能力和应用能力，使学生能够掌握一般的实际问题解决方法，为后续课程和将来参加实际工作奠定基础。

本章主要介绍“换热器与强化换热技术”课程的两个换热性能测定实验，分别为对数平均换热温差测定实验和翅片管换热器换热性能测定实验。

9.1　实验 1：对数平均换热温差测定实验

9.1.1　实验目的

(1) 熟悉列管式、套管式和螺旋管式换热器的结构，掌握其传热性能和换热计算方法。

(2) 了解列管式、套管式和螺旋管式换热器的性能差别。

(3) 了解和认识顺流和逆流两种流动方式换热器换热能力的差别。

(4) 通过本实验掌握换热过程的测定仪器的正确使用方法和读数方法。

9.1.2　实验原理

换热器性能测试实验主要对应用范围较广的间壁式换热器其中的三种进行性能测试，即套管式换热器、螺旋板式换热器和列管式换热器。其中，对套管式换热器和螺旋板式换热器可以进行顺流和逆流两种流动方式的性能测试，而列管式换热器只能作一种方式的性能测试。本实验装置采用的冷水可以用阀门变换流动方向从而进行顺流和逆流实验；工作原理如图 9-1 所示。换热形式为热水-冷水换热式。

9.1.3　实验设备

实验装置由热水流量调节阀、热水螺旋板/套管/列管启闭阀门组、冷水流量计、换热器进口压力表、数显温度计、琴键转换开关、电压表、电流表、开关组、冷水出口压力计、冷水螺旋板/套管/列管启闭阀门组、逆顺流转换阀门组、冷水流量调节阀组成。

实验装置如图 9-2 所示。

其中，实验台参数如下。

(1) 换热器换热面积 (F)：套管式换热器为 $0.45\mathrm{m}^2$，螺旋板式换热器为 $0.65\mathrm{m}^2$，列管式换热器为 $1.05\mathrm{m}^2$。

(2) 电加热器总功率为 9kW。

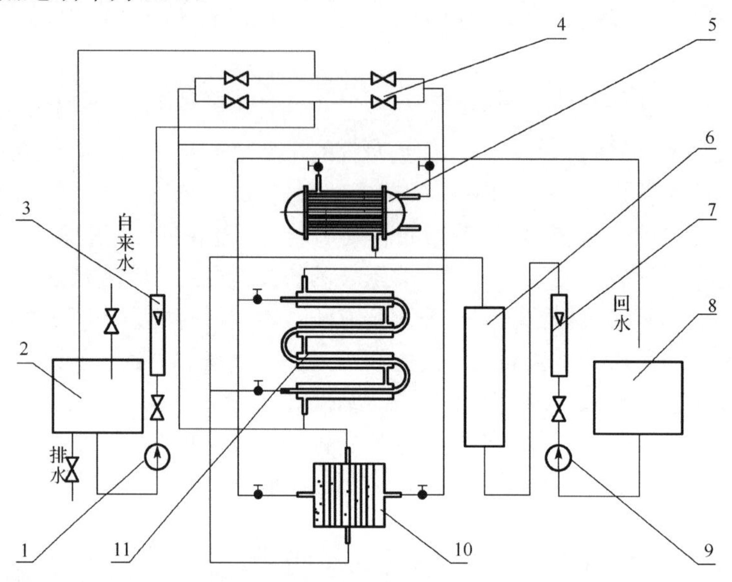

图 9-1　换热器综合实验台原理图

1-冷水泵；2-冷水箱；3-冷水浮子流量计；4-冷水顺逆流向阀门组；5-列管式换热器；6-电加热水箱；7-热水浮子流量计；8-回水箱；9-热水泵；10-螺旋板式换热器；11-套管式换热器

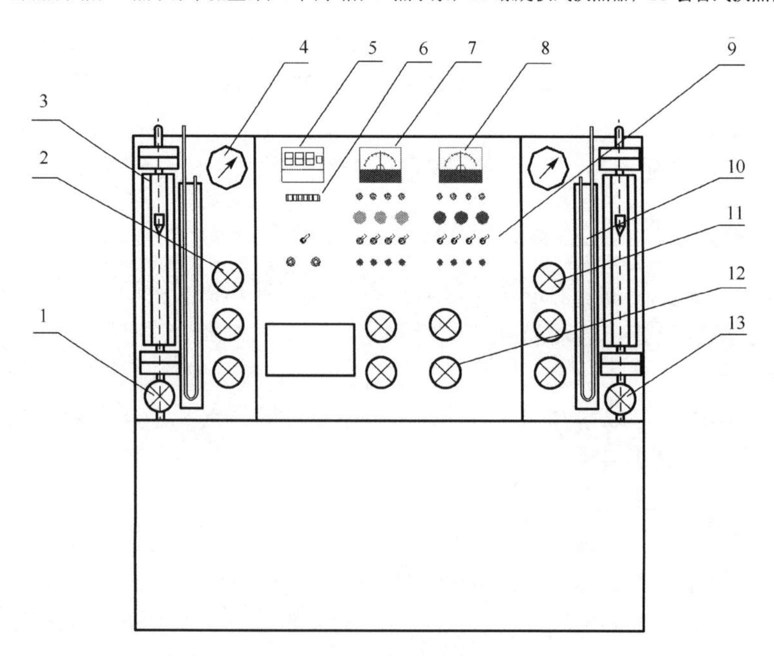

图 9-2　实验装置简图

1-热水流量调节阀；2-热水螺旋板、套管、列管启闭阀门组；3-冷水流量计；4-换热器进口压力表；5-数显温度计；6-琴键转换开关；7-电压表；8-电流表；9-开关组；10-冷水出口压力计；11-冷水螺旋板、套管、列管启闭阀门组；12-逆顺流转换阀门组；13-冷水流量调节阀

(3) 冷、热水泵：允许工作温度小于 80℃；额定流量为 $3m^3/h$；扬程为 12m；电机电压为 220V；电机功率为 370W。

(4) 转子流量计型号：LZB-15，40-400L/h；允许温度范围为 0～120℃。

9.1.4　实验步骤

(1) 接通电源，启动热水泵(为提高热水温升速度，可先不启动冷水泵)，并调整好合适的流量。

(2) 调整温控仪，使其能让被加热的水温度控制在 80℃以下的某一指定温度(温控在热水进琴键开关上)。

(3) 将加热器开关分别打开，加热后启动热水泵。

(4) 根据温度测点选择琴键开关按钮和数显温度计，观测和检查换热器冷-热流体的进出口温度，待冷-热流体的温度基本稳定后，即可测读出相应测温点的温度数值，同时测读转子流量计冷-热流体的流量读数；把这些测试结果记录于实验数据记录表中。

(5) 若需要改变流动方向(顺-逆流)的实验，或需要绘制换热器传热性能曲线而要求改变工况(如改变冷、热水的流速或流量等)进行实验，或需要重复进行实验时，都要重新安排实验，实验方法与上述实验基本相同，并记录这些实验的测试数据。

(6) 实验结束后，首先关闭电加热器开关，5min 后切断全部电源。

注意：热流体在热水箱中加热温度不得超过 80℃；实验台使用前应加接地线，以保安全。

表 9-1 和表 9-2 为做实验时需要使用的数据记录。

表 9-1　套管式换热器

流向	热流体				冷流体				平均换热量 Q/J	对数平均温差 Δt_m/℃	传热系数 k/(W/(m^2·℃))
	进口温度 T_1/℃	出口温度 T_2/℃	流量 V_1/(L/h)	放热量 Q_1/J	进口温度 T_1/℃	出口温度 T_2/℃	流量 V_2/(L/h)	吸热量 Q_2/J			
顺流											
逆流											

表 9-2　其他换热器

换热器类型	热流体				冷流体				平均换热量 Q/J	对数平均温差 Δt_m/℃	传热系数 k/(W/(m^2·℃))
	进口温度 T_1/℃	出口温度 T_2/℃	流量 V_1/(L/h)	放热量 Q_1/J	进口温度 T_1/℃	出口温度 T_2/℃	流量 V_2/(L/h)	吸热量 Q_2/J			
列管式											
板式											

9.1.5 实验数据的处理

本实验需要计算传热系数。计算方法如下。

热流体放热量(W)：

$$Q_1 = c_{p1} m_1 (T_1 - T_2)$$

冷流体吸热量(W)：

$$Q_2 = c_{p2} m_2 (t_1 - t_2)$$

平均换热量(W)：

$$Q = \frac{Q_1 + Q_2}{2}$$

对数传热温差(℃)：

$$\Delta t_m = \frac{\Delta T_2 - \Delta T_1}{\ln \frac{\Delta T_2}{\Delta T_1}}$$

传热系数(W/(m^2 · ℃))：

$$K = \frac{Q}{F \Delta t_m}$$

式中，c_{p1}、c_{p2}为热、冷流体的定压比热，J/(kg · ℃)；m_1、m_2为热、冷流体的质量流量，kg/s；T_1、T_2为热流体的进、出口温度，℃；t_1、t_2为冷流体的进、出口温度，℃。

如果是顺流，则

$$\Delta T_1 = T_1 - t_1, \qquad \Delta T_2 = T_2 - t_2$$

如果是逆流，则

$$\Delta T_1 = T_1 - t_2, \qquad \Delta T_2 = T_2 - t_1$$

式中，F为换热器的换热面积(见前面实验台参数)。

注意：热、冷流体的质量流量m_1、m_2是根据修正后的流量计体积流量读数V_1、V_2再换算成的质量流量值。

9.1.6 思考题

(1)进行换热器热设计时所依据的基本方程有哪些？

(2)推导顺流或逆流换热器的对数平均温差计算式时做了哪些假设？试讨论对大多数间壁式换热器这些假设的适用情形。

9.2 实验2：翅片管换热器换热性能测定实验

9.2.1 实验目的

(1)了解翅片管换热器的结构，掌握翅片管换热器换热性能的测定方法。

(2)了解影响翅片管换热器换热性能的参数。

(3) 通过本实验培养学生数据处理及分析专业问题的能力。

9.2.2　实验原理

(1) 翅片管是换热器中常用的一种传热元件，由于扩展了管外传热面积，故可使光管的传热热阻大大下降，特别适用于气体侧换热的场合。

(2) 空气横向流过翅片管束时的对流换热系数除了与空气流速及物性有关以外，还与翅片管束的一系列几何因素有关，其无因次函数关系可表示如下：

$$Nu = f(Re, Pr, H / D_0, \delta / D_0, B / D_0, Pt / D_0, Pl / D_0, N) \tag{9-1}$$

式中，$Nu = \alpha D_0 / \lambda$；$Re = D_0 U_m / \nu$；$Pr = \nu / \alpha = C_p \mu / \lambda$；$D_0$ 为光管外径，U_m 为最大流速，ν 为运动黏度。

此外，对流换热系数还与管束的排列方式有关，有两种排序方式：顺排和叉排。由于在叉排管束中流体的紊流度较大，故其管外对流换热系数会高于顺排的情况。

对于待定的翅片管束，其几何因素都是固定不变的，这时，式 (9-1) 可简化为

$$Nu = f(Re, Pr) \tag{9-2}$$

对于空气，Pr 数可以看作常数，故

$$Nu = f(Re) \tag{9-3}$$

式 (9-3) 可以表示成指数方程的形式：

$$Nu = CRe^n \tag{9-4}$$

式中，C、n 为实验关联式的系数和指数。这一形式的公式只适用于特定几何条件下的管束。为了在实验公式中能反映翅片管和翅片管束的几何变量的影响，需要分别改变几何参数进行实验并对实验数据进行综合整理。

(3) 对于翅片管，管外对流换热系数采用光管外表面为基准定义对流换热系数，即

$$\alpha = \frac{Q}{n\pi D_0 L (T_a - T_{w0})} \tag{9-5}$$

式中，Q 为总放热量，W；n 为放热管子的根数；$\pi D_0 L$ 为一支管的光管换热面积，m^2；T_a 为空气平均温度，℃；T_{w0} 为光管外壁温度，℃。

(4) 如何测求翅片管束平均管外对流换热系数 α 是实验的关键。如果直接由式 (9-5) 求解，则需要 T_{w0}，测量有一定的难度。所以采用另一种方法，先得到传热系数，然后从传热热阻中减去已知的各项热阻，即

$$\frac{1}{\alpha} = \frac{1}{K} - \frac{1}{\alpha_i} \frac{D_0}{D_i} - R_w \tag{9-6}$$

应当注意，式 (9-6) 中的各项热阻都是以光管外表面积作为基准的。式中，K 为翅片管的传热系数，可由实验求出

$$K = \frac{Q}{n\pi D_0 L (T_v - T_a)} \tag{9-7}$$

式中，T_v 为管内流体的平均温度，由四支实验热管内部的热电偶分别测量得到蒸汽温度 T_{v1}、T_{v2}、T_{v3}、T_{v4} 取平均值得到。

(5) 为了保证 α_i 有足够大的数值，一般实验管内需要采用蒸汽冷凝放热的换热方式。本

实验系统中，采用热管作为传热元件，将实验的翅片管做成热管的冷凝段，即热管内部的蒸汽在翅片管内冷凝，放出汽化潜热，透过管壁，传出翅片管外，这就保证了翅片管内的冷凝过程。这时，管内放热系数 α_i 可用下面的公式计算，即

$$\alpha_i = 1.88\left(\frac{4\Gamma}{\mu}\right)^{-\frac{1}{3}}\left(\frac{\lambda^3\rho^2 g}{\mu^2}\right)^{\frac{1}{3}} \tag{9-8}$$

式中，$\Gamma = \dfrac{Q}{rn\pi D_i}$ 为单位冷凝宽度上的凝液量，kg/(s • m)；r 为汽化潜热，J/kg，D_i 为管子内径。式(9-8)中第二个括号中的物理量为凝液物性的组合。

圆筒壁的导热热阻为

$$R_w = \frac{D_0}{2\lambda_w} Ln\frac{D_0}{D_i} \tag{9-9}$$

9.2.3 实验设备

实验装置由风机支架、风机、风量调节手轮、过渡管、测压管、测速器、吸入管、加热元件、控制盘组成。

实验的翅片管束安装在一台低速风洞中，实验装置和测试仪表如图 9-3 所示。

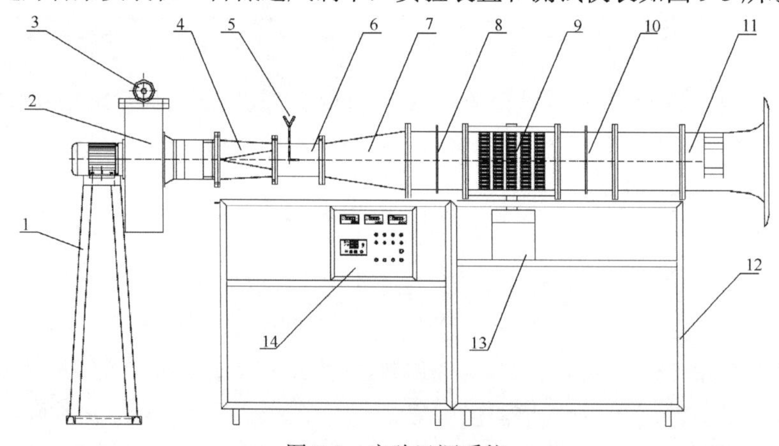

图 9-3　实验风洞系统

1-风机支架；2-风机；3-风量调节手轮；4-过渡管；5-测压管；6-测速段；7-过渡管；8-测压管；9-实验管段；10-测压管；11-吸入管；12-支架；13-加热元件；14-控制盘

有机玻璃风洞由带整流隔栅入口段、整流丝网、平稳段、前测量段、工作段、后测量段、收缩段、扩压段等组成。工作段和前后测量段的内部横截面尺寸为 300mm×300mm。工作段的管束及固定管板可自由更换。

实验管件由两部分组成：单纯翅片管和带翅片的实验热管，但外形尺寸是一样的并采用顺排排列，翅片管束的几何特点如表 9-3 所示。

4 根实验热管组成一个横排，可以放在任何一排的位置上进行实验。一般放在第 3 排的位置上，因为实验数据表明，自第 3 排以后，各排的对流换热系数基本保持不变了。所以，这样得到的对流换热系数代表第 3 排及以后各排管的平均对流换热系数。实验热管的加热段由专门的电加热器进行加热，电加热器的电功率由电流、电压表进行测量。

表 9-3　翅片管束的几何特点

翅片管内径 D_i/mm	翅片管外径 D_0/mm	翅片高度 H/mm	翅片厚度 δ/mm	翅片间距 B/mm	横向管间距 Pt/mm	纵向管间距 Pl/mm	管排数 N/排
20	26	13	1	4	75	83	7

每一支热管的内部插入一支铜-康铜铠装热电偶用以测量热管内冷凝段的蒸汽温度 T_v。电加热的箱体上，也安装一支热电偶，用以确定箱体的散热损失。热电偶的电动势由 UI60 型电位量计进行测量。

空气的进出口温度用温度计进行测量，入口安装一支，出口安装两支。空气流经翅片管束的压力降由倾斜式压差计测量，管束前后的静压测孔均布在前后测量段的壁面上。空气流速度和流量由安装在收缩段上的毕托管和倾斜式压差计测量。

9.2.4　实验内容与步骤

(1) 熟悉实验原理和实验设备。

(2) 检查测温、测速、测压等各仪表，使其处于良好的工作状态。

(3) 接通电加热器电源，将电功率控制为 2～3kW，预热 5～10min 后，开动引风机。注意：引风机需在空载或很小的开度下启动。

(4) 调整引风机的阀门，来控制实验工况的空气流速，一般空气风速应从小到大逐渐增加，实验中根据毕托管压差读值，可改变 6～7 个风速值。这样，就有 6～7 个实验工况。

(5) 每一个实验工况下，待确认设备处于稳定状态后，进行所有物理量的测量和记录，将测量的量整齐地记录于预先准备好的数据记录表格中(表 9-4 和表 9-5)。

表 9-4　数据记录表

序号	管束情况(排列方式、第几排)	电流 I	电压 V	功率 W	管内温度					流速压头 Δh/mm 水柱	阻力 Δp/mm 水柱	入口气温 T_1/℃	出口气温 T_2/℃	室内温度 T_0/℃	箱外温度 T_w/℃
					T_{V1}/℃	T_{V2}/℃	T_{V3}/℃	T_{V4}/℃	T_V/℃						
1															
2															
3															
4															
5															
6															

表 9-5　数据处理表

序号	空气流速 $U_{测}$/(m/s)	质量流量 M_a/(kg/s)	雷诺数 Re	空气吸热量 Q_1/W	电加热量 Q_2/W	散热损失 Q_3/W	热平衡误差 $\Delta Q/Q$/(%)	传热系数 K /(W/(m^2 · ℃))	管外对流换热系数 α/(W/(m^2 · ℃))	努谢尔特数 Nu	摩擦系数 f
1											
2											
3											
4											
5											
6											

注意：当所有工况的测量结束以后，应先切断电加热器电源，待 10min 后，再关停引风机。

9.2.5　实验数据的处理

数据的整理可以按下列步骤进行。

(1)算风速和风量。测量截面积的风速：

$$U_{测} = \sqrt{\frac{2g\Delta h}{\rho}} \tag{9-10}$$

风量：

$$M_{a} = U_{测} F_{测} \rho_{测}$$

式中，测量截面积 $F_{测} = 0.075 \times 0.3\text{m}^2$；测量截面处的密度 $\rho_{测}$根据理想气体状态方程由出口空气温度 T_{a2} 确定。

(2)空气侧吸热量：

$$Q_1 = M_{a} c_{pa} (T_{a2} - T_{a1}) \tag{9-11}$$

(3)电加热器功率：

$$Q_2 = IV$$

(4)加热器箱体散热。因箱体温度很低，散热量小，可由自然对流计算：

$$Q_3 = \alpha_{c} F_{b} (T_{w} - T_{0})$$

式中，α_c 为自然对流换热系数，可近似取 $\alpha_c = 5\text{W}/(\text{m}^2 \cdot ℃)$进行计算；$F_b$ 为箱体散热面积；T_w 为箱体温度；T_0 为环境温度。

(5)计算热平衡误差：

$$\frac{\Delta Q}{Q} = \frac{Q_1 - (Q_2 - Q_3)}{Q_1} \tag{9-12}$$

(6)计算翅片管束最大流速为

$$U_{m} = \frac{U_{测} F_{测}}{F_{窄}}$$

$F_{窄}$由表 9-3 参数确定。

(7)计算 Re 数：

$$Re = \frac{D_0 U_{m} \rho}{\mu}$$

(8)计算传热系数：

$$K = \frac{Q_1}{n\pi D_0 L (T_{V} - T_{a})} \tag{9-13}$$

(9)计算管内凝结液膜对流换热系数可由式(9-8)进行计算，并且对于以水为工质的热管，液膜物性值都是管内温度 T_V 的函数。因此，式(9-8)可简化为

$$\alpha_{i} = (245623 + 3404 T_{V} - 9.677 T_{V}^{2}) \left(\frac{Q_1}{n D_{i}} \right)^{-\frac{1}{3}} \tag{9-14}$$

(10) 计算管壁热阻 R_W，由式(9-9)计算。

(11) 由式(9-6)计算管外对流换热系数 α。

(12) 计算 $Nu = \dfrac{\alpha D_0}{\lambda}$。

(13) 在双对数坐标纸上标绘 *Nu-Re* 关系曲线，并求出其系数和指数。也可由计算机程序求 *Nu-Re* 的回归方程。

此外，空气流过管束的阻力 ΔP 一般随 *Re* 的增加而急剧增加，同时，与流动方向上的管排数成正比，一般用下式表示

$$\Delta P = f\frac{n\rho U_m^2}{2g} \tag{9-15}$$

式中，f 为摩擦系数，在几何条件固定的条件下，它仅是 *Re* 的函数，即

$$f = cRe^n \tag{9-16}$$

式(9-16)中的系数 c 和指数 n 可以由实验数据绘在双对数坐标纸上确定。

9.2.6　思考题

翅片管换热器的传热计算中一般以哪些表面积为基准计算传热系数？

第 10 章　热能动力系统综合实践

10.1　大型火电机组 DCS 操作员站使用方法

操作员站是 DCS 控制系统的重要组成部分，是具有人机交互功能的计算机(Man Machine Interface，MMI)站的一种。实时运行状态下，操作员通过操作员站实现对生产过程的实时监控。一个系统中可以有多台操作员站，各站之间相互独立，互不干扰。操作员站能够以过程画面、曲线、表格等方式为操作人员提供生产过程的实时数据，借助人机对话功能，操作人员可对生产过程进行实时干预。下面分别介绍操作员站各软件的功能。

10.1.1　系统运行环境

本实验采用的 DCS 分散控制系统操作员站软件运行环境(最低配置)如下。

(1) 32 位高档微型计算机(或工作站)。

(2) 内存配置 512MB。

(3) 17 寸以上 CRT 或 LCD，分辨率 1024×768 以上。

(4) 硬盘配置 80GB。

(5) 鼠标(或轨迹球)。

(6) 键盘。

(7) Windows XP(专业版)。

10.1.2　软件简介

操作员站软件根据其特点，可分为人机界面程序和服务程序。人机界面程序的主要功能是以各种方式为用户提供各种信息和人机交互手段，接受用户的操作。这些软件可根据需要随时运行或关闭。服务程序的功能则是为其他程序提供各方面的支持，如数据收集、通信管理、文件传输等，这些软件必须时刻处于运行中。某些程序如 DCS Comander 既是人机界面程序，又是其他程序的命令出口，所以与它有关联的程序运行时，它也必须为运行状态。

操作员站软件包括如表 10-1 所示的主要模块。

表 10-1　操作员站软件包括的主要模块

序号	模块功能(名称)	序号	模块功能(名称)
1	站引导管理器(Drop Starter)	9	点记录浏览器(PntBrowser)
2	应用程序工具条(AppBar)	10	算法浏览器(AlgDisplay)
3	DCS 通信环境(Dce)	11	历史趋势显示(Hsrt)
4	文件传输(dFTs)	12	实时趋势显示(Td)
5	实时趋势收集(TC)	13	应用程序事件监视(ProgramEvent)
6	DCS 命令中心(DCS Commander)	14	报警历史显示(Hsr_retriever)
7	报警监视(AlarmMonitor)	15	光字牌报警显示(Annunciator)
8	画面显示(GD)		

10.1.3　启动方式

尽管操作员站软件模块较多，但不需要操作员手工去一一启动。本实验采用的 DCS 控制系统有专门的站引导管理器软件 Drop Starter 和应用程序工具条 AppBar，利用它们可方便地启动操作员站程序。各软件的启动关系如图 10-1 所示。

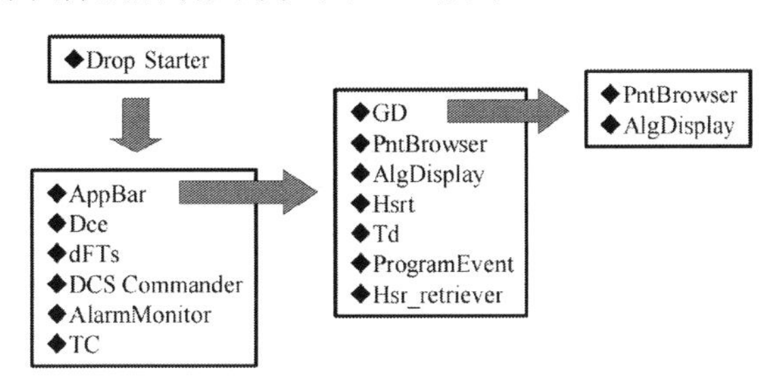

图 10-1　软件的启动关系

10.1.4　Drop Starter

Drop Starter 是 DCS 控制系统操作员站引导管理器。该软件根据操作员站的站类型和配置文件内容，自动启动一批相应的实时程序。

1．**启动**

单击桌面快捷方式图标，启动 Drop Starter，也可将该程序的快捷方式加入系统启动组，开机后自动启动。Drop Starter 运行界面如图 10-2 所示。

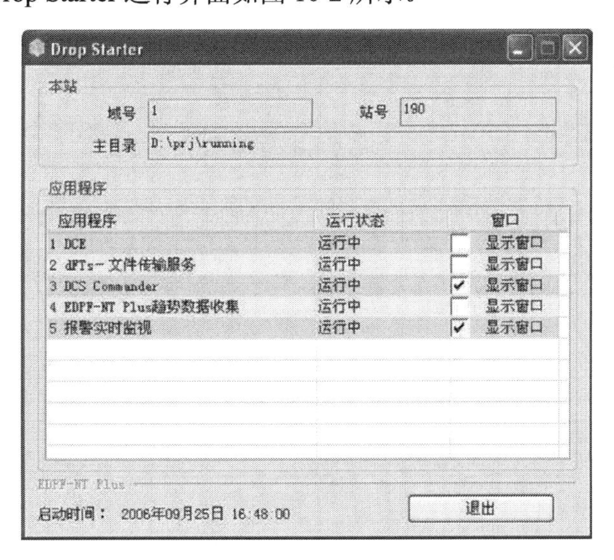

图 10-2　Drop Starter 运行界面

Drop Starter 会顺序启动应用程序列表中的所有程序。运行状态一栏显示该程序的状态。正常情况下，每个程序的状态会由等待启动变为启动中、运行中。所有程序启动完成后，该窗口自动缩为托盘区黄色小图标。如果某程序因某种原因未能正常启动，则该程序的运行状态为启动失败。如果核心程序(DCE、dFTs、DCS Commander)启动失败，则不再启动后边的程序，这些程序的运行状态为放弃启动。列表中的程序未能全部成功启动时，窗口不再自动缩小。单击窗口的“最小化”按钮时，窗口缩为托盘区红色小图标。

Drop Starter 运行界面中，应用程序列表中的窗口一栏显示各程序的界面状况。若某程序对应的复选框为未选中，表示该程序窗口当前为隐藏。选中复选框才可能打开该窗口。有的程序窗口可最小化为工具条上的按钮。某些程序一直是窗口显示状态，托盘区也一直显示代表这些程序的小图标。

2. **程序简介**

由 Drop Starter 启动的程序功能简介。

1) AppBar

应用程序工具条，利用按钮启动或打开其他程序，后面有专门章节介绍。

2) Dce

DCS 通信环境，为其他所有程序提供通信支持。

3) dFTs

文件传输服务程序。

4) TC

实时趋势收集服务程序。该程序的功能为：从网络上收集实时数据，并进行存储管理，为实时趋势显示程序提供数据查询服务。该程序可同时为多个实时趋势显示程序提供服务。

5) DCS Commander

DCS 命令中心，为其他程序提供命令出口，后面有专门章节介绍。

6) AlarmMonitor

报警监视程序，显示实时报警信息，后面有专门章节介绍。

7) 其他

如果该操作员站被配置为历史站，则还需要启动有关历史趋势和报警的收集及服务程序。

3. **关闭**

单击其界面上“退出”按钮并确认后，可以将 Drop Starter 退出运行，但由它所启动的程序并不结束运行。同时，这些程序将全部变成显示状态。要关闭这些程序需要手动操作，具体方法与程序有关，单击窗口“关闭”按钮或单击“退出”按钮或按 Alt+F4 键。值得注意的是，操作员使用时大部分程序都不允许退出。

10.1.5 AppBar

AppBar 为本实验 DCS 控制系统操作员站应用程序工具条。该工具条为操作员提供了各种应用程序的启动按钮。单击这些按钮，即可启动相应的应用程序。

1. **启动**

站引导管理器 Drop Starter 运行时会启动 AppBar（图 10-3）。AppBar 工具条由操作按钮、重要参数、时钟等组成。单击最左侧按钮，可以打开下拉菜单（图 10-4），选择程序。

图 10-3　AppBar 界面

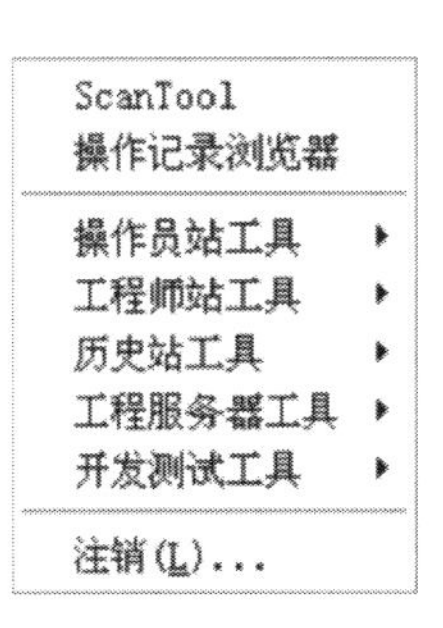

图 10-4　AppBar 下拉菜单

2. **常用程序按钮**

常用的程序按钮如图 10-5 所示。当鼠标指向这些按钮时会出现提示窗口(图 10-6)，显示该按钮能够启动的程序和程序功能。

单击程序按钮可分别启动以下程序。

(1)：过程画面显示(GD)。

(2)：点记录浏览器。

(3)：算法浏览器。

(4)：历史趋势。

(5)：实时趋势。

图 10-5　常用的程序按钮

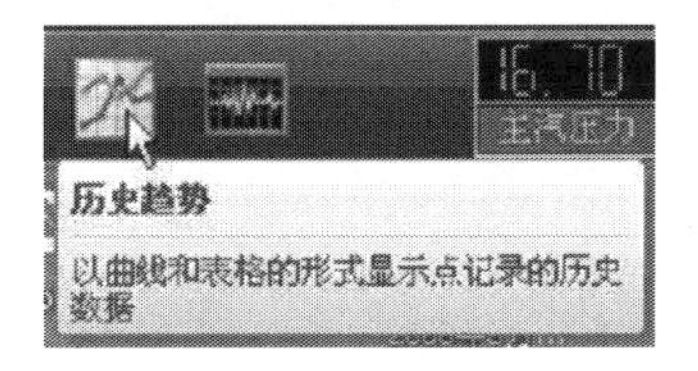

图 10-6　提示窗口

3. **重要参数面板**

AppBar 工具条上可显示某些系统运行中需密切注意的重要参数(图 10-7)。当鼠标指向这些参数面板时会出现提示窗口(图 10-8)，显示该参数的点名、描述、单位等信息。

图 10-7　需密切注意的重要参数

图 10-8　重要参数的提示窗口

用户可对这些重要参数的点名、数据显示位数、文字进行配置(见本章配置文件小节)。

4. **操作权限**

当用户对当前域具有操作权限时，显示绿色图标，否则显示红色图标。

5. **报警显示**

当系统中有新的报警时，显示图标，否则显示图标。单击后可打开报警信息窗口查看报警信息。

6. **其他**

其他显示信息包括该站站号及时钟。

单击 AppBar 后，按 Alt+F4 键，即可将该工具条关闭。注意：AppBar 关闭并不能关闭其他任何由它启动的程序。

10.1.6　画面显示

画面显示程序 GD(Graphics Display)是 EDPF NT Plus 系统中操作员站最重要的工具软

件，是操作员与系统之间的人机交互界面。GD 显示的画面称为过程画面，由过程画面组态软件 GB 编辑创建。画面以数据、棒图、趋势曲线的方式显示生产过程中的实时数据，画面中的各图形元素还可以按照组态时指定的条件改变颜色、文字、图符，操作员还可以通过单击画面中的操作区来实现各种预定的操作。

单击 AppBar 上的 GD 图标，打开 GD 窗口(图 10-9)。

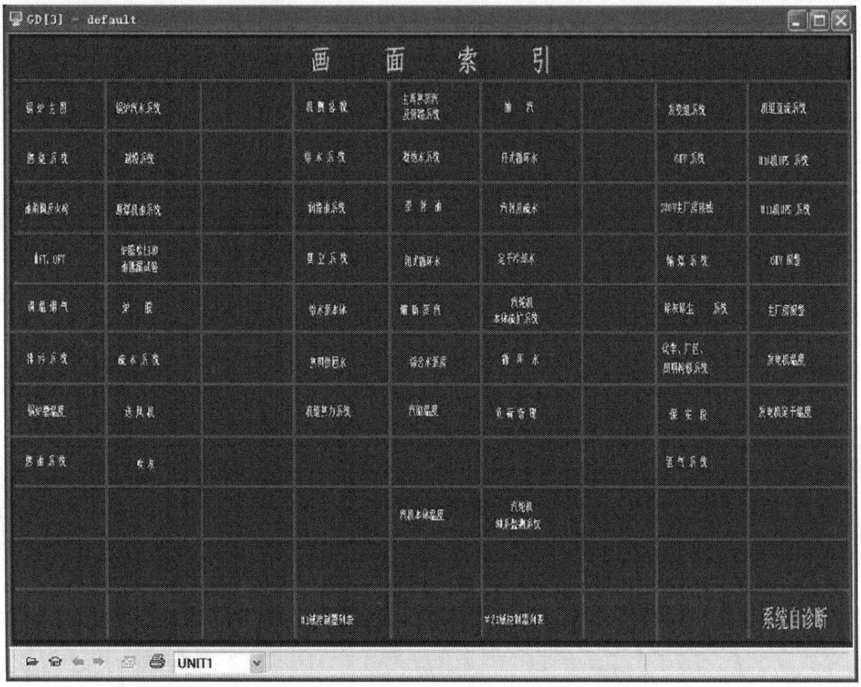

图 10-9　CD 窗口

可同时打开多个 GD 窗口，但最多可以打开 4 个。如果在工程运行目录下存有名为 default.goc 的画面文件，则在打开 GD 窗口后自动显示该画面。

10.1.7　工具条

GD 工具条在窗口下方，如图 10-10 所示。

按钮分别为打开画面、回到首图、后退、前进、关闭子窗口、打印图形、选择域。鼠标停留在各个图标按钮上时可以提示该按钮的功能。

图 10-10　GD 工具条

1. 打开画面

单击“打开画面”按钮，弹出“选择画面”对话框，如图 10-11 所示。

双击要打开的画面名，该画面打开。大图标/小图标是指显示画面的方式，图 10-11 是小图标的方式，图 10-12 是大图标的方式。

2. 回到首图

单击“回到首图”按钮，直接打开首图画面(default.goc)。如果在工程运行目录下没有首图画面文件，则该按钮无效。

图 10-11　“选择画面”对话框(小图标)

图 10-12　“选择画面”对话框(大图标)

3．后退与前进

使用“后退”按钮反方向调出曾经打开过的画面。使用“前进”按钮正方向调出后退前打开的画面。

4．打印图形

如果打印机已连接到该计算机并能够正常工作，单击“打印图形”按钮可以打印出当前所显示的图。

5．选择域

图形画面中所使用的点记录有的只有点名，没有域名。一个操作员站有可能加入多个域，这时所操作的没有域名的点属于该下拉框所显示的域。单击下拉框可以更换域。普通点记录和算法的名字都受域的影响，所有非完整形式的名字都按照选择域解析。

该功能可以通过配置文件禁用。gd.ini 文件的 general 节：seldomain = 1 表示允许选择域；seldomain = 0 表示不允许选择域，此值默认为 1。

6. 状态栏

状态栏也属于工具条的一部分，有两个静态文本区。单击操作区后，第一个静态文本区显示前次操作的结果，显示如下内容。

(1) 打开画面：<文件名>。

(2) 打开子窗口：<文件名> <命令字符串>。

(3) 查看算法：<算法名>。

(4) 查看点记录：<点名>。

图 10-13 中“打开画面：循环水”为第一个静态文本区。第二个静态文本区显示鼠标所在操作区的全部参数，例如，图 10-14 中的“发电机密封油系统”，如果鼠标指针移出操作区，不显示任何内容。

图 10-13　状态栏

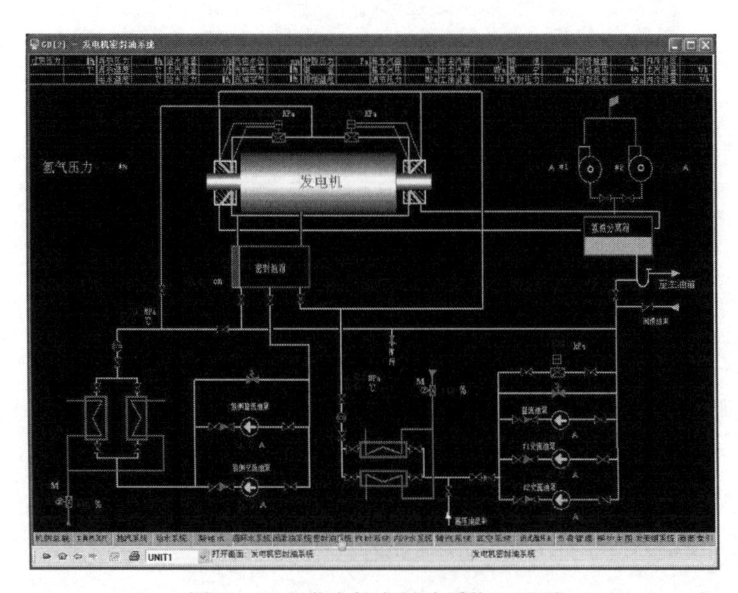

图 10-14 “发电机密封油系统”界面

10.1.8 画面显示

画面中的图形元素，如果在组态时设置了条件语句，在实时运行状态下，这些条件语句会时刻进行逻辑判断。一旦某条件满足，则会按照组态时指定的执行语句执行，包括改变图形的颜色、改变文字字符、改变图符或隐藏图形、前景/背景切换闪烁。对于点记录数据，如果设置了条件语句，按条件语句中执行语句指定的颜色显示，否则按对象创建时的颜色显示。

无论是否设置了条件语句，当数据状态为表 10-2 内容之一时，其颜色即为表中定义的颜色。

多种状态同时出现则按照排列在先的状态显示。画面分为主画面和窗口图。在主画面中可以打开窗口图，反之则不可以。

表 10-2　数据状态与显示颜色

序号	数据状态	颜色	备注
1	超时	蓝色	
2	品质坏	紫色	
3	人工输入值	深灰色	
4	停止扫描	浅灰色	
5	高限报警	红色	只限于模拟量
6	低限报警	黄色	只限于模拟量

10.1.9　操作

操作员可以通过画面上的操作区实现各种预定的操作。

1. 浮动菜单

右击某个点可调出浮动菜单，如图 10-15 所示。浮动菜单的内容分为两部分：点相关动作和相关逻辑图。与点相关的动作有详细信息、趋势窗口、复制点名、复制域名：点名。

(1) 详细信息——用于调出点浏览器查看点的详细信息。

(2) 趋势窗口——用于调出趋势子窗口图，查看该点的简单实时趋势。

(3) 复制点名——用于复制该点名。

(4) 复制域名：点名——用于将该点复制成完整的点名，主要用于跨域操作。

相关逻辑图列出了与该点有关的所有逻辑图，单击即可调出。

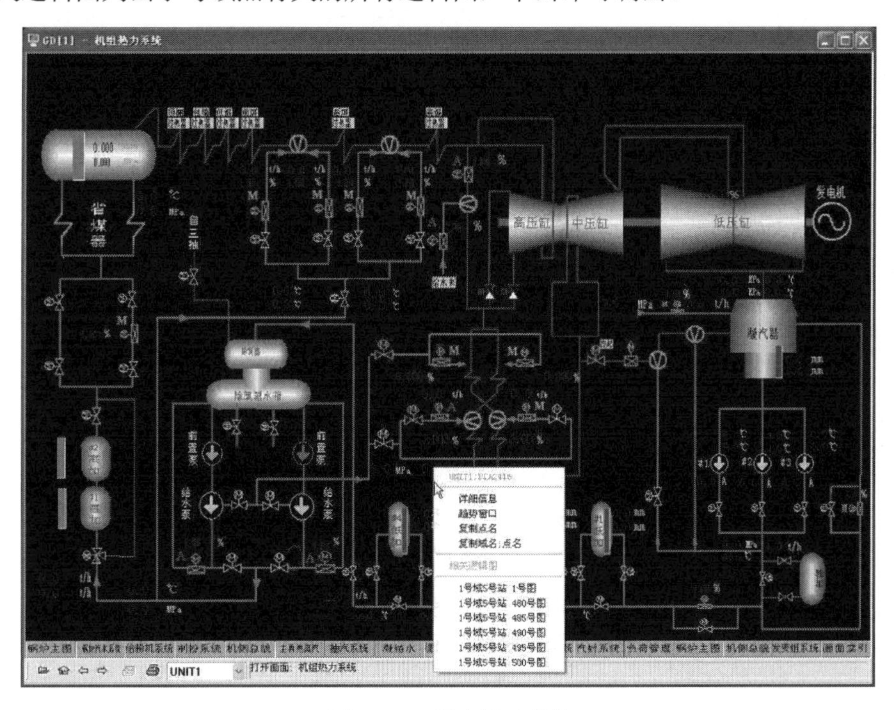

图 10-15　调出浮动菜单

2. 操作区

操作区是一种特殊的图形元素，有隐藏型或按钮型两种方式，在编辑该画面时确定。一般来说，按钮常用来打开主图或发送控制命令，其他操作则常采用隐藏型。当鼠标移动到一个操作区时，会自动变为手形图标。此时单击，即执行相应的操作。如果操作区禁止操作，鼠标显示为禁用的图标。

画面下方的工具栏里分别显示光标所指的操作区命令(右)和刚刚执行的操作(左)。单击非连续执行的操作区后，释放鼠标时才执行。如果移出操作区后才释放，不执行。

3. 打开主图

单击操作区，打开操作区命令中指定的另一幅主画面。

新画面打开后原来的主画面不再显示。

在窗口图中不能打开主图。

4. 打开窗口图

单击操作区，打开操作区命令中指定的一幅窗口图。

窗口图打开后，原来的主画面不变，且仍可正常进行其他操作。

这种情况下的操作区通常为一个设备，被打开的窗口图则为该设备的操作面板，由数据、棒图、操作按钮组成。

单击窗口图上的关闭按钮可将该窗口图关闭。

如果当前窗口图没有关闭而又单击了主图上另一个打开窗口图的操作区，则新窗口图打开的同时原窗口图自动关闭，即一幅主图只能打开一个窗口图。

一幅主画面上可能会有多个打开窗口图的操作区。在编辑主画面时，常在这种操作区的旁边绘制一个起标识作用的图形，并对此图形设置条件语句，使图形的颜色能够根据与该操作区对应的窗口图是否打开而变化，从而帮助操作员易于将设备(操作区)与操作面板(窗口图)联系起来，以减少误操作的可能。当同时打开多个 GD 窗口时，每幅主图都可独立地打开一幅窗口图。当主图关闭时，由其打开的窗口图同时自动关闭。

5. 打开算法浏览器

该操作应用在由 SAMA 图转换的控制逻辑画面中。画面中代表算法的图符被设定为一个操作区，其命令为调出显示该算法的算法浏览器。单击该操作区，打开算法浏览器，显示该算法信息，同时该算法图符会被红色方框框住。一般的生产过程画面很少有这种操作。

6. 打开点浏览器

打开点浏览器有如下两种操作方法。

方法一：应用在一般过程画面中。右击过程画面中某数值，弹出浮动菜单，单击菜单中的“详细信息”，即可打开点浏览器，显示该点信息。

方法二：应用在由 SAMA 图转换的控制逻辑画面中。画面中代表测点的图符被设定为一个操作区，其命令为调出显示该测点的点记录浏览器。单击该操作区，打开点记录浏览器，显示该点信息，同时该测点图符会被红色方框框住。

7. 打开点趋势窗口

右击过程画面中某数值，弹出浮动菜单，单击菜单中的“趋势窗口”，即可打开点趋势窗口，显示该点趋势曲线。

8. 发送控制命令

单击操作区，向控制器发送控制命令。表 10-3 为一些基本的控制命令。

表 10-3　基本的控制命令

序号	命令	功能	连续执行
1	O_Goto_Manuasl	切为手动	
2	O_Goto_Auto	切为自动	
3	O_Setting_Inc	设定值慢速增	可以
4	O_Setting_Dec	设定值慢速减	可以
5	O_Setting_IncFast	设定值快速增	可以
6	O_Setting_DecFast	设定值快速减	可以
7	O_Setting_Value	直接设定定值	
8	O_Setting_IncDec	直接增减设定值	
9	O_Output_Inc	输出慢速增	可以
10	O_Output_Dec	输出慢速减	可以
11	O_Output_IncFast	输出快速增	可以
12	O_Output_DecFast	输出快速减	可以
13	O_Output_Value	直接输出	
14	O_Output_IncDec	直接增减输出值	
15	O_P1～O_P16	PK 命令	

以上命令中，某些命令可以在画面组态时设置为连续执行。如果设置为该功能后，用鼠标按住该操作区不放，可按指定的时间间隔连续发出同一条控制命令。表 10-3 中有的命令带有数值参数。如果在组态时，数值参数采用了“$设定”或“$输出”的形式，表示需要人工输入数值。单击该操作区后，会弹出“输入命令参数”对话框(图 10-16)，请求输入数值。

在该对话框中输入数值后确定，命令中的“$设定”或“$输出”被输入数值置换后发出。如果在组态时某控制命令加上了确认标识“$?n”，表示该命令需要确认。其中数字 n 代表确认时间，单位为秒。单击该操作区时，会首先弹出“操作确认”对话框(图 10-17)，确认后才会发送控制命令。

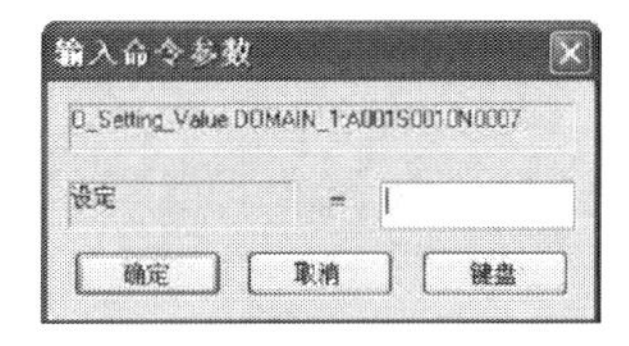

图 10-16　“输入命令参数”对话框

图 10-17　“操作确认”对话框

在确认时间内没有确认或选择取消，对话框关闭，不发送命令。

9. 操作区禁用

如果在画面组态时，某操作区被设置为条件禁用，当设定的条件满足时该操作区变为禁用状态。这种情况下，鼠标指针变为禁用形状，单击操作区无效。

10.1.10　DCS 操作员站的常用操作方法

双击 DCS 操作员站系统操作界面中的某个设备，如阀门、油泵等，会弹出相应的操作面板。根据不同设备使用方法的不同，操作面板的操作按钮会略有不同。操作面板通常包括设备名称、设备状态、操作按钮三个部分。设备状态显示当前设备所处的运行状态，是进行设备操作的基础。操作按钮用来对设备进行运行操作，如启动、停止、打开、关闭、设定偏置等。图 10-18 是四种常用的设备操作面板：闸阀、快关门、油泵马达、调节门。

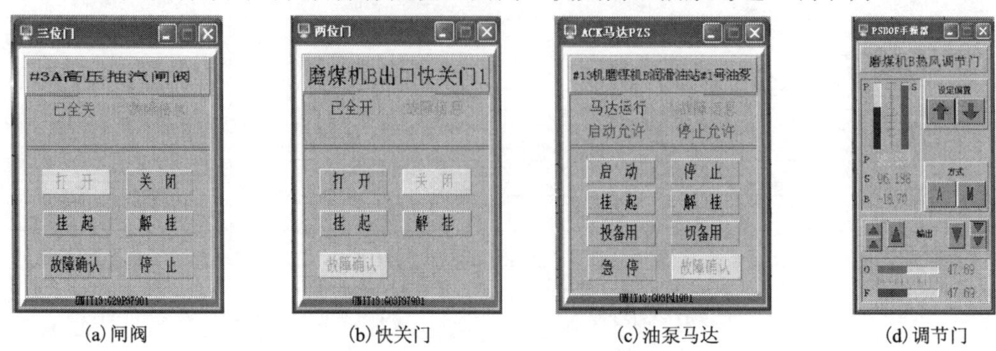

(a) 闸阀　(b) 快关门　(c) 油泵马达　(d) 调节门

图 10-18　常用的设备操作面板

为了便于操作，DCS 操作员站的操作面板提供了操作逻辑的 SAMA 图查询功能，当操作不能顺利执行时，操作员可以方便地调取该设备操作的 SAMA 图，通过 SAMA 图分析，可以比较快速地找到问题所在，并采取相应的辅助操作，以便本设备操作的顺利执行。图 10-19(a)是某磨煤机旋转分离器变频器马达的操作面板。可以在操作面板的空白处右击弹出一个下拉菜单，如图 10-19(b)所示。选择“13 号域 3 号站 479 号图”选项，如图 10-19(c)所示，则会弹出如图 10-19(d)所示的 SAMA 图。图中显示了设备运行所需的条件。如果某条件连线为红色，说明该条件暂时不具备，应该通过一些辅助操作设法使该条件成立。由此可以快速地发现设备操作中的问题，在保证安全运行的前提下，提高设备操作的成功率。

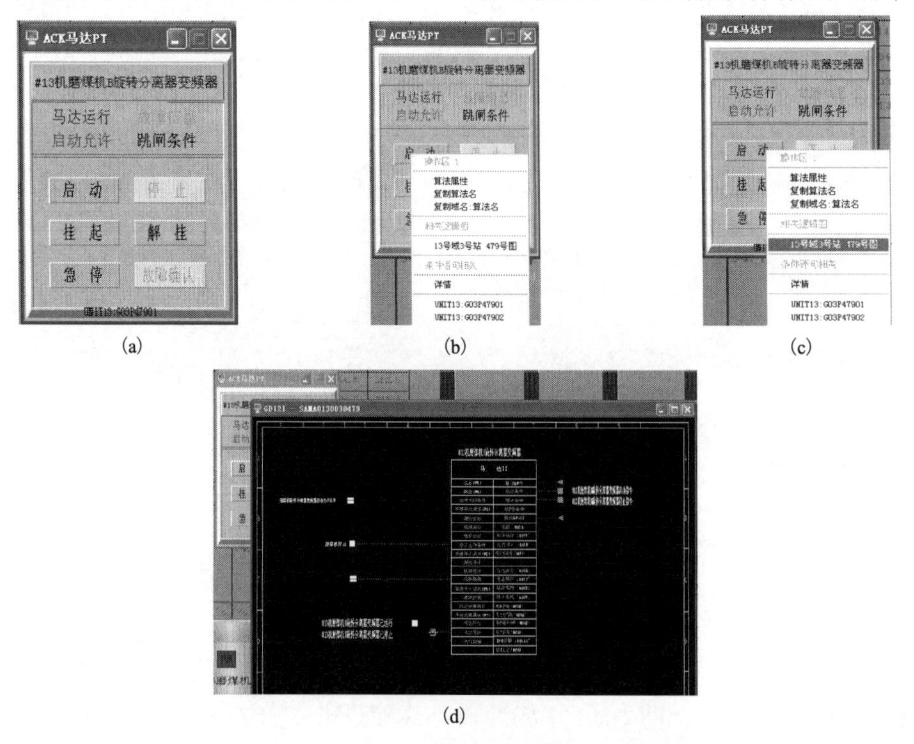

(a)　(b)　(c)

(d)

图 10-19　通过 SAMA 图查找操作故障原因

此外，某些设备的操作面板还提供了进一步查询和调整控制算法的功能。图 10-20(a)所示的磨煤机冷风门操作面板中，可在空白处右击，弹出一个下拉菜单，选择“操作区”选项，则弹出一个下拉子菜单，选择“13 号域 11 号站 811 图”，则会弹出如图 10-20(b)所示的控制算法 SAMA 图。SAMA 图中的部分控制算法图标可以通过双击激活，弹出“算法浏览器”对话框(图 10-20(c))。通过“算法浏览器”对话框，可以了解控制算法更详细的信息。

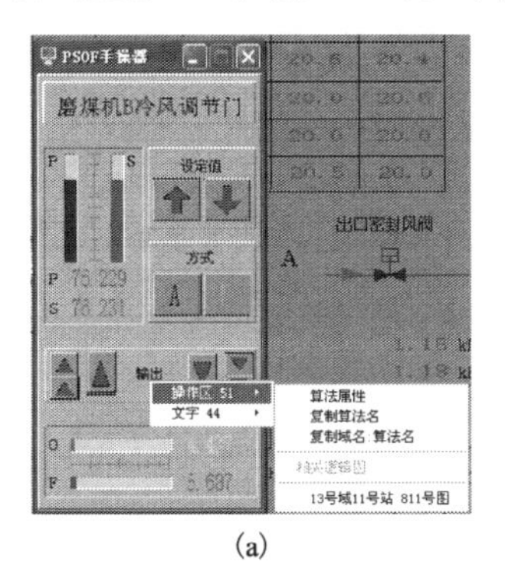

(a)

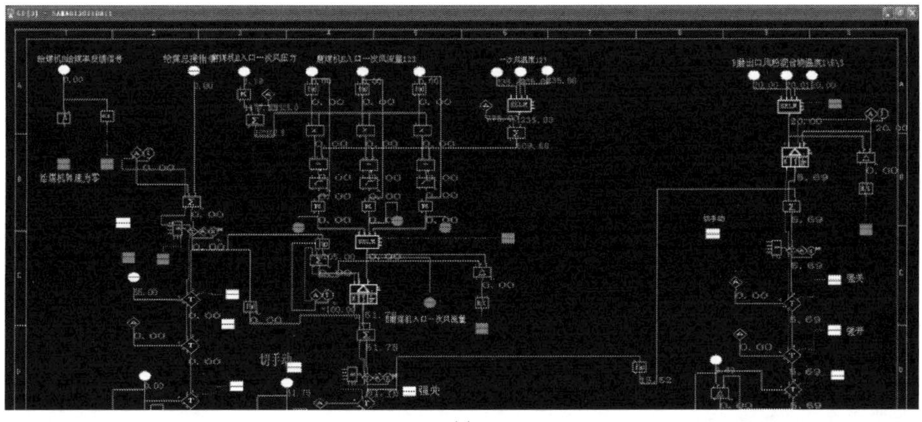

(b)

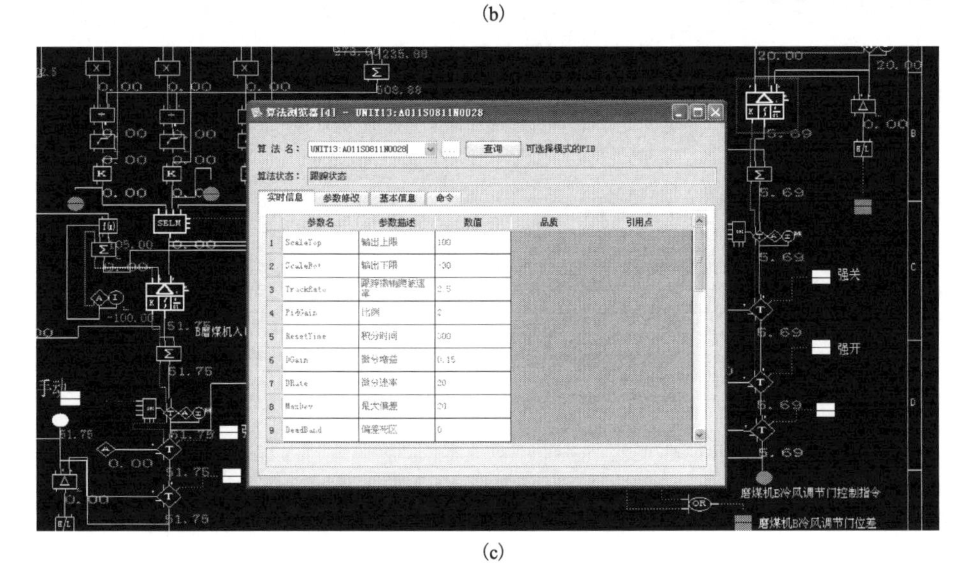

(c)

图 10-20　查询控制算法的详细信息

10.2　大型火电机组锅炉设备规范

10.2.1　锅炉整体布置情况

本锅炉为超超临界压力参数变压运行螺旋管圈直流锅炉。整体结构采用单炉膛塔式布置形式、一次中间再热、四角切圆燃烧、平衡通风、固态排渣、全钢悬吊构造、露天布置的方式。锅炉燃用设计煤种和校核煤种均为烟煤。制粉系统采用 HP1163/Dyn 型中速磨煤机正压直吹式制粉系统，5 台磨运行带锅炉 BMCR 工况，1 台磨备用。炉后尾部布置两台转子直径为 16370mm 的三分仓容克式空气预热器。锅炉炉膛宽度为 21.48m，深度为 21.48m，水冷壁下集箱标高为 6.5m，炉顶管中心标高为 122.45m，大板梁上端面标高为 130.7m。锅炉炉前沿宽度方向垂直布置 6 只汽水分离器，汽水分离器外径为 0.61m，壁厚为 0.08m，每个分离器筒身上方布置 1 根内径为 0.24m 和 4 根外径为 0.2191m 的管接头，其进出口分别与汽水分离器和一级过热器相连。当机组启动，锅炉负荷小于最低直流负荷 30%BMCR 时，蒸发受热面出口的介质经分离器前的分配器后进入分离器进行汽水分离，蒸汽通过分离器上部管接头进入两个分配器后进入一级过热器，而不饱和水则通过每个分离器筒身下方 1 根内径为 0.24m 的连接管进入下方 1 只疏水箱中，疏水箱直径为 0.61m，壁厚为 0.08m，疏水箱设有水位控制。疏水箱下方 1 根外径为 0.57m 疏水管引至一个连接件。通过连接件一路疏水至炉水再循环系统，另一路接至大气扩容器中。图 10-21 为 DCS 锅炉系统画面。

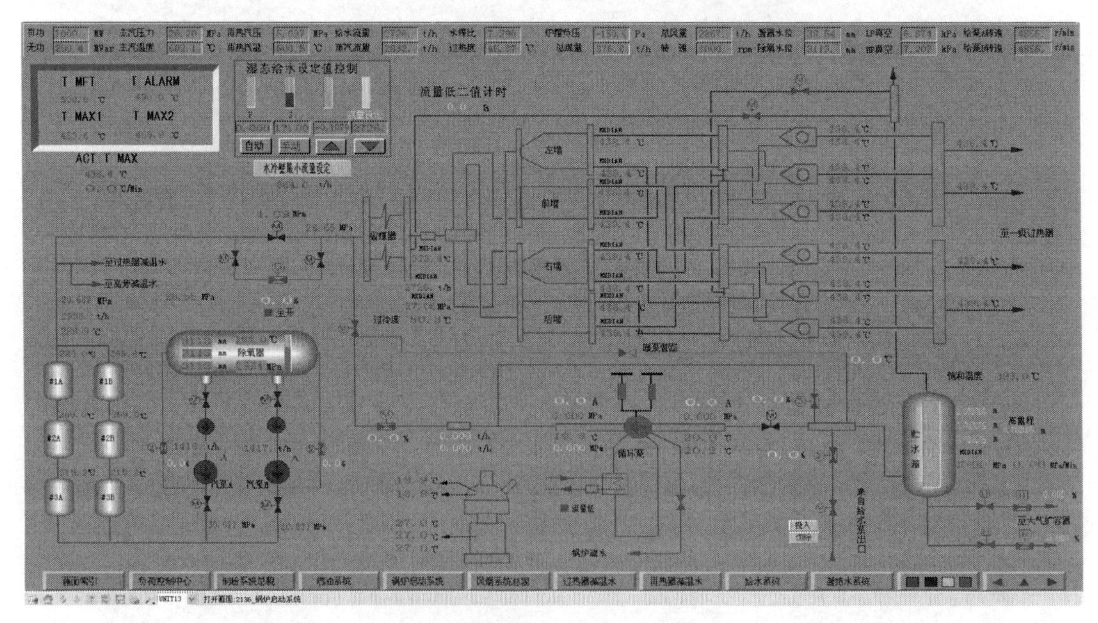

图 10-21　锅炉系统基本构成

炉膛由膜式水冷壁组成，水冷壁采用螺旋管加垂直管的布置方式。从炉膛冷灰斗进口标高 6.95m 到标高 71.725m 处，炉膛四周采用螺旋水冷壁，管子规格为 Φ38.1mm、节距为 60mm。螺旋水冷壁上方为垂直水冷壁，螺旋水冷壁与垂直水冷壁采用中间联箱连接过渡，垂直水冷壁分为两部分，首先选用的管子规格为 Φ38.1mm、节距为 60mm，在标高 92.2/93.2m(左右侧墙/前后墙)处，两根垂直管合并成一根垂直管，管子规格为 Φ44.5mm、节距为 120mm。炉膛上部依次分别布置有一级过热器、三级过热器、二级再热器、二级过热器、一级再热器、省煤器。锅炉上部的炉内受热面全部为水平布置，穿墙结构为金属全密封形式。所有受热面能够完全疏水干净。锅炉出口的前部、左右两侧和炉顶部分也是由管子膜式壁构成的，但是这些地方的管子内部是空的，没有流体介质。除了水冷壁集箱之外，所有集箱都布置在锅炉上部的前后墙部位上。炉前集箱包括一级过热器、二级过热器、三级过热器的进/出口集箱、省煤器进/出口集箱。炉后集箱包括一级再热器、二级再热器的进/出口集箱、一级过热器后墙出口集箱。这些炉前/后的集箱一端由悬吊管支撑，另一端搁置在炉前/后墙水冷壁之上。锅炉燃烧系统按照中速磨正压直吹系统设计，配备 6 台磨煤机，正常运行中，运行 5 台磨煤机可以带到 BMCR，每根磨煤机引出 4 根煤粉管道到炉膛四角，炉外安装煤粉分配装置，每根管道分配成两根管道分别与两个一次风喷嘴相连，共计 48 个直流式燃烧器分 12 层布置于炉膛下部四角(每两个煤粉喷嘴为一层)，在炉膛中呈四角切圆方式燃烧。紧挨顶层燃烧器设置有 CCOFA，在燃烧器组上部设置有 SOFA，每个角 6 个喷嘴，采用 TFS 分级燃烧技术，可以减少 NO_x 的排放。

在每层燃烧器的两个喷嘴之间设置有油枪，燃用 0 号柴油，设计容量为 25%BMCR，在启动阶段和低负荷稳燃时使用。锅炉设置有膨胀中心及零位保证系统，垂直高度的零点在大板梁顶部，水平零点位置在锅炉中心线。锅炉炉膛底部垂直高度的最大位移为 750.4mm。炉墙为轻型结构带梯形金属外护板，屋顶为轻型金属屋顶。B 磨对应的燃烧器改造成微油点火燃烧器，在启动阶段和低负荷稳燃时，可以投入微油系统，减少燃油的耗量。过热器采用三级布置，在每两级过热器之间设置喷水减温，主蒸汽温度主要靠煤水比和减温水控制。再热器两级布置，再热蒸汽温度主要采用燃烧器摆角调节，在一级再热器入口和二级再热器入口分别布置事故减温水和微量减温水。图 10-22 为 DCS 燃烧器系统风门画面。

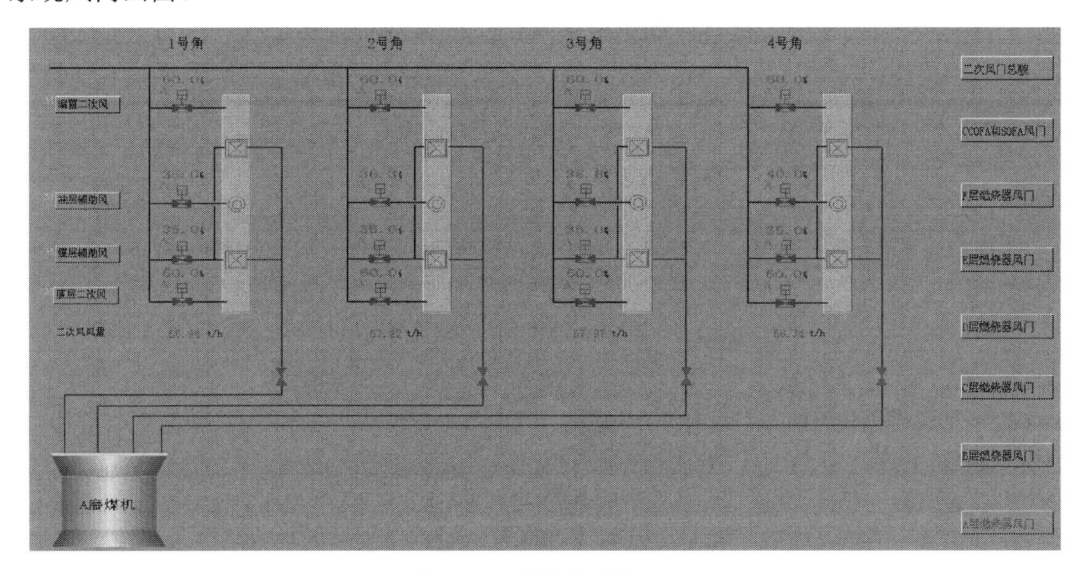

图 10-22　燃烧器系统风门

在 ECO 出口设置脱硝装置(图 10-23)，脱硝采用选择性触媒(SCR)脱硝技术，反应剂采用液氨汽化后的氨气，反应后生成对大气无害的氮气和水汽。尾部烟道下方设置两台三分仓回转容克式空气预热器，两台空预器转向相反，转子直径为 16.37m，空预器低温段采用抗腐蚀大波纹 SPCC 搪瓷板，可以防止脱硝生成的 NH_4HSO_4 的黏结。锅炉排渣系统采用干排渣方式，每台炉为一个单元，除渣系统连续运行。炉底灰渣由锅炉渣斗落到炉底排渣装置上，大的渣块先进行预破碎，灰渣在冷风作用下充分燃烧并冷却后落到输送钢带上。高温炉渣由输送钢带送出，送出过程中，热渣进一步被冷却成可以直接储存和运输的冷渣，炉渣在二级输渣机出口进入渣仓储存，然后渣仓内的渣通过卸料机构定期装车外运供综合利用。水冷系统采用下部螺旋管圈和上部垂直管圈的形式，螺旋管圈分为灰斗部分和螺旋管上部，垂直管圈分为垂直管下部和垂直管上部。螺旋段水冷壁由 716 根直径为 38.1mm 的管子组成，节距为 53mm。螺旋段水冷壁经水冷壁过渡连接管引至水冷壁中间集箱，经中间集箱混合后再由连接管引出，形成垂直段水冷壁，两者间通过管锻件结构来连接并完成炉墙的密封。垂直段水冷壁下部由 1432 根直径为 38.1mm 的管子组成，节距为 60mm；垂直段水冷壁上部由 716 根直径为 44.5mm 的管子组成，节距为 120mm，垂直管圈之间的过渡通过 Y 型三通来实现。图 10-23 为脱硝系统画面。

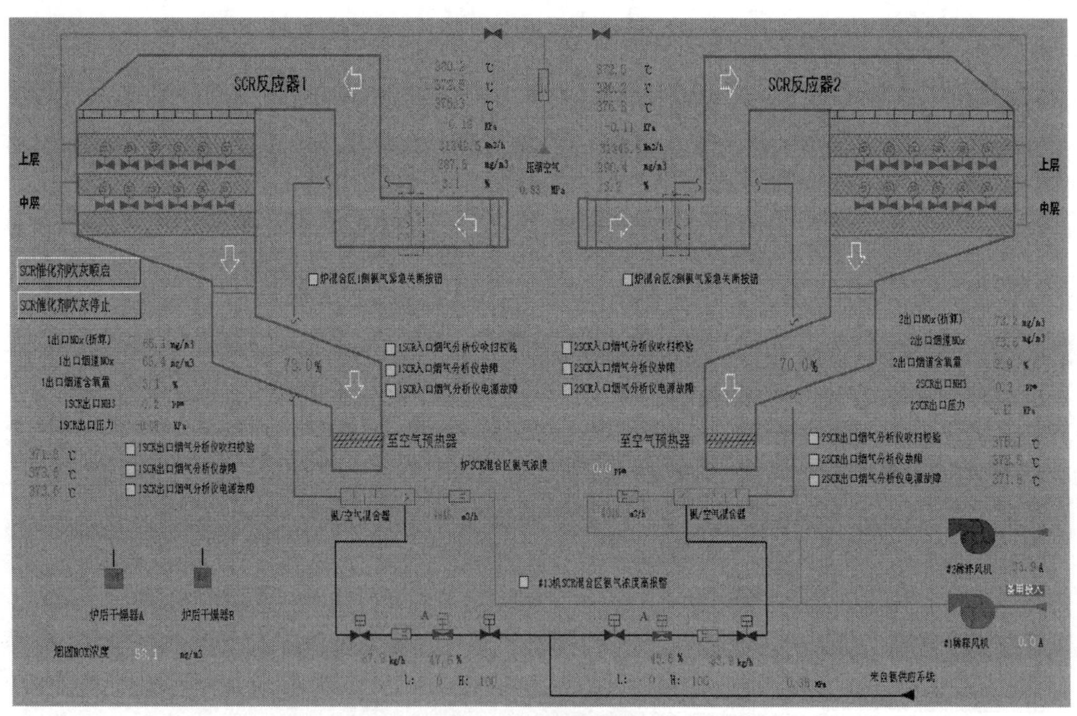

图 10-23　脱硝系统

水冷壁垂直管上部引入到前后左右 4 个出口集箱，每个出口集箱各分为两根管道，总共 8 根管道引出到水冷壁出口汇合集箱，4 根汇合集箱再通过 24 根管道，导入 6 台汽水分离器。水冷壁中间集箱上分出了前后墙的炉外悬吊管(16 根)，引到了 4 根水冷壁出口汇合集箱上，这些悬吊管作为锅炉炉前集箱和炉后集箱的支吊梁的支座。锅炉四周从下至上，在整个高度方向全部由水冷系统膜式壁构成。图 10-24 是炉膛燃烧控制画面。

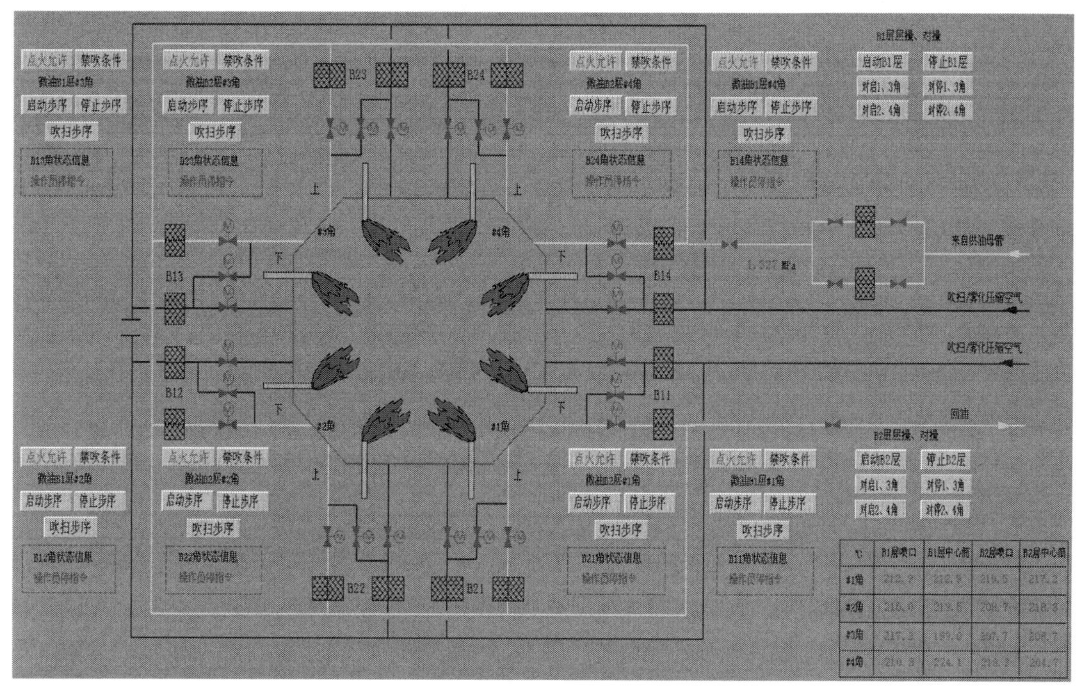

图 10-24　锅炉炉膛界面

10.2.2　过热蒸汽系统

过热器系统主受热面分为三级：悬吊管和第一级屏式过热器、第二级过热器、第三级过热器。来自分离器出口的 4 根蒸汽管道引入两根第一级过热器进口集箱，经由炉内悬吊管从上到下引到炉膛出口处的第一级屏式过热器，进入第一级过热器出口集箱。其中第一级过热器和第三级过热器布置在炉膛出口断面前，主要吸收炉膛内的辐射热量。第二级过热器布置在第一级再热器和末级再热器之间，主要靠对流传热吸收热量。第一、第二级过热器呈逆流布置，第三级过热器顺流布置。过热蒸汽系统的汽温调节采用燃料/给水比和两级八点喷水减温。在第一级过热器和第二级过热器、第二级过热器和第三级过热器之间设置二级喷水减温并通过两级受热面之间的连接管道的交叉，一级受热面外侧管道的蒸汽进入下一级受热面的内侧管道，来补偿烟气侧导致的热偏差。在启动、停机及汽轮机跳闸的情况下，4 个高压旁路减压站可以将蒸汽引至再热器系统。

10.2.3　再热蒸汽系统

再热器受热面分为两级，第一级再热器(低再)和第二级再热器(高再)。第二级再热器布置在第二级过热器和第三级过热器之间，第一级再热器布置在省煤器和第二级过热器之间。第二级再热器(高再)顺流布置，受热面特性表现为半辐射式；第一级再热器逆流布置，受热面特性为纯对流。再热器的汽温调节主要靠摆动燃烧器，在低温过热器的入口管道上布置事故喷水减温器，两级再热器之间设置再热蒸汽微量喷水，内外侧管道采用交叉连接。再热器出口管道上装设了 4 个安全阀来保护再热器系统不会超压。图 10-25 是主、再热器系统界面。

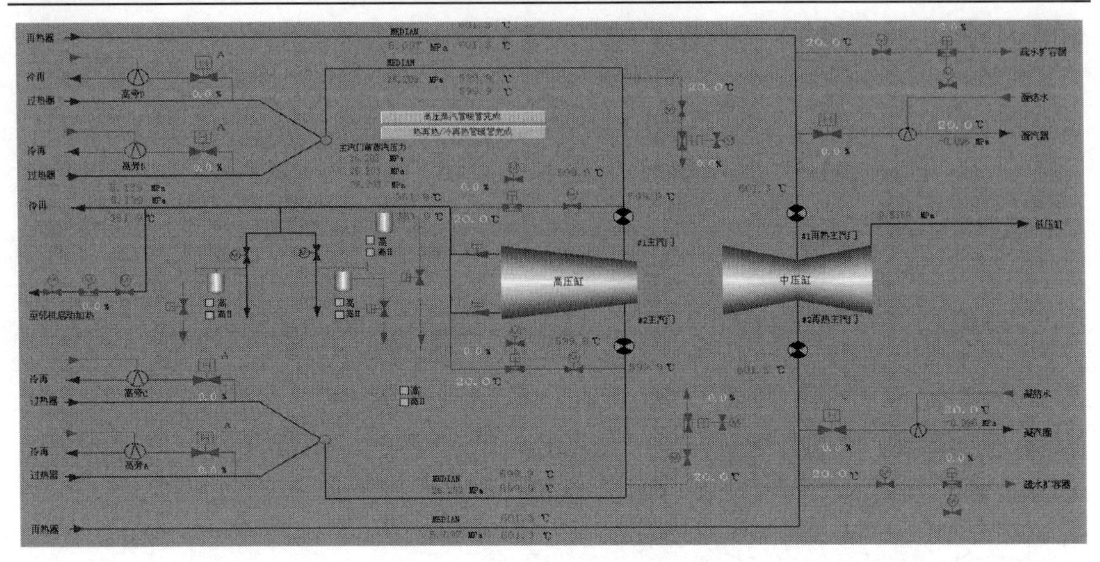

图 10-25　锅炉主、再热蒸汽系统

10.2.4　启动旁路系统

锅炉启动系统采用内置式汽水分离器，带再循环泵的启动旁路系统，再循环泵和给水泵呈并联布置。

在锅炉的启动及低负荷运行阶段，炉水循环确保了在锅炉达到最低直流负荷之前的炉膛水冷壁的安全性。当锅炉负荷大于最低直流负荷时，一次通过的炉膛水冷壁质量流量能够对水冷壁进行足够的冷却。在炉水循环中，由分离器分离出来的水往下流到锅炉启动循环泵的入口，通过泵提高压力来克服系统的流动阻力和循环泵控制阀的压降。从控制阀出来的水通过省煤器，再进入炉膛水冷壁，在循环中，有部分水蒸气产生，然后此汽水混合物进入分离器，分离器通过离心作用把汽水混合物进行分离，并把蒸汽导入过热器中，分离出来的水则进入位于分离器下方的储水箱。储水箱通过水位控制器来维持一定的储水量。通常储水箱布置靠近炉顶，这样可以提供循环泵在任何工况下(包括冷态启动和热态再启动)所需要的净正吸入压头。储水箱较高的位置同样也提供了在锅炉初始启动阶段汽水膨胀时疏水所需要的静压头。在启动系统设计中，最低直流负荷的流量是根据炉膛水冷壁足够被冷却所需要的量来确定的。即使当一次通过的蒸汽量小于此数值时，炉膛水冷壁的质量流速也不能低于此数值。炉水再循环提供了锅炉启动和低负荷时所需的最小流量，选用的循环泵能提供锅炉冷态和热态启动时所需的体积流量。在启动过程中，并不需要像简单疏水系统那样向扩容器进行连续的排水。

当机组启动，锅炉负荷低于最低直流负荷 30%BMCR 时，蒸发受热面出口的介质流经分离器前的分配器后进入分离器进行汽水分离，经 6 台汽水分离器出来的疏水汇合到 1 只储水箱，分离器和储水箱采用分离布置形式，这样可使汽水分离功能和水位控制功能两者相互分开。疏水在储水箱之后分成两路，一路接至再循环泵的再循环系统，通过再循环泵提升压头后引至给水管道中，与锅炉给水汇合后进入省煤器；另一路接至大气扩容器，通过集水箱连接到冷凝器或机组循环水系统中。当机组冷态、热态清洗时，根据不同的水质情况，可通过疏水扩容系统来分别操作；另外，大气式扩容器进口管道上还设置了两个液动调节阀，当机组启动汽水膨胀时，可通过开启该调节阀来控制储水箱的水位。启动系统设计中还考虑当再循环泵解列时，通过疏水系统也能满足机组的正常启动，故整个疏水回路中管道、阀门、大气扩容器、集水箱、疏水泵系统均按 100%启动流量来设计。再循环系统采用 1 台湿式电动机启动泵，形式与常规控制循环的炉水循环泵基本相同，但只有一个泵出口(通常控制循环泵有两个出口)，故泵的扬程也要比控制循环泵高，功率消耗大。锅炉启动旁路系统中，还设有一个热备用管路系统，这个管路是在启动旁路系统切除，锅炉进入直流运行后投运，热备用管路可将三部分的垂直管段加热，其中两路为循环泵系统管道，第三路是到大气式扩容器的管道，在热备用管路上配有电动控制阀门通到大气式扩容器，以饱和温度的差值高低为控制点，差值低时关闭，差值高时开启。

在锅炉快速降负荷时，为保证循环泵进口不产生汽化，还有一路由给水泵出口引入的冷却水管路。由于采用并联的再循环系统，当锅炉负荷接近直流负荷时，疏水至循环泵的流量接近零，再循环泵需要设置最小流量回路。当循环回路的炉水流经循环泵的流量小于循环泵允许的最小流量时，启用该最小流量回路，该回路上设有流量测量装置。锅炉启动系统上，还分别设有过热器疏水站和再热器疏水站，可以灵活疏水，保证过热器和再热器的疏水干净。过热器和再热器分别设有各自的疏水站，各级过热器和再热器均可疏水至过热器或再热器的疏水站，过热器、再热器两路疏水站设有水位测量装置，由其低部的电动控制阀来控制，疏水排入大气式扩容器。图 10-26 为锅炉启动系统画面。

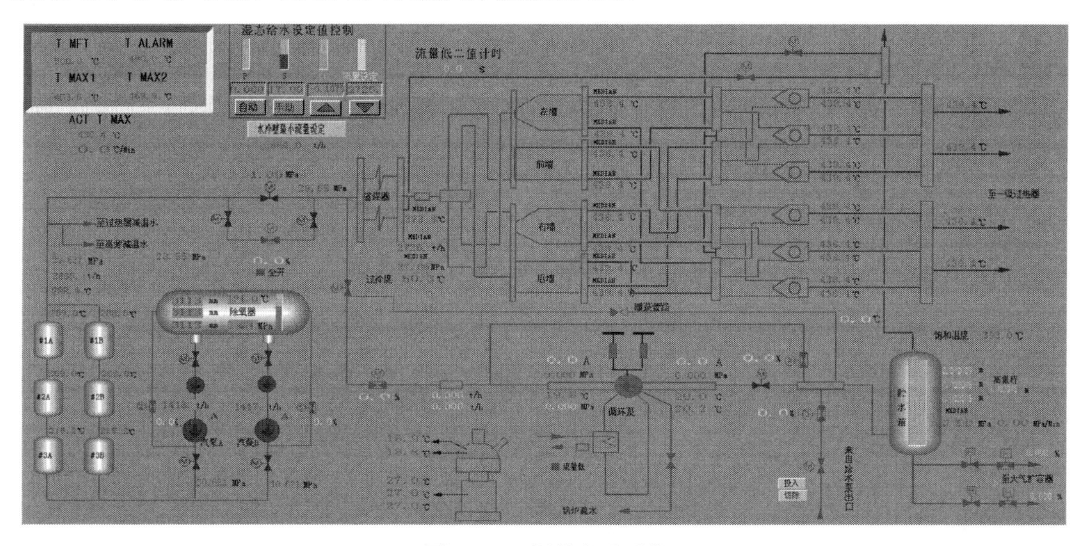

图 10-26　锅炉启动系统

10.2.5　烟气、空气系统

1. 烟气流程

烟气流向顺次为一级过热器(屏管)、三级过热器、二级再热器、二级过热器、一级再热器、省煤器和一级过热器(悬吊管)、脱硝装置、空气预热器。在各受热面中，除三级过热器、二级再热器和省煤器为顺流布置外，其余都是逆流布置。围绕炉膛四周的炉管组成蒸发受热面(水冷壁)并兼具炉墙作用。DCS 锅炉烟气流程如图 10-27 所示。

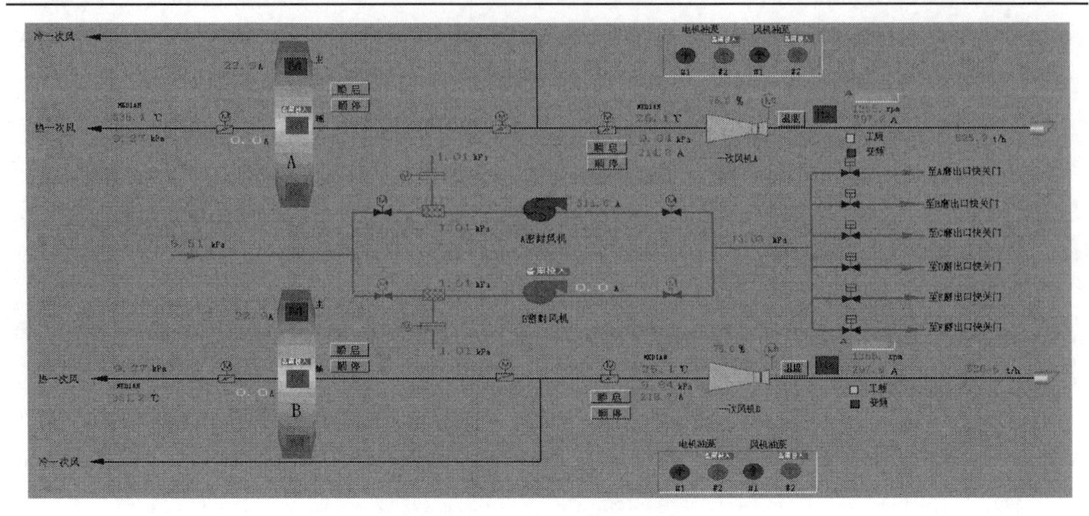

图 10-27　锅炉一次风系统

2．**空气系统**

一次风用作输送和干燥煤粉用，由一次风机从大气中抽吸而来，送入三分仓预热器的一次风分隔仓，加热后通过热一次风道进入磨煤机，在进预热器前有一部分冷风旁通空气预热器，在磨煤机进口前与热一次风相混合作为磨煤机调温风用。二次风的作用是强化燃烧和控制 NO_x 的生成量，从大气吸入的空气通过送风机进入预热器的二次风分隔仓，加热后经热二次风道进入大风箱。另外，为了在低负荷和冬季运行时，能提高空气预热器进口风温，在热二次风道上还设置热风再循环风。燃烧器上方 4 角各有一组 SOFA 风室，每组风室有 6 层喷嘴。

3．**烟气系统**

炉膛中产生的烟气流过锅炉上部的对流烟井受热面之后，通过垂直从上至下到脱硝装置进一步降低 NO_x 的排量，脱硝装置出口烟道分两路分别进入两台空气预热器烟气仓，在预热中利用烟气热量使一、二次风得到加热。从空气预热器出来的烟气通过静电除尘器、吸风机排至烟囱。每台空气预热器进口烟道上装有各自的电动关闭挡板。锅炉烟气系统如图 10-28 所示。

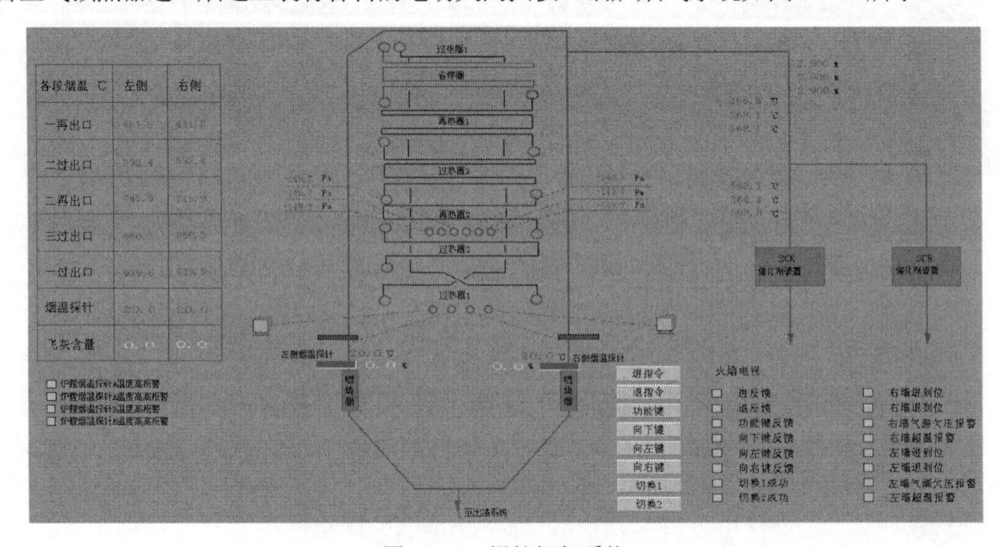

图 10-28　锅炉烟气系统

10.2.6　调温系统

1．**过热蒸汽调温**

过热蒸汽温度采用煤水比加喷水减温调节。过热蒸汽喷水共分两级，第一级过热器喷水减温器布置在第一级过热器和第二级过热器之间的连接管道上；第二级过热器喷水减温器布置在第二级过热器和第三级过热器之间的连接管道上。每级减温器均有 4 台喷水减温器可分别控制每侧烟道中间和左或右侧的汽温。过热蒸汽喷水源来自省煤器进口的给水管道，经过喷水总管后分为左右两路支管，分别经过各自的喷水管路后进入一、二级过热减温器，每台减温器进口管路前布置有测量流量装置。两级减温器喷水总量按 6%过热蒸汽流量，总设计能力按 10%BMCR 流量。每台过热蒸汽减温器有两组喷嘴，一组常开，流量大时投入另一组喷嘴，其总量由电动调节阀控制。两级过热蒸汽减温器都是如此。过热器减温水系统如图 10-29 所示。

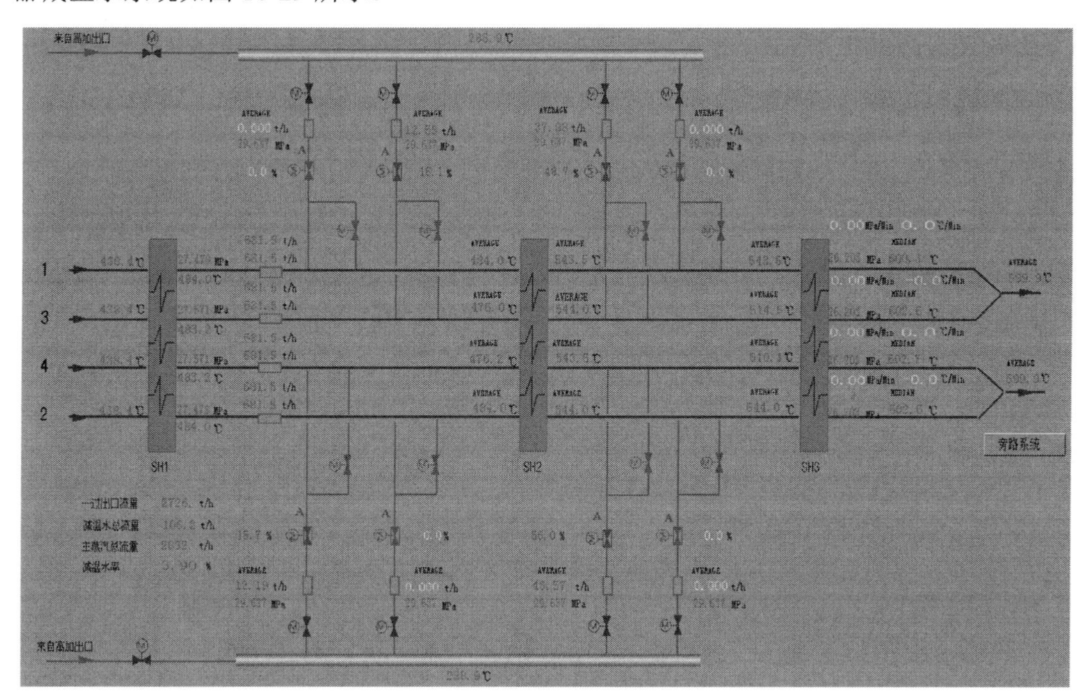

图 10-29　过热器减温水系统

2．**再热蒸汽调温**

再热蒸汽调温主要是采用摆动燃烧器喷嘴角度来改变火焰中心的高度，从而改变炉膛出口烟温来控制；另一个手段是在第一级再热器与第二级再热器之间设置了再热器微量喷水减温器作为辅助调温手段，在再热器进口还设有事故喷水减温器，在紧急事故状态下用来控制再热蒸汽进口汽温。微量喷水减温器设计能力按 5%BMCR 流量设计，事故喷水减温器按 2%BMCR 流量设计。每台减温器进口管路前布置有测量流量装置和过滤器。再热器减温水系统如图 10-30 所示。

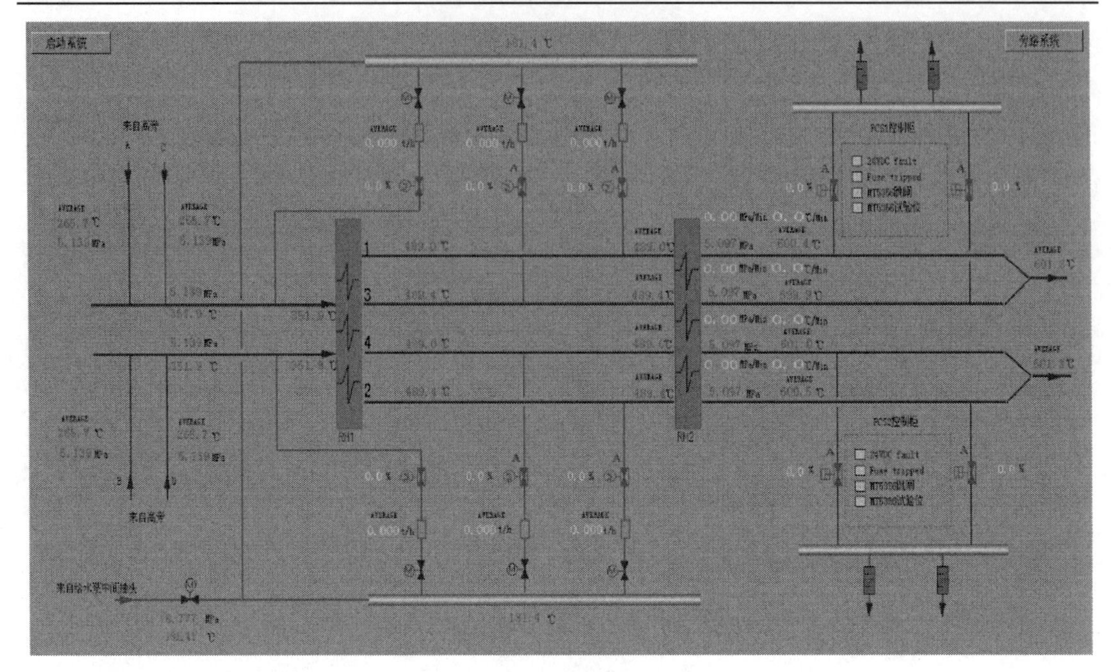

图 10-30　再热器减温水系统

10.2.7　吹灰系统

1．蒸汽吹灰系统

锅炉设置吹灰器是为保持受热面清洁，产生良好的传热效果。蒸汽吹灰系统分为锅炉本体受热面吹灰和预热器吹灰两部分，分别有两套吹灰汽源。锅炉本体部分有 64 台炉室吹灰器布置炉膛部分，96 台长伸缩式吹灰器布置在锅炉上部区域。每台预热器烟气进/出口端各布置 1 台双介质吹灰器。锅炉本体吹灰蒸汽汽源由第一级再热器进口集箱引出，预热器吹灰蒸汽汽源由第二级再热器进口集箱接出，管路中设有自动疏水点，蒸汽吹灰疏水共有 5 点，排水到大气式扩容器。锅炉整套吹灰实现过程控制，管路系统设计按 2 台锅炉本体吹灰器、2 台空气预热器吹灰器同时投运考虑。

2．烟温探针

在炉膛出口左右两侧各布置了一台伸缩式烟温探针，在锅炉启动阶段烟温探针伸入炉内，以监测炉膛出口烟温。烟温探针最高测量温度为 600℃，当烟温达到 538℃时，会发出报警，烟温探针自动退出。

3．水力吹灰系统

在炉膛燃烧器区域中，布置有两层 8 台水力吹灰器，一层 4 台水力吹灰器的位置在前后左右墙上。一套水力吹灰系统管路上设有两台升压水泵，投运时一台水泵运行，另一台作为备用。两台水泵之后，设有一个调节阀可调整水泵之后的水压，以满足水力吹灰器所需要的压头。在锅炉运行时，投入水力吹灰器应注意负荷的扰动，所以通常在高负荷时才允许投入。锅炉吹灰系统如图 10-31 所示。

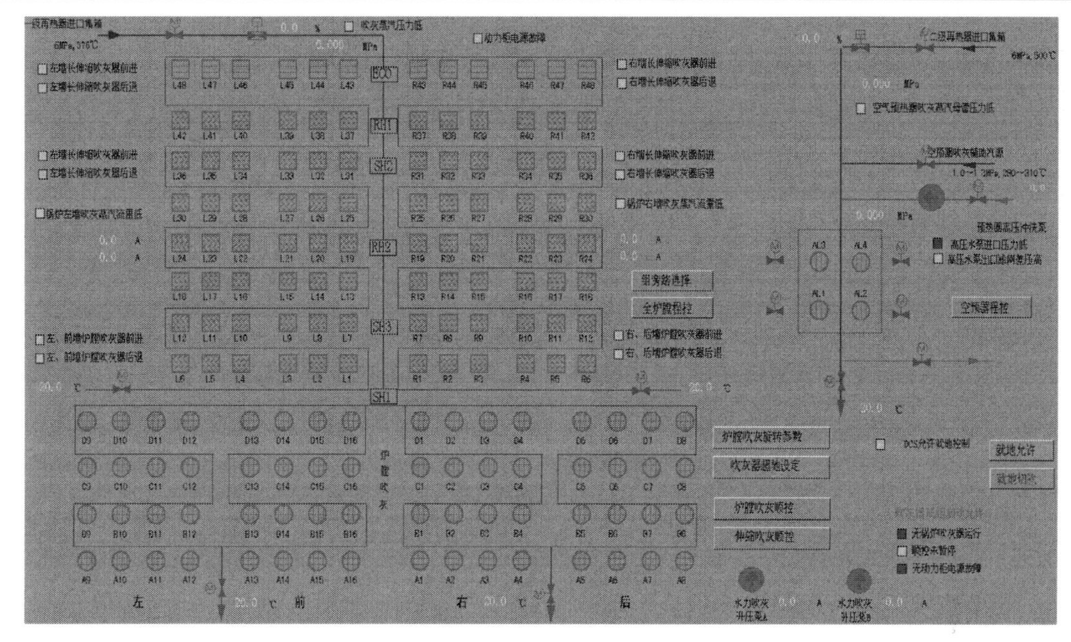

图 10-31　锅炉吹灰系统

10.2.8　管路系统

1．疏水、放气管路

为保证锅炉安全、可靠地运行，受压件的必要位置上均设有疏水和放气点。启动时，过热器和再热器系统可通过疏水站疏水，待疏水站呈完全干态时关闭疏水站总阀门。

2．取样管路

循环泵进口管道上设有炉水取样管路，集水箱出口处也设有水质取样管路。

3．锅炉安全阀

为保证锅炉安全运行，防止受压部件超压，锅炉主蒸汽出口管道上配有具有安全功能的100%高压旁路阀门。第二级再热器出口 4 根管道上，各装有 1 台再热器出口安全阀，4 台再热器出口安全阀的总排放量为 BMCR 工况时主蒸汽流量加上高压旁路阀门的喷水量。再热器出口安全阀的整定压力为 7.22MPa，单只安全阀所需要的排放量为 910.25t/h，所选择的安全阀每台最大排放量为 948.9 t/h。

4．疏水回收系统

为了保证锅炉启动工况时疏水顺利，锅炉启动系统不仅有启动循环泵，还设有大气式扩容器和集水箱。蒸汽从大气式扩容器上的排汽管道释放，水由集水箱排出。集水箱底部有疏水管道，不合格的水质可通过地沟排放，合格的水由冷凝器回收。图 10-32 为 DCS 疏水回收系统。

10.2.9　锅炉运行条件

(1) 锅炉带基本负荷并参与调峰。锅炉在投入商业运行后，年利用小时数不小于 6500h，年可用小时数不小于 7800h。锅炉强迫停用率不大于 2%。

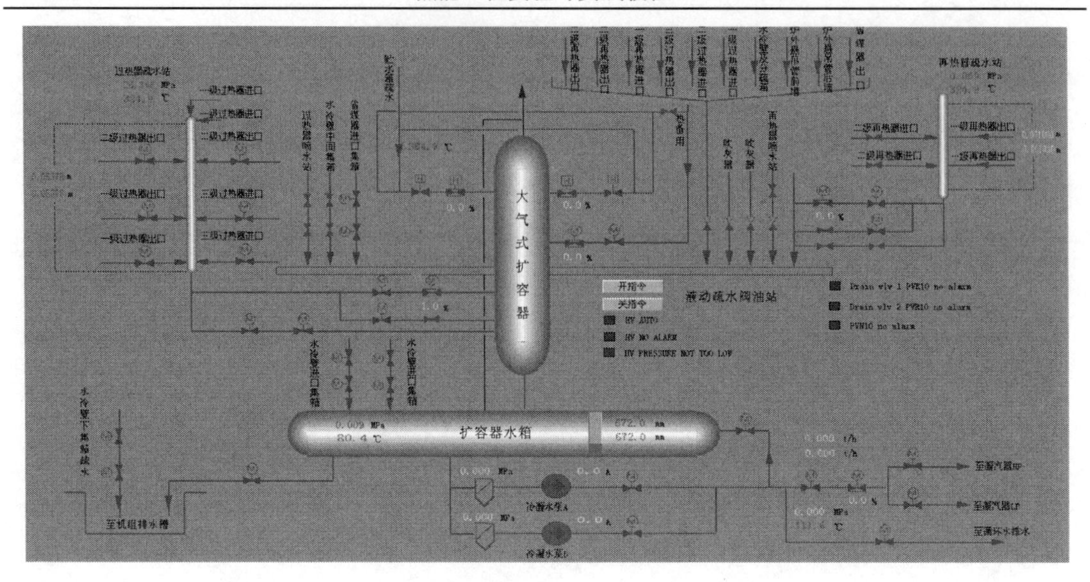

图 10-32　疏水回收系统

(2) 锅炉变压运行，采用定-滑-定运行的方式。

(3) 锅炉在燃用设计煤种或校核煤种时，能满足负荷在不大于锅炉的 30%BMCR 时，不投油长期安全稳定运行，并在最低稳燃负荷及以上范围内满足自动化投入率 100%的要求。

(4) 锅炉最低直流负荷不大于 30%BMCR。

(5) 锅炉负荷变化率能达到下述要求。

在 50%～100%BMCR 时，不低于±5%BMCR/min。

在 30%～50%BMCR 时，不低于±3%BMCR/min。

在 30%BMCR 以下时，不低于±2%BMCR/min。

负荷阶跃：大于 10%汽机额定功率/min。

(6) 锅炉的启动时间（从点火到机组带满负荷），与汽轮机相匹配，一般可满足以下要求。

冷态启动：5～6h。

温态启动：2～3h。

热态启动：1～2h。

极热态启动：小于 1h。

(7) 锅炉点火至汽轮机冲转满足以下要求。

冷态启动：1.33h。

温态启动：1.17h。

热态启动：1.08h。

极热态启动：0.62h。

(8) 锅炉点火方式设计为微油点火系统，由微油直接点燃煤粉，轻油供磨煤机启动初期和事故状态下使用。

(9) 在燃用设计煤种和 BMCR 工况下，锅炉 NO_x 的排放浓度不超过 330mg/Nm^3 (O_2=6%)。

(10) 过热器和再热器温度控制范围，过热汽体温度在 35%～100%BMCR、再热汽体温度在 50%～100%BMCR 负荷范围时，能保持稳定在额定值，偏差不超过±5℃。

(11)燃烧室的设计承压能力不小于±5800Pa。当燃烧室突然灭火内爆时，瞬时不变形承载能力不低于±9700Pa。锅炉在设计负荷范围内运行时，都能保证锅炉有足够的安全性和可靠性。

(12)锅炉各主要承压部件的使用寿命大于 30 年。

(13)锅炉机组在 30 年的寿命期间，允许的启停次数不少于下列各值。

冷态启动(停机超过 72h)：大于 200 次。

温态启动(停机 72h 内)：大于 1200 次。

热态启动(停机 10h 内)：大于 5000 次。

极热态启动(停机 1h 内)：大于 300 次。

负荷阶跃大于 12000 次。

(14)单台空气预热器可使锅炉带 60%BMCR 负荷运行。

10.2.10　锅炉设计参数

1. 锅炉设计、校核燃料特性

锅炉燃料特性如表 10-4 所示。

表 10-4　锅炉燃料特性

项目名称		符号	单位	设计煤种(神府东胜煤)	校核煤种(淮南煤)	校核煤种(兖州煤)
元素分析	收到基碳分	Car	%	61.88	54.69	57.92
	收到基氢分	Har	%	3.40	3.70	3.68
	收到基氧分	Oar	%	10.78	6.82	8.09
元素分析	收到基氮分	Nar	%	0.80	1.08	1.17
	收到基硫分	St, ar	%	0.44	0.46	0.55
	收到基灰分	Aar	%	9.10	22.0	21.39
	收到基水分	Mt	%	13.60	11.25	7.20
空气干燥基水分		Mad(Mf)	%	3.68	0.94	1.27
收到基挥发分		Var	%	26.34	27.01	27.33
可燃基挥发分		Vdaf	%	34.08	40.46	38.27
收到基低位发热量		Qnet, v	MJ/kg	23.47	21.76	22.76
可磨度		HGI	/	54	73	65
冲刷磨损指数		Ke	/	1.25	1.12	2.53
灰熔点	变形温度	DT	℃	1100	1370	1190
	软化温度	ST	℃	1140	>1500	>1500
	流动温度	FT	℃	1220	>1500	>1500
灰渣成分分析						
二氧化硅		SiO_2	%	32.04	55.84	55.93
三氧化二铝		Al_2O_3	%	17.07	31.89	27.45
三氧化二铁		Fe_2O_3	%	19.29	3.83	3.99
氧化钙		CaO	%	16.30	1.90	4.17
氧化镁		MgO	%	0.78	0.78	1.44
三氧化硫		SO_3	%	7.82	1.08	2.08
二氧化钛		TiO_2	%	0.65	1.30	1.19
氧化钾		K_2O	%	0.55	0.88	1.54
氧化钠		Na_2O	%	0.85	0.40	0.32
灰的比电阻						
温度 34℃时				3.40×10^{10}	3.00×10^{10}	8.70×10^{9}
温度 80℃时				1.08×10^{11}	7.50×10^{10}	1.72×10^{10}

2. 锅炉点火及助燃油

锅炉点火及助燃油特性如表 10-5 所示。

表 10-5　锅炉点火及助燃油特性

油种	#0 轻柴油
黏度(20℃时)	1.2～1.67°E
凝固点	不高于 0℃
闭口闪点	不低于 55℃
机械杂质	无
含硫量	不大于 0.2%
水分	痕迹
灰分	不大于 0.01%
密度	817 kg/m^3
低位发热值 $Q_{net,ar}$	41800 kJ/kg

3. 锅炉给水品质要求

锅炉给水品质要求如表 10-6 所示。

表 10-6　锅炉给水品质要求

补给水量	
正常时	≤30t/h
启动或事故时	≤250t/h
补给水制备方式	活性炭过滤+反渗透+离子交换除盐系统
锅炉给水质量标准(按 CWT 工况设计，即联合水处理工况设计)	
总硬度	≈0μmol/L
锅炉给水质量标准(按 CWT 工况设计，即联合水处理工况设计)	
溶解氧(挥发或加氧处理后)	≤7μg/L 或 30～150μg/L
铁	≤5μg/L
铜	≤2μg/L
二氧化硅	≤10μg/L
pH(CWT 工况)	8.0～9.0(加氧处理)
电导率(25℃)	≤0.15μS/cm
钠	≤5μg/L
锅炉补给水质量标准	
电导率(25℃)	≤0.15μS/cm
二氧化硅	≤20μg/kg

4. 燃烧、水冷壁及燃烧设备

燃烧、水冷壁及燃烧设备参数如表 10-7 所示。

表 10-7　燃烧、水冷壁及燃烧设备参数表

炉膛形式	单位	螺旋管圈+垂直管圈
炉膛尺寸(宽、深、高)	mm	21480×21480×79126
炉膛容积	m^3	32379
炉膛总受热面积	m^2	13117
炉膛容积热负荷(BMCR)*	kW/m^3	72.82
炉膛截面热负荷(BMCR)*	MW/m^2	5.11

续表

炉膛形式	单位	螺旋管圈+垂直管圈
燃烧器区壁面热负荷(BMCR)*	MW/m^2	1.14
炉膛出口温度(BMCR)	℃	1006
炉膛设计压力	Pa	±5800
短时不变形承载压力	Pa	±9700
燃烧器形式	低 NO_x 切向燃烧系统摆动燃烧器	
燃烧器出口直径	mm	375×574
燃烧器数量(每排只数×层数)		4×12
燃烧器组高度	m	23.48
点火及低负荷用的油枪形式		机械雾化
油枪配备数量	个	24
单个油枪耗油量	kg/h	1830
供油压力	MPa	3.0
螺旋管圈水冷壁质量流速 (BMCR/直流负荷起点)	kg/(m^2·s)	2674/779(下部) 2587/753(上部)
螺旋管圈水冷壁管管型		光管
螺旋管圈水冷壁管外径×壁厚	mm×mm	ϕ38.1×7.0 ϕ38.1×7.2
螺旋管圈水冷壁管管距	mm	53
螺旋管圈水冷壁管根数	根	716
螺旋管圈水冷壁管材质		15CrMoG，12Cr1MoVG
螺旋管圈与水平倾角/圈数	(°)/圈	26.21/1.2
螺旋管圈上集箱中心标高	m	72.98
螺旋管圈水冷壁管面积	m^2	4956
垂直管圈水冷壁质量流速 (BMCR/直流负荷起点)	kg/(m^2·s)	1251/365(垂直管圈 1) 1681/490(垂直管圈 2)
垂直管圈水冷壁管管型		光管
垂直管圈水冷壁管外径×壁厚	mm×mm	ϕ38.1×6.8/(垂直管圈 1) ϕ38.1×7.3/(垂直管圈 2)
垂直管圈水冷壁管管距	mm	60/120
垂直管圈水冷壁管根数		1432/716
垂直管圈水冷壁管材质		SA-213 T23
垂直管圈水冷壁受热面积	m^2	3815
水冷壁总受热面积	m^2	8771
水冷壁水容积	m^3	～114
单只煤粉喷嘴输入热量	kJ/h	213×106
二次风速度	m/s	60.3
二次风温度	℃	348
总的二次风风率	%	79.16
SOFA 风率	%	23
CCOFA 风率	%	4
周界风风率	%	16.6
一次风速度(喷口速度)	m/s	27.3
一次风温度	℃	77
一次风率	%	20.84
燃烧器一次风阻力	Pa	500

10.3　大型火电机组汽轮机设备规范

本机组的总体形式为单轴四缸四排汽；所采用的积木块是西门子公司开发的 3 个最大功率可达到 1100MW 等级的 HMN 型积木块组合：一个单流圆筒型 H30 高压缸，一个双流 M30 中压缸，两个 N30 双流低压缸。

10.3.1　汽轮机本体部分

机组采用一只高压缸、一只中压缸和两只低压缸串联布置。汽轮机 4 根转子分别由 5 只径向轴承来支承，除高压转子由两个径向轴承支承外，其余 3 根转子，即中压转子和两根低压转子均只有一只径向轴承支承。这种支承方式不仅使结构比较紧凑，主要还在于减少基础变形对于轴承荷载和轴系对中的影响，使得汽机转子能平稳运行。这 5 个轴承分别位于 5 个轴承座内。

整个高压缸静子件和整个中压缸静子件由它们的猫爪支承在汽缸前后的两个轴承座上。而低压部分静子件中，外缸重量与其他静子件的支承方式是分离的，即外缸的重量完全由与它焊在一起的凝汽器颈部承担，其他低压部件的重量通过低压内缸的猫爪由其前后的轴承座来支承。所有轴承座与汽缸猫爪之间的滑动支承面均采用低摩擦合金。它的优点是具有良好的摩擦性能，不需要润滑，有利于机组膨胀顺畅。在低压端部汽封、中低压连通管低压进汽口以及低压内缸猫爪等低压内、外缸接合处均设有大量的波纹管进行弹性连接，以吸收这些连接处内、外缸间的热位移。2 号轴承座位于高压缸和中压缸之间，是整台机组滑销系统的死点。在 2 号轴承座内装有径向推力联合轴承。因此，整个轴系是以此为死点向两头膨胀；而高压缸和中压缸的猫爪在 2 号轴承座处也是固定的。因此，高压外缸受热后也是以 2 号轴承座为死点只向机头方向膨胀。中压外缸与低压内缸间用推拉杆在猫爪处连接，汽缸受热后也会朝发电机方向上顺推膨胀，因此，转子与静子部件在机组启停时其膨胀或收缩的方向能始终保持一致，这就确保了机组在各种工况下通流部分动静之间的差胀比较小，有利于机组快速启动。高、中压外缸两侧各布置有由一只主汽门和一只调门组成的联合汽门，其结构及布置风格也是与众不同的，在阀门与汽缸之间没有蒸汽管道，主调门采用大型罩螺母与高压缸连接，再热调门采用法兰螺栓与中压缸连接，这种连接方式结构紧凑、损失小、附加推力小。图 10-33 为 DCS 汽轮机本体画面。

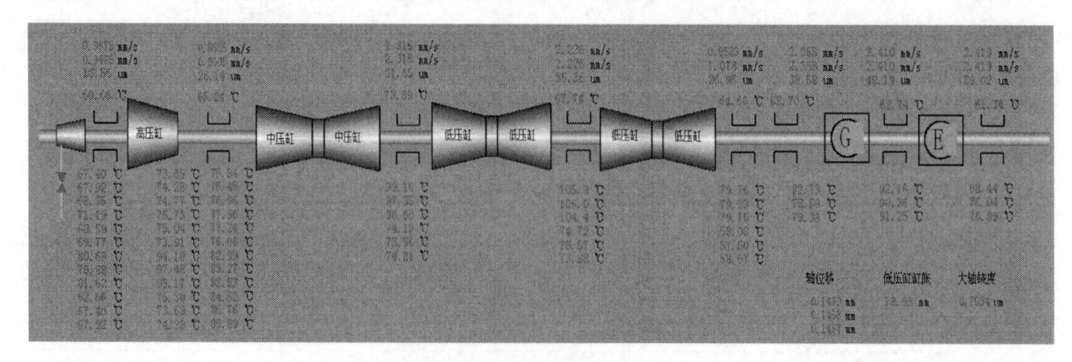

图 10-33　汽轮机本体

由于本机组采用全周进汽滑压运行和补汽阀的配置模式，在主汽门后设有一个补汽阀，该补汽阀相当于第三个主调阀，该阀门的功能和设置原理在热力系统章节中另有详述；该阀门吊装在运转层平台以下高压缸的区域，通过两根导汽管将蒸汽从主汽门后导入补汽阀内，再通过另两根导汽管将蒸汽从补汽阀后导入高压缸的相应接口上(第五级后)。由于本机组采用独特的结构和合理的布置模式，使机组的可用率高，维护方便，机组的大修间隔较长，与其他机型相比，其大修间隔要长一倍以上，可达到 10 万小时(约 12 年)。汽轮机采用全周进汽加补汽阀的配汽方式，高、中压缸均为切向进汽。高、中压阀门均布置在汽缸两侧，阀门与汽缸直接连接，无导汽管。蒸汽通过高压阀门和单流的高压缸后，从高压缸下部的两个排汽口进入再热器。蒸汽通过再热器加热后，通过两只再热门进入双流的中压缸，由中压外缸顶部的中低压连通管进入两只双流的低压缸。在每只汽缸的下部都设有用于给水加热用的抽汽口。盘车装置采用液压马达，其安装于高压转子调阀端的顶端，位于 1 号轴承座内。

1. 高压缸

高压缸采用双层缸设计。外缸为独特的桶形设计，由垂直中分面分为左右两半缸。内缸为垂直纵向平中分面结构。各级静叶直接装在内缸上，转子采用无中心孔整锻转子，在进汽侧设有平衡活塞用于平衡转子的轴向推力。高压缸结构非常紧凑，在工厂经总装后整体发运到现场，现场直接吊装，不需要在现场装配。圆筒型高压缸在轴向上根据蒸汽温度区域分为进汽缸和排汽缸两段，以紧凑的轴向法兰连接，可承受更高的压力和温度，有极高的承压能力，汽缸应力小。高压内缸中分面设置于垂直方向将汽缸分为左右两半，采用高温螺栓进行连接，螺栓不需要承受内缸本身的重量，因此其螺栓应力也较小，安全可靠性好。补汽阀蒸汽从高压第五级后引入高压缸。同时，采用将高压第四级后 540℃左右的蒸汽漏入内、外缸的夹层，再通过夹层漏入平衡活塞前的方法；而平衡活塞前的蒸汽一路经平衡活塞向后泄漏至与高排相通腔室，一路则经过前部汽封向前流动与第一级静叶后泄漏过来的蒸汽混合后经过内缸的内部流道接入高压第五级后补汽处。经过内部流道的这一布置，使第一级后泄漏过来的高温蒸汽只经过小直径的转子表面，同时大尺寸的外缸进汽端和转子平衡活塞表面的工作温度只有 540℃左右，降低了结构的应力水平，延长其工作寿命。

2. 中压缸

中压缸采用双流程和双层缸设计，内外缸均在水平中分面上分为上、下两半，采用法兰螺栓进行连接。各级静叶直接装于内缸上，蒸汽从中压中部通过进汽插管直接进入中压内缸，流经对称布置的双分流叶片通道至汽缸的两端，然后经内外缸夹层汇集到中压缸上半中部的中压排汽口，经中低压连通管流向低压缸。因此中压高温进汽仅局限于内缸的进汽部分。整个中压外缸处在小于 300℃的排汽温度中，压力也只有 0.6MPa 左右，汽缸应力较小，安全可靠性好。由于通流部分采用双分流布置，转子推力基本能够平衡。

西门子中压缸进汽第一级除了与高压缸一样采用了低反动度叶片级(约 20%的反动度)，以及切向进汽的第一级斜置静叶结构外，为冷却中压转子还采取了一种切向涡流冷却技术，把中压转子的温度降低约 15℃，为此，可满足某些机组中压缸积木块进口再热温度比主蒸汽温度高的要求。

3. 低压缸

低压缸为双流、双层缸结构。来自中压缸的蒸汽通过汽缸顶部的中低压连通管接口进入低压缸中部，再流经双分流低压通流叶片至两端排汽导流环，蒸汽经排汽导流环后汇入低压外缸底部进入凝汽器。内、外缸均由钢板拼焊而成，均在水平中分面分开成上下两半，采用中分面法兰螺栓进行连接。低压外缸下半由两个端板、两个侧板和一个下半钢架组成。低压外缸采用现场拼焊，直接坐落于凝汽器上，外缸与轴承座、内缸和基础分离，不参与机组的滑销系统。外缸和内缸之间的相对膨胀通过在内缸猫爪处的汽缸补偿器、端部汽封处的轴封补偿器以及中低压连通管处的波纹管进行补偿。低压内缸通过其前后各两个猫爪，搭在前后两个轴承座上，支撑整个内缸及其内部静子部件的重量，并以推拉装置与中压外缸相连，保障汽缸间的顺推膨胀，以保证动静间隙。在低压内缸下半底部两端的中间位置处各伸出一只横向销，插入从该区域从汽机基座上伸入的销槽内，用于限制低压内缸的横向移动。低压内缸中部左右侧各装有一个低压静叶持环，低压缸的前几级静叶装入静叶持环中，末两级或末级叶片直接装于低压内缸两端。低压排汽导流环与低压内缸焊为一体，这样不仅增加了整个低压内缸的刚性、减少低压内缸的挠度，而且可简化安装工序，缩短安装周期。其缺点是和低压内缸猫爪一样，导致低压内缸运输尺寸过大，对于一些运输受限制的地区，需要考虑结构上的调整。

所有高中压汽缸和低压内缸均通过轴承座直接支撑在基础上，汽缸不承受转子的重量，变形小，易保持动静间隙的稳定。

4. 轴承座

机组有 5 只轴承座，轴承座通过地脚螺栓与基础固定，不参与机组的滑销系统。汽缸通过猫爪搭在其前后轴承座上，轴承座与猫爪之间采用低摩擦系数耐磨的合金，该合金为自润滑形式，不需要加注润滑脂。5 只轴承分别位于 5 只轴承座内，机组的死点为＃2 轴承座，径向推力联合轴承位于该轴承座内。机组以＃2 轴承座为死点向两头膨胀，中压外缸与低压内缸以及低压内缸与低压内缸之间以穿过轴承座的推拉杆相连接传递膨胀。

10.3.2　热力系统

1. 主、再热蒸汽

主蒸汽及高、低温再热蒸汽系统采用单元制系统。主蒸汽管道和热再热蒸汽管道分别从过热器和再热器的出口联箱的两侧引出(各有 4 根支管)，分别在炉侧合并成两根管道后平行接到汽轮机前，接入高压缸和中压缸左右侧主汽关断阀和再热关断阀。冷再热蒸汽管道从高压缸的两个排汽口引出，在机头处汇成一根总管，到锅炉前再分成两根支管分别接入再热器入口联箱。这样可以减少由于锅炉两侧热偏差和管道布置差异所引起的蒸汽温度和压力的偏差，有利于机组的安全运行。冷再热蒸汽系统除供给#2 高压加热器加热用汽之外，还为辅助蒸汽系统提供汽源。在高压缸排汽支管上装有动力控制逆止阀，以便在事故情况下切断，防止蒸汽返回到汽轮机，引起汽轮机超速。

在高压缸排汽总管的端头有蒸汽冲洗接口，以供在管道安装完毕后进行冲洗，在管道冲洗完成后用堵头堵死。主蒸汽管道，高、低温再热蒸汽管道均考虑有适当的疏水点和相应的动力操作的疏水阀(在低温再热蒸汽管道上还设有疏水袋)以保证机组在启动暖管和低负荷或故障条件下能及时疏尽管道中的冷凝水，防止汽轮机进水事故的发生。疏水管道都单独接到清洁水疏水扩容器扩容后排入清洁水箱。由于高压旁路装设在锅炉房，距离主汽门较远，为加快暖管，缩短启动时间，在靠近汽机接口处的主蒸汽管道上设置了暖管系统。图 10-34 为 DCS 主、再热蒸汽系统。

2. 其他系统

限于篇幅，这里不再介绍。

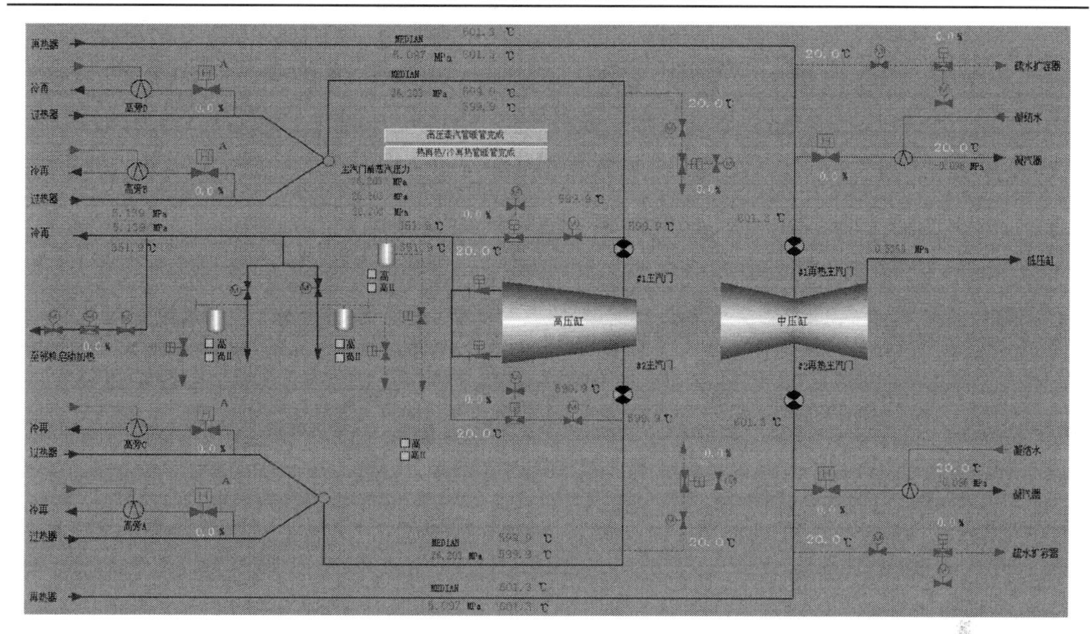

图 10-34　主、再热蒸汽系统

10.3.3　汽机旁路系统

为了协调机炉运行，防止管系超压，改善整机启动条件及机组不同运行工况下带负荷的特性，适应快速升降负荷，增强机组的灵活性，每台机组设置一套高压和低压两级串联汽轮机旁路系统。为了满足上述功能要求及汽轮机启动方式，本工程高压旁路容量按 100%BMCR(4×25%)设置，低压旁路容量按 65%BMCR 设置。高压旁路每台机组安装 4 只，从锅炉过热器进口联箱接口前的主蒸汽管接出，经减压、减温后接至锅炉侧再热冷段蒸汽支管(减温器前)，高压旁路的减温水取自省煤器入口前的主给水系统。低压旁路每台机组安装两只，从汽轮机中压缸入口前再热热段蒸汽两根支管分别接出，经减压、减温后接入凝汽器。减温水取自凝结水系统。高、低压旁路包括蒸汽控制阀、减温水控制阀、关断阀和控制装置。系统中设置预热管，保证旁路系统在机组运行时始终处于热备用状态。汽轮机旁路系统如图 10-35 所示。

10.3.4　抽汽系统

机组采用八级非调整抽汽(包括高压缸排汽)。一、二、三级抽汽分别供给 3 级高压加热器；四级抽汽供汽至除氧器、锅炉给水泵汽轮机和辅助蒸汽系统等；五、六、七、八级抽汽分别供给 4 台低压加热器用汽。为防止汽机超速，除了最后两级抽汽管道外，其余的抽汽管上均装设强制关闭自动逆止阀(气动控制)。考虑到机组容量大、参数高，在一、三、五级高中压缸的抽汽管道上各增设了 1 个逆止阀。四级抽汽管道上由于连接有众多的设备，这些设备或者接有高压汽源(如给水泵汽轮机接有冷再热蒸汽汽源)，或者接有辅助蒸汽汽源(如除氧器等)，用汽点多，用汽量大，在机组启动、低负荷运行、汽轮机突然甩负荷或停机时，其他汽源的蒸汽有可能串入四级抽汽管道，造成汽轮机超速的危险性最大，因此设有双重气动逆

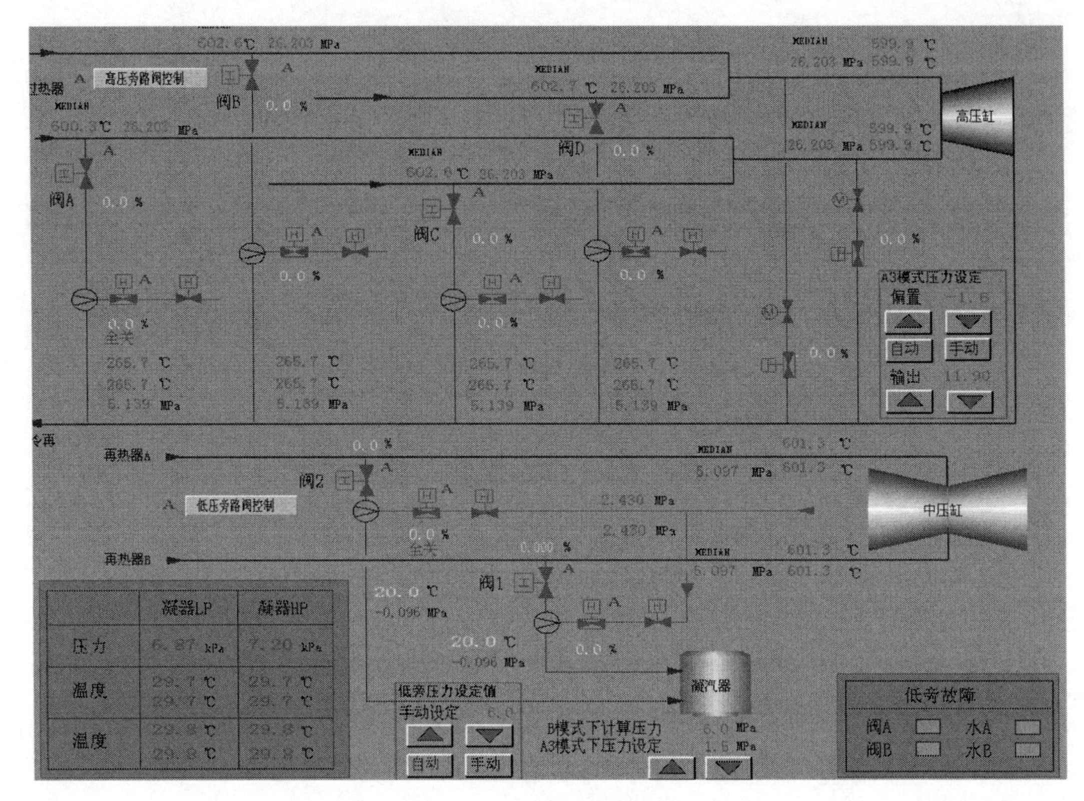

图 10-35　汽轮机旁路系统

止阀。其他凡是从抽汽系统接出的管道去加热设备都装有逆止阀。抽汽逆止阀的位置尽可能地靠近汽轮机的抽汽口，以便当汽轮机跳闸时，可以尽量降低抽汽系统能量的储存。同时，该抽汽逆止阀亦作为防止汽轮机进水的二级保护。汽机的各级抽汽，除了最后两级抽汽外，均装设具有快关功能的电动隔离阀作为汽轮机防进水保护的主要手段。隔离阀的位置位于抽汽逆止阀之前。在各抽汽管道的顶部和底部分别装有热电偶，作为防进水保护的预报警，便于运行人员预先判断事故的可能性。四级抽汽去除氧器管道上安装一个电动隔离阀和一个逆止阀。除氧器还接有从辅助蒸汽系统来的蒸汽，用作启动加热和低负荷稳压及防止前置泵汽蚀的压力跟踪。给水泵汽轮机的正常工作汽源从四级抽汽管道上引出，装设有流量测量喷嘴、电动隔离阀和逆止阀。逆止阀是为了防止高压汽源切换时，高压蒸汽串入抽汽系统。当给水泵汽轮机在低负荷运行使用高压汽源时，该管道亦将处于热备用状态。给水泵汽轮机排汽口垂直向下，排汽管上设置一组水平布置的压力平衡式膨胀节，给水泵汽轮机汽缸上设有一个薄膜泄压阀，以保护给水泵汽轮机及排汽管。排汽管上还设一个电动蝶阀，安装在紧靠凝汽器的接口处，便于给水泵汽轮机隔离检修。汽轮机最后两级抽汽，因加热器位于凝汽器喉部，不考虑装设阀门，两根七级抽汽管和四根八级抽汽管均布置在凝汽器内部。在抽汽系统的各级抽汽管道的电动隔离阀前后和逆止阀后，以及管道的最低点，分别设置疏水点，以保证在机组启动、停机和加热器发生故障时，系统中不积水。各疏水管道单独接至凝汽器。图 10-36 为 DCS 汽机抽汽系统。

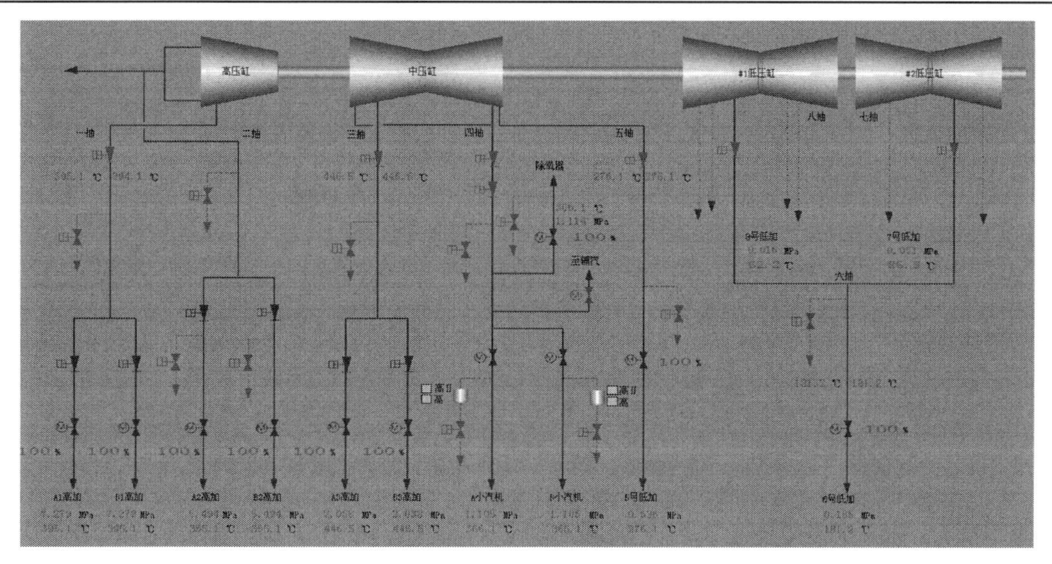

图 10-36　汽机抽汽系统

10.3.5　给水系统

系统设置两台 50%容量的汽动给水泵。每台汽动给水泵配置 1 台不同轴的电动给水前置泵。系统设 2(即双列)×3 台半容量、卧式、双流程高压加热器。由于采用半容量配置，高压加热器的可靠性明显提高，因此每列 3 台高压加热器给水采用液动关断大旁路系统。当任一台高压加热器故障时，三台高压加热器同时从系统中退出，给水能快速切换到该列给水旁路。机组在高压加热器解列时仍能带额定负荷。这样可以保证在事故状态机组仍能满足运行要求。给水泵出口设有最小流量再循环管道并配有相应的控制阀门等，以确保在机组启动或低负荷工况流经泵的流量大于其允许的最小流量，最小流量再循环管道按主给水泵、前置泵所允许的最小流量中的最大者进行设计，保证泵组的运行安全。每根再循环管道都单独接至除氧器水箱。给水总管上装设 30%容量的调节阀，以增加机组在低负荷时流量调节的灵敏度。机组正常运行时，给水流量由控制给水泵汽轮机的转速进行调节。给水系统还为锅炉过热器的减温器、事故情况下的再热器减温器、汽轮机的高压旁路减温器提供减温喷水。锅炉再热器减温喷水从给水泵的中间抽头引出；过热器减温喷水、汽机高压旁路的减温水从省煤器进口前给水管道上引出。图 10-37 为 DCS 给水系统。

10.3.6　凝结水系统

凝结水系统采用中压凝结水精处理系统。系统中仅设凝结水泵，不设凝结水升压泵，系统较简单。凝汽器热井中的凝结水由凝结水泵升压后，经中压凝结水精处理装置、轴封加热器、疏水冷却器和 4 台低压加热器后进入除氧器。系统采用 2×100%容量的凝结水泵配置。2 台凝结水泵采用一套变频装置，手动切换，以降低厂用电负荷。凝泵进口管道上设置电动隔离阀、滤网及波形膨胀节，出口管道上设置逆止阀和电动隔离阀。进出口的电动阀门将与凝结水泵连锁，以防止凝泵在进出口阀门关闭状态下运行。系统设置一台部分容量的轴封加热器、疏水冷却器和 4 台全容量表面式低压加热器和一台一体式除氧器。轴封加热器设有单

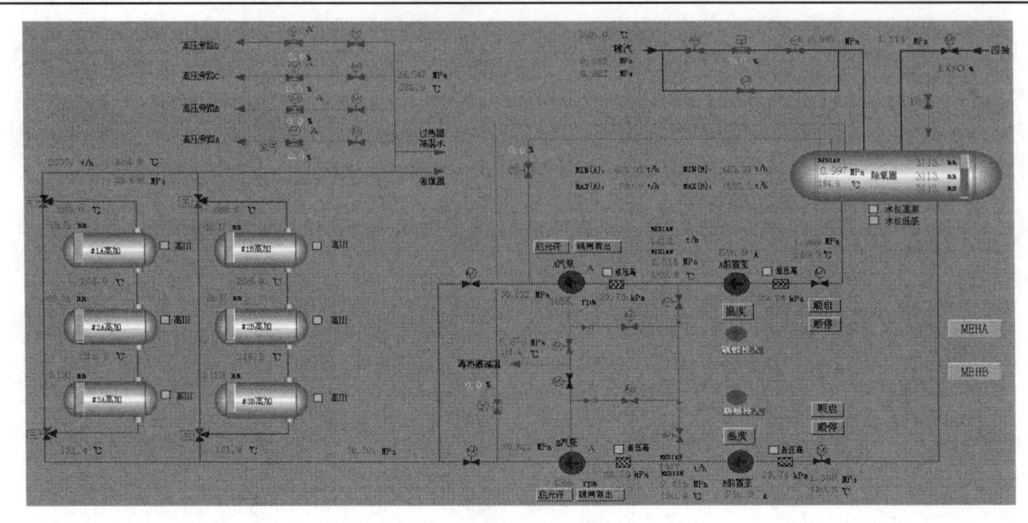

图 10-37　给水系统

独的 100%容量的电动旁路；5、6 号低压加热器为卧式、双流程形式，两台低压加热器共同采用电动隔离阀的旁路系统；7、8 号低压加热器采用独立式单壳体结构，置于凝汽器接颈部位与凝汽器成为一体，并与疏水冷却器共同采用电动阀旁路系统。在汽机轴封加热器后，将供给各辅助系统的减温用水和辅助系统的补充用水以及设备或阀门的密封用水。

经凝结水精处理后的凝结水进入轴封加热器。轴封加热器为表面式热交换器，用以凝结轴封漏汽和低压门杆漏汽。轴封加热器依靠汽封抽吸风机维持微真空状态，以防蒸汽漏入大气和汽轮机润滑油系统。为维持上述的真空还必须有足够的凝结水量通过轴封加热器，以凝结上述漏汽。根据 Siemens 汽轮机热力系统的特点，机组配有疏水冷却器。疏水冷却器为表面式热交换器，用以利用 7、8 号加热器的疏水热量，提高机组的热循环效率。凝结水系统设有最小流量再循环管路，自轴封加热器出口的凝结水管道引出，经最小流量再循环阀回到凝汽器，以保证启动和低负荷期间凝结水泵通过最小流量运行，防止凝结水泵汽蚀。同时也保证启动和低负荷期间有足够的凝结水流过轴封加热器，维持轴封加热器的微真空。最小流量再循环管道按凝结水泵、轴封加热器所允许的最小流量中的最大者进行设计。最小流量再循环管道上还设有调节阀以控制在不同工况下的再循环流量。在疏水冷却器之后的管道上，还设有控制除氧器水箱水位的调节阀。为了提高调节性能，并列布置主、副调节阀，分别用于正常运行及低负荷运行(凝泵变频装置退出运行时)。在 5 号低压加热器出口设有凝结水放水管，当安装或检修后再启动时，将不合格的凝结水放入地沟。

在除氧器入口管道上设有逆止阀，以防止除氧器内蒸汽倒流入凝结水系统。每台机组设有一台 500m^3 的储水箱，在正常运行时向凝汽器热井补水和回收热井高水位时的回水，以及提供化学补充水；机组启动期间向凝结水系统及闭式循环冷却水系统提供启动注水。储水箱水源来自化学水处理室来的除盐水。每台储水箱配备两台大容量的凝结水输送泵(互为备用)和一台小容量凝结水输送泵。泵入口设有滤网和手动不锈钢隔离阀，泵出口设有逆止阀和手动不锈钢隔离阀，在泵出口与逆止阀间接出最小流量再循环管路。凝汽器补水控制装置设置两路：一路为正常运行补水，另一路为启动时凝结水不合格放水时的大流量补水。图 10-38 为 DCS 凝结水系统。

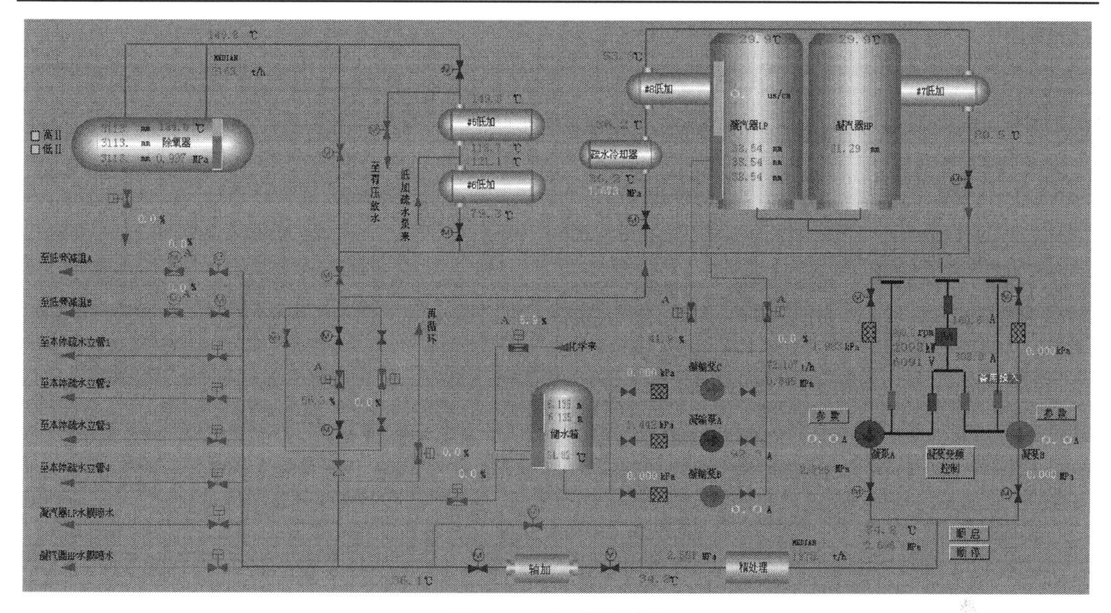

图 10-38　凝结水系统

10.3.7　加热器疏水及放气系统

正常运行时，每列高压加热器的疏水均采用逐级串联疏水方式，即从较高压力的加热器排到较低压力的加热器，3 号高压加热器出口的疏水疏入除氧器；5 号低压加热器正常疏水接至 6 号低压加热器，然后通过 100%容量的加热器疏水泵引至 5 号低压加热器前凝结水管道。7、8 号低压加热器正常疏水分别接至疏水冷却器，疏水冷却器疏水接至凝汽器。除了正常疏水外，各级高压加热器和 5、6 号低压加热器还设有危急疏水管路，当发生下述任何一种情况时，开启有关加热器事故疏水阀，将疏水直接排入凝汽器疏水立管经扩容释压后排入凝汽器。除 7、8 号低压加热器外，每个加热器的疏水管路上均设有正常及危急疏水调节阀，用于控制加热器正常水位。危急疏水管道上的调节阀受加热器高水位信号控制。每个调节阀前后均装有隔离阀。每台加热器(包括除氧器)均设有启动排气和连续排气，以排除加热器中的不凝结气体。所有高压加热器的汽侧启动和连续排气均接至除氧器。低压加热器汽侧的启动排气和连续排气均单独接至凝汽器中。所有加热器的水侧放气都排大气。除氧器排气不分连续排气和启动排气均排大气。连续排气均设有节流孔板，其容量按能通过 0.5%加热器最大加热流量选取。

10.3.8　辅助蒸汽系统

辅助蒸汽系统为全厂提供公用汽源。本工程每台机设一根压力为 0.8～1.3MPa，温度为 240～380℃的辅助蒸汽联箱。13 号机组辅助蒸汽母管与 14 号机组辅汽母管连接。第一台机组启动及低负荷时辅助蒸汽来自老厂(0.6～1.0MPa；温度为 280～320℃)。机组正常运行后，辅助蒸汽来源主要为运行机组的冷再蒸汽(减压后)和四段抽汽。机组投入运行时，机组的启动用汽、低负荷时辅助汽系统用汽、机组跳闸时备用汽及停机时保养用汽都来自辅汽母管。当高压缸的排汽参数略高于辅助蒸汽系统用汽的参数时，即可切换到由本机高压缸排汽供给。

辅助蒸汽管道设计能满足直接利用给水泵汽轮机启动机组对蒸汽流量的需求。辅助蒸汽系统供除氧器启动用汽、小汽机调试及启动用汽、汽机轴封、锅炉空气预热器吹灰、磨煤机灭火用汽等，其供汽参数满足这几个用户的要求。

10.3.9　主汽轮机及其附属系统设备规范

1. 汽轮机主要规范

汽轮机主要规范如表 10-8 所示。

表 10-8　汽轮机主要规范

项　目	单位	数　据
通流级数		64
高压缸	级	14
中压缸	级	2×13
低压缸	级	2×2×6
发电机转子轴系(一阶/二阶)	r/min	
机组外形尺寸(长、宽、高)	m	29×10.4×7.75(汽机中心线以上)
启动方式		高、中压联合启动
冷态启动从空负荷到满负荷所需时间	min	195(大气温度启动) 120(停机 150h)
变压运行负荷范围	%	30%到 100%额定负荷
最高允许背压值	MPa	0.028(跳机 0.030)
最高允许排汽温度	℃	90℃报警 110℃跳机
噪声水平	dB(A)	额定负荷正常运行按 IE1063 为 85
机组形式	/	超超临界、一次中间再热、四缸、周排汽、单轴、凝汽式汽轮机
汽轮机型号	/	N1023-26.25/600/600
制造厂商		STC
转向(从汽轮机向发电机看)	/	顺时针
允许周波摆动	Hz	47.5～51.5
排汽压力	MPa	4.9
配汽方式	/	全周进汽：节流+补汽
设计冷却水温度	℃	20
额定给水温度(夏季工况)	℃	295.9
额定转速	r/min	3000
热耗率(THA)	kJ/(kW·h) kcal/(kW·h)	7319 1748
给水回热级数(高加+除氧+低加)		8(3+1+4)
低压末级叶片长度	mm	1146
汽轮机总内效率	%	90.97
高压缸效率	%	91.06
中压缸效率	%	93.27
低压缸效率	%	88.98

2. 给水泵汽轮机主要参数

给水泵汽轮机主要参数如表 10-9 所示。

表 10-9　给水泵汽轮机主要参数

名称	单位	数值
形式		纯凝汽式、单缸单流、向下排汽 型号：HMS500D
制造厂		杭汽
额定功率(THA/VWO)	kW	16244/20200
转速(THA)	r/min	4880
转向(从给水泵汽轮机向发电机看)		逆时针
给水泵汽轮机允许最高背压值	kPa	28
冷态启动从空负荷到满负荷所需时间	min	70
给水泵汽轮机叶片级数	级	6
进汽压力(四抽/冷再)	MPa	1.116/6.076
进汽温度(四抽/冷再)	℃	364.1/371.8
排汽口压力	kPa	5.9kPa
轴系振动值(正常/报警/跳闸)	μm	30/125/200
盘车转速	r/min	40

3. 凝结器主要参数

凝结器主要参数如表 10-10 所示。

表 10-10　凝结器主要参数

项目	单位	参数
制造厂	上海电站辅机厂	
凝汽器的总有效面积	m^2	50000
抽空气区的总有效面积	m^2	3705
流程数/壳体数	1/2	
TMCR 工程循环水带走的净热	kJ/s	1100532
循环水流量	m^3/s	29.6
管束内循环水最高流速	m/s	2.5
冷却管内设计流速	m/s	2.25
TMCR 工况循环水温	℃	8.9
水室设计压力	MPa	0.4
壳侧设计压力	MPa	0.1
凝结水过冷度	℃	≤0.5
设计背压(低/高)	kPa	4.4/5.4
凝汽器设计端差(高/低)	℃	6.033/5.712
循环倍率		59
循环水工作压力	MPa	0.2
凝汽器出口凝结水保证氧含量	μg/L	20
管子总水阻	kPa	≤69.5

续表

项目	单位	参数
凝汽器汽阻	MPa	≤0.4
管束材料		TP304
管束区数量		39888
管束空气抽出区数量		2956
管束长度	mm	13400
入/出口端紧固管束的方法		胀接+密封焊
喉部及热井在内的蒸汽空间容积	m^3	2000
热井容积	m^3	200
正常水位下运行重量	kg	2650000
喉部与凝汽器壳体的连接形式		焊接
喉部与汽轮机的连接形式		焊接

4. 凝结水泵参数

凝结水泵参数如表 10-11 所示。

表 10-11　凝结水泵参数

参数名称	单位	设计点(VWO)	正常工况(THA)
流量	t/h	2294.5	1832.34
扬程	m	334	367
转速	r/min	988	988
泵的效率	%	83	79.7
运行水温	℃	32.5	32.5
必须气蚀裕量	m	4.4	4.3
最小流量	t/h	574	
最小流量下的扬程	m	408	
泵型号		TDM-VB5	
首级叶轮吸入形式		双吸	
叶轮级数		5	
密封形式		填料密封	
密封水流量	t/h	0.5	
密封水压力	MPa	0.1～0.4	
临界转速计算值	r/min	1530	
出口压力	MPa	3.04	
电机型号		YBPLKS800-6	
电机功率		2900	
额定电压		6000	
额定电流		323	
工频转速		988	
绝缘等级		F	
轴承冷却		水冷	
电机冷却		空水冷	

10.4　大型火电机组主要启动与正常运行操作

10.4.1　机组启动规定及说明

1．下列项目在总工程师(副总工程师)的主持下进行

(1)机组大修、中修、小修后的首次启动。

(2)主机实际超速实验。

(3)机组甩负荷实验。

(4)设备经过重大改进后的启动或有关新技术的第一次试用。

2．机组遇到下列情况之一时禁止启动或并网

(1)以下任一主要保护不能正常工作。

① 锅炉主燃料跳闸保护系统(MFT)。

② 汽轮机紧急跳闸保护系统(ETS)。

③ 机炉大联锁保护。

④ 发电机和励磁保护、主变和高厂变保护等重要电气保护。

(2)控制系统(DCS)通信故障或任一过程元件功能失去。

(3)主要控制系统和自动调节装置失灵(如机组 DCS、DEH、MEH)，影响机组启动或安全运行。

(4)机组主要参数监视功能失去，影响机组启动或正常运行或机组主要参数超过限值。

(5)上次机组跳闸原因不明或缺陷未消除。

(6)机组及其无备用的主、辅助设备系统存在严重缺陷。

(7)汽机高压主汽门、高压调门、补汽阀、中压主汽门、中压调门、抽汽逆止门、高排逆止门任一卡涩或不严。

(8)汽机盘车装置工作失常或投入盘车后主机动、静部分有明显金属摩擦声。

(9)汽轮机高、中压缸上下缸温差大于 55℃。

(10)主机交流润滑油泵、直流润滑油泵任一故障或其相应的联锁保护实验不合格。

(11)汽机润滑油油箱、EH 油箱油位低或润滑、EH 油油质不合格，或油温超限。

(12)超速实验不合格。

(13)发电机密封油系统、定冷水系统、氢冷系统不正常。

(14)用压缩空气系统工作不正常或者仪用压缩空气压力低于 0.45MPa。

(15)锅炉和主要附属系统设备及安全保护装置(如过热器、再热器安全阀、高、低压旁路、烟温探针、火焰监视电视等)无法正常工作，不能确保锅炉投运安全。

(16)电除尘、脱硫、脱硝等环保设施无法正常投用。

3．汇报总工程师的情况

遇有下列情况之一时，应汇报总工程师(或主管副总工程师)，并由总工程师(或主管副总工程师)决定机组启动方案。

(1)机组跳闸后，原因未查明或缺陷未消除时。

(2)任一操作子系统失去人机对话功能。

(3)发变组一次系统有异常、发电机励磁系统有异常。

(4)主变冷却器不能正常投运或其控制回路有故障。

(5)脱硫系统或脱硝系统故障不能正常投运。

4. 机组状态划分

1)锅炉状态

(1)冷态：停机超过 72h(主蒸汽压力小于 1MPa)。

(2)温态：停机 72h 内(主蒸汽压力为 1～6MPa)。

(3)热态：停机 10h 内(主蒸汽压力为 6～12MPa)。

(4)极热态：停机 1h 内(主蒸汽压力大于 12MPa)。

注意：无论在何种状态下启动，都应根据制造厂提供的启动曲线严格控制升温、升压速率。现场规程中应附有各种状态下的启动曲线，参见 10.5 节。锅炉启动应采用和机组启动相匹配的滑参数启动方式。

2)汽机状态

(1)全冷态：高压转子平均温度小于 50℃。

(2)冷态：停机一周或一周以上，高压转子平均温度小于 150℃。

(3)温态：停机 48h，高压转子平均温度为 150～400℃。

(4)热态：汽轮机停机 8h 内，高压转子平均温度大于 400℃。

(5)极热态：汽轮机停机 2h 内。

10.4.2　机组启动前检查及准备

机组总体检查及准备包括以下方面。

(1)机组各专业所属设备的检修工作全部结束，所有缺陷消除，所有工作票已严格按有关规定终结。

(2)楼梯、栏杆、平台完整，通道畅通无杂物，各种临时设施已拆除。

(3)管道及设备保温完好，各支吊架、支承弹簧等完好，膨胀间隙正常，保证各部件能自由膨胀。

(4)主厂房及相关区域照明良好，事故照明正常可随时投运。

(5)通信系统及设备正常可用，计算机系统正常联网，工业电视及摄像头完好。

(6)集控室和就地各控制盘完整，内部控制电源均应送上且正常，各指示记录仪表、报警装置、操作、控制开关完好，仪表一次阀开启。

(7)机组联锁实验合格。

(8)厂区消防设施正常可用。

10.4.3　锅炉启动应具备条件

1. 锅炉启动前的基本要求

(1)燃煤、燃油、除盐水储备充足，质量合格，凝结水精处理系统可投用。

(2)各类消防设施齐全，消防系统具备投运条件。

(3)经检修或消缺后的锅炉，所有热力机械工作票已终结，临时设施已拆除，冷态验收合格。

(4)动力电源可靠，备用电源良好。集控室表盘仪表齐全，校验合格，DCS 及主要辅机设备级程控、仪表具备投用条件。

2. 锅炉本体及烟道范围检查

(1)锅炉及其辅助设备现场场地平整、清洁、通道畅通，无杂物。主厂房孔盖板或防护设施完整、平台、扶梯、栏杆完整牢固，各种标志齐全清晰。

(2)锅炉烟风道及其他各类管道保温完整良好。

(3)锅炉本体、燃烧器、烟风道支吊架完整牢固且已投入正常使用状态。

(4)锅炉现场照明及事故照明、通信设备齐全良好。

(5)锅炉现场消防水系统应投入。

(6)锅炉电梯可用。

(7)锅炉燃烧室、冷灰斗内应无焦渣、脚手架和其他杂物。

(8)过热器、再热器、省煤器、空气预热器、暖风器等各受热面清洁，各烟风道及灰斗内无积灰和杂物。

(9)锅炉本体、烟道及各烟风道的人孔、检查孔、看火孔，在确认已无人后应关闭严密。

(10)检查锅炉各吹灰器均应在退出位置(包括预热器冷、热端吹灰器)。

(11)锅炉烟气温度探针在退出位置。

(12)炉膛火焰监视工业电视完好可用，冷却风投入，压力正常。

(13)锅炉燃烧器摆角或调风器操作灵活、位置正确。

(14)锅炉各辅助风挡板操作灵活、开度指示与实际相符。

(15)锅炉空气预热器、吸风机、送风机、一次风机、冷却风机、扫描风机、密封风机等有关烟风道挡板均应经核查，动作正常，位置正确。

(16)各部膨胀指示器安装齐全，指示刻度清晰并回复到零位，无任何影响膨胀的障碍物及设施存在。

3. 管道及阀门、挡板检查

(1)汽、水、烟、风道完整无杂物，保温完整，颜色和色环标志清晰。

(2)一、二次汽系统管道和集箱支吊架牢固，并留有足够的膨胀间隙。

(3)所有阀门或挡板完整，标志齐全，传动机构良好，位置正确，指示值与实际相符，并置于启动前的位置。

(4)蒸汽旁路阀开、关及调节正常，减温喷水系统完好。

4. 热控、仪表及保护

(1)热工仪器、调节装置、执行机构、热工联锁保护等应在启动前校验动作正常、可用，有关热工电源送上。

(2)炉膛安全监控系统(FSSS)、数据采集系统(DAS)、程序控制系统(SCS)、协调控制系统(CCS)均已调试完毕。事故报警、灯光、音响均能正常投用。

(3)大、小修后或锅炉停役一个月以上的锅炉，启动前应做联锁及保护实验。动态实验必须在静态实验合格后进行。辅机的各项联锁及保护实验应在分部试运行前校验结束；机炉大联锁实验应在主机各项保护实验合格后进行。联锁及保护实验应尽可能从信号起始点进行实校。机组正常运行中，严禁无故停用联锁及保护，若因故障需停用时，应得到总工程师批准，并限期恢复。具体实验方法，应根据设备实际情况，在现场规程中规定。

10.4.4 汽机启动前准备

汽机启动前应具备如下条件。

(1) 机组大、小修后的各类检查、验收和实验均已完成，并合格。有关设备、系统的异动和竣工报告齐全。所有工作票终结，临时设施已拆除，设备保温完整。

(2) 所有用于测量、保护的热工测点一、二次门检查完毕，确认开启。机组电气、热工联锁保护校验合格。

(3) 热工装置的仪表、报警、设备状态及参数显示正常，尤其是液位、油压等重要参数，LCD 上显示应与就地指示一致。

(4) DCS、DEH 等系统工作正常。

(5) 各设备、仪器、仪表的操作、控制电源或仪用气源已送上且工作正常。

(6) 现场照明和通信良好，事故照明可随时投用。

(7) 机组各附属系统设备完好，阀门传动实验合格，位置正确。

(8) 机组汽、水、油系统及设备冲洗合格，各油箱油位正常，油质合格。

(9) 机组排水系统运行正常，满足机组启动排放需求。

(10) 消防水系统工作正常、消防设施齐全。

(11) 汽轮发电机组滑销系统正常。

(12) 机组启动相关工具、仪器、仪表、记录本和操作票等准备齐全。

10.4.5 辅助系统及系统投运

1. 投运凝补水系统

(1) 联系化学启动除盐水泵，准备向凝水箱上水。

(2) 开启化学至凝水箱补水门，待水箱水位正常后将水位投入自动。

(3) 启动一台大流量凝输泵。

2. 投运闭冷水系统

(1) 通过凝输泵向闭冷水箱上水至正常水位，闭冷水系统注水排空气。

(2) 启动一台闭冷泵运行，确认系统运行正常，另一台泵投入备用。

(3) 根据各辅机运行要求，适时投入闭冷水。

3. 投运机侧压缩空气系统

(1) 查仪用气母管压力正常后，逐步开启汽机房各层仪用气总门及各分门向机侧各系统供气。

(2) 查杂用气母管压力正常后，逐步开启汽机房各层杂用气总门及各分门。

4. 投运循环水

(1) 检查循泵进口闸板已开启，循泵进口水池水位正常。

⑵启动冲洗水泵和旋转滤网，确认旋转滤网干净后停止。

⑶启动循泵出口蝶阀液压油站，检查油站工作正常，油系统工作压力为14～16MPa。

⑷投入循泵电机冷却水及轴承润滑水。

⑸开启凝汽器循进、循出门。

⑹开启循环水母管沿途放空气门。

⑺循环水系统的初次启动，用化学向循环水母管注水，注水结束后，启动一台循环水泵。

⑻根据需要启动其他循环水泵。

⑼根据需要投入二次滤网和胶球系统运行。

5. 投运主机润滑油系统

⑴确认主油箱油位正常。

⑵启动一台主油箱排烟风机，将各道轴承和主油箱处的负压调整至正常。

⑶按规定启动主机润滑油泵，检查润滑油滤网后压力为0.37～0.4MPa。

⑷启动两台顶轴油泵，检查顶轴油滤网后压力为15.5MPa。

⑸根据油温适时投入主机润滑油冷油器闭式水侧。

⑹投运主机润滑油净化装置。

⑺将各备用设备投入联锁开关。

6. 投运EH油系统

⑴确认主机EH油箱油位、油质正常、EH油温大于15℃，启动主机EH油泵，检查油泵出口压力在16MPa左右，系统无泄漏。

⑵启动EH油冷却循环泵，待油温升至55℃后，冷却风扇自启动正常。

⑶连续投入EH油再生装置，以便保证EH油质。

7. 投运密封油系统

⑴确认主机润滑油系统投运正常。

⑵密封油系统各油箱油位正常，否则执行注油程序。

⑶启动一台排烟风机，调整入口负压为–150～–50Pa。

⑷启动密封油真空油泵，密封油真空油箱内的负压调整至–40kPa左右。

⑸启动发电机交流密封油泵，确认油压、油流及油氢差压正常。

⑹投入密封油冷油器闭式水侧，控制密封油温度为43～49℃。

⑺投入各备用设备，投入联锁开关。

8. 高、低加投运前检查

⑴检查高、低加汽、水侧各阀门状态正确，正常、危急疏水门开关正常，无卡涩。

⑵低加疏水泵处于备用状态。

9. 投运凝结水系统

⑴确认凝水箱水位正常，用凝输泵向凝汽器热井补水至正常水位，并向凝结水系统注水排空。

⑵投入凝输泵至凝泵密封水，投入凝泵电机各冷却水；确认凝结水精处理保持通路，凝泵再循环门开出。

(3)凝泵启动条件满足后，启动一台凝结水泵。

(4)通知化学化验凝结水水质，若水质不合格，开启 5 号低压加热器出口放水门，进行凝结水系统包括各低压加热器的水侧冲洗排污，直至水质合格，关闭5号低压加热器出口放水门。

(5)投入低压加热器水侧运行，关闭低压加热器水侧旁路阀。

(6)凝结水系统投运正常后，凝泵密封水、闭冷水箱补水切换至凝结水供给。

10. 除氧器冲洗、上水

(1)凝结水水质合格后，开始给除氧器上水。

(2)开启除氧器底部放水门，对除氧器进行冲洗。

(3)当除氧器冲洗水水质合格后，关闭除氧器放水门，并将除氧器上水至正常水位。

11. 投轴封、抽真空

(1)先投轴封后拉真空，并注意轴封汽温度和汽轮机转子温度的匹配。

(2)确认轴封加热器水侧已投用，汽轮机处于盘车状态且汽轮机所有疏水门开启。

(3)关闭凝汽器真空破坏门并投用其密封水，密封水应维持适当溢流。

(4)按规定投入轴封汽。调整好轴加风机的出力，控制各道轴承的轴封汽不外冒，防止主机润滑油中进汽(水)。

(5)按规定逐台启动三台真空泵对凝汽器抽真空。

12. 投运一台汽动给水泵

(1)启动小机油系统，投入各备用设备联锁开关。

(2)投入汽泵密封水，回水排地沟；凝汽器真空建立后密封水切至凝汽器。

(3)投入前置泵闭冷水、密封水及油系统，检查各辅助系统运行正常。

(4)汽泵注水后投入小汽机盘车运行。

(5)小机投轴封拉真空。

(6)开启辅汽供小机管路上的各疏水门，进行疏水暖管。

(7)启动汽动给水泵对应的前置泵，给水走汽泵再循环。

(8)小机冲转，带负荷。

13. 除氧器加热给水

(1)开启辅助蒸汽供除氧器的各点疏水门。

(2)暖管结束后，确认管道无振动，将除氧器加热至锅炉要求的上水温度(105～120℃)。

(3)恢复另一台给水泵并投入暖泵系统。

14. 向锅炉上水

(1)开汽泵出口门向锅炉上水；注意对除氧器、凝汽器水位的调整。

(2)调节省煤器进水旁路门，根据锅炉需要控制上水流量。

(3)对高压加热器水侧注水排空，投入高压加热器水侧运行。

15. 高、低压旁路系统投运

(1)确认高低压旁路控制油站油箱油位高于正常油位，油质合格。

(2)开启旁路控制油站控制油过滤泵。

(3) 确认冷却风扇控制投入自动。

(4) 启动一台控制油泵，检查确认高低压旁路控制油站运行正常，将另一台油泵投入备用。

(5) 开启高、低压旁路减温水系统有关隔离阀，关闭放水阀。

(6) 确认 LCD 上高、低压旁路控制信号正常。

(7) 当凝汽器压力低于 40kPa 时，可投入高、低压旁路系统运行。

16. 锅炉辅助设备、转动机械检查及分部试运行

(1) 锅炉机组正式启动前，所有辅机及转动机械应进行检查，包括电气绝缘、事故按钮、冷却介质、润滑状况。对于经检修后的设备，必须经过试转或试投合格，主要包括如下。①烟风系统的吸风机、送风机、空气预热器、火检冷却风机等试转。②制粉系统的给煤机、磨煤机、一次风机、密封风机等试转。③油枪进、退机构及自动点火装置试投。④压缩空气系统的转动机械和干燥设备试投。⑤烟气脱硝设施中催化反应器、氨喷射系统的相关设备试投。⑥烟温探针进、退校验。

(2) 锅炉启动系统投用前的检查。① 启动分疏箱液位控制阀油系统，液动疏水阀控制投自动。② 检查大气式扩容器及其凝结水箱阀门状态正确，冷凝水泵处于备用。锅炉启动循环泵及电机注水、放气、清洗。③ 冲洗启动循环泵注水管路，直至水质合格。④ 对启动循环泵电机腔室进行注水，严格控制注水流量在 5L/min 以内，使控制进水温度不大于 50℃。⑤ 对启动循环泵电机冷却器进行注水排空。

(3) 锅炉上水、清洗。①开启过热器、再热器各疏水阀；关闭过再热器减温水各隔绝门、调整门。②开启锅炉各放空气门。③关闭省煤器进口集箱放水门、水冷壁进口集箱放水门、水冷壁中间集箱放水门。④开启省煤器大放气隔绝门，分配集箱至分疏箱放气门。⑤锅炉进水水质应满足：除氧器出口水质的含铁量小于 200ppb。⑥锅炉在进水时除氧器必须加热，提高给水温度到 105～120℃。锅炉给水与锅炉金属温度的温差不许超过 111℃。注意：上水时启动分离器，水压实验时启动分离器及过热器出口集箱，如果锅炉金属温度小于 38℃且给水温度较高，锅炉上水速率应尽可能小。⑦当省煤器、水冷壁及分离器在无水状态时，以不大于 10%BMCR (304t/h) 的流量向锅炉上水。⑧当水从省煤器、前后墙悬吊管各排气门连续出水后关闭相应的排气门，确保清洗系统完全充满水，保持水冷壁及分疏箱放气门打开。⑨当分疏箱液位出现水位且稳定上升后，锅炉上水完成。⑩由热工人员检查分疏箱水位指示正常后，将分疏箱水位控制自动投入。⑪锅炉大气式扩容器凝结水箱水位高于 1600mm，启动冷凝水泵，并将锅炉疏水排放至循环水排水。在机组首次启动或大修后启动时，要注意锅炉冷凝水泵的进口滤网差压，当滤网差压大于 0.02MPa 时，应及时联系清理滤网。

(4) 投运火检冷却风系统。确认冷却风压正常，各火检、炉膛火焰电视摄像头冷却风进口手动门开启。各火检和火焰电视系统工作正常。

(5) 联系除灰投运底渣系统。

(6) 投运风烟系统。①启动两台预热器，投入空预器的红外线探测系统。②按顺序启动吸、送风机。炉膛负压控制在−150Pa 左右，投入负压自动控制。③投入各备用设备的联锁开关。

10.4.6　机组运行调整的主要任务及目的

(1)按照电网负荷需求，及时调节负荷。

(2)机组运行中及时分析运行工况，严格监视汽轮机参数在运行范围内，各监视段压力与负荷关系正常。

(3)正常运行中，增、减负荷的速率一般不大于3%BMCR。

(4)控制机组运行参数符合规定，加强机组设备、系统运行工况监视，合理调整、控制污染物生成及排放，符合环保标准。维持机组安全、稳定、经济运行。

(5)按照运行管理制度的规定，定时记录机组有关运行参数；定期进行设备的检查和维护；定期进行有关设备的切换和实验。加强机组运行状态参数的监视与分析，及时发现异常并进行处理。

(6)做好有关经济指标的分析、统计、计算工作，做好清洁卫生和节能降耗工作。

(7)妥善保管好岗位上的工具、器材、报表、资料，并做好交接班工作，不得遗失。

10.4.7　锅炉的正常运行和调整

1. 锅炉运行中调整的基本要求

(1)通过锅炉运行中的调整，使各相关参数在允许的范围内变动，是确保整套机组能安全、经济、连续运行的重要方面。

(2)充分利用和发挥计算机程控及自动调节装置的功能，以利于运行工况的稳定和进一步提高调节质量。

(3)当计算机程控及自动装置投运时，运行人员应加强对各工况参数的监视，并经常进行过程参数变化情况分析，发现某程控或自动控制不正常时，应立即将其切至手动，维持运行工况稳定，并应立即通知有关人员，尽快处理，恢复运行。

(4)当燃用煤质与设计煤质的工业分析成分波动超出允许变化范围等外界因素变化时，需要及时对锅炉运行的相关参数进行调整，并对计算机自控装置的参数予以修正，尽早恢复调节品质。

2. 锅炉运行调整的主要任务

(1)保持锅炉的蒸发量能满足机组负荷的要求。

(2)调节各参数在正常范围内变动。

(3)保持炉内燃烧工况良好，使燃烧完全，炉膛温度场和热负荷分布均匀，减少结渣或结渣后可借助吹灰器清除，并不使燃烧器烧损。

(4)维持炉膛水冷壁内正常的水动力工况和避免各级受热面管壁超温。

(5)及时调整锅炉运行工况，提高锅炉效率，使各参数保持在最佳数值范围内运行。

10.4.8　锅炉正常运行中主要监视和调整内容

1. 锅炉主要监视参数

(1)炉膛负压。

(2)炉膛出口烟气温度、空预器入口烟气温度和空预器出口烟气温度。

(3) 总风量、氧量、大风箱与炉膛差压。

(4) 热一次风母管压力、密封风与一次风差压。

(5) 火检冷却风压力。

(6) 总燃料量、煤水比。

(7) 水冷壁、过、再热器等受热面管壁温度。

(8) 主、再热蒸汽压力、温度，分离器出口温度、分离器出口焓值。

(9) 总给水量、减温水量等。

2. 锅炉燃烧调整的目的

(1) 维持锅炉正常运行的参数。

(2) 在锅炉稳定运行和负荷变动的时候，保证锅炉燃烧的稳定。

(3) 通过合理地组织燃烧配风和控制燃烧温度，保证燃料的完全燃烧。

(4) 使燃烧室热负荷分配均匀，减少热偏差。

(5) 根据省煤器出口烟气中含氧量与设计值的偏差调整二次风量。

(6) 通过分级配风燃烧，减少 NO_x 的排放量。

3. 锅炉燃烧调整

(1) 锅炉运行时，应了解燃煤、燃油品种和化学分析，以便根据燃料特性，及时调整运行工况。正常运行时，运行人员应经常对燃烧系统的运行情况进行全面检查，发现燃烧不良时应及时调整。

(2) 锅炉燃烧时应具有金黄色火，燃油时火焰白亮，火焰应均匀地充满炉膛，不冲刷水冷壁，从背火面观察着火点离喷口应在(0.3～0.5) m 范围内，同一标高燃烧的火焰中心应处于同一高度。

(3) 控制合适的一次风速和一次风煤粉浓度。燃料的着火点应适中，距离太近易引起燃烧器周围结焦烧坏喷嘴；距离太远，又会使火焰中心上移，使炉膛上部结焦，严重时还将会使燃烧不稳。

(4) 正常运行时，应维护炉膛负压在–150Pa 左右，锅炉上部不向外冒烟。锅炉运行时，应尽量减少各部位漏风，各门、孔应关闭严密，发现漏风处应及时堵塞。

(5) 可通过改变风箱-炉膛差压即调整二次风速来改变火焰的刚性，使火焰不冲刷水冷壁。

(6) 炉膛出口氧量值应根据不同的燃料特性和负荷来决定，当氧量控制在手动方式时，应根据氧量设定值进行调节，若控制氧量控制回路设在“自动”状态时，可通过改变氧量设定值来进行自动调节。当燃用灰熔点低或煤油混烧时，为防止炉膛结焦，可适当提高炉膛出口氧量。

(7) 为确保锅炉经济运行，应维持合格的煤粉细度，定期对飞灰、炉渣等取样分析，进行比较，及时进行燃烧调整。

(8) 锅炉进行燃烧调整或增加负荷时，除了保证汽温、汽压正常外，还应使启动分离器出口温度维持在正常值范围内。燃烧器投用后，应检查着火情况是否良好，及时调整风量，防止烟囱冒黑烟。

(9) 锅炉正常运行时应根据负荷情况投运燃烧器，低负荷运行时，尽量投用相邻燃烧器，并保持较高的煤粉浓度，以利于煤粉着火燃烧。高负荷运行时，要多投入燃烧器，使炉内热负荷均匀，燃烧稳定。磨煤机运行台数与负荷的对应关系如下。

负荷范围(%BMCR)：10～40、35～60、45～80、60～100、80～100。

投入磨煤机台数：2、3、4、5、6。

(10)在锅炉运行中，进入锅炉的燃料成分变化会对燃烧工况和受热面的工作过程产生很大影响(尤其是燃烧中的挥发分、灰分、水分的影响)，运行人员应确知当值锅炉所用煤种的发热量、灰熔点及其主要成分，并根据不同燃料品质，进行合理的燃烧调整。

(11)锅炉结渣是影响运行安全和经济的主要因素之一。锅炉燃煤灰渣特性和炉内燃烧空气动力特性是锅炉受热面产生结渣的主要因素。调整燃烧时，防止炉膛火焰冲刷炉壁或形成贴壁气流，是防止结渣的主要运行措施。运行中应加强结渣监视和吹灰工作，发现结渣应及时采取措施。

(12)当锅炉由于各种原因造成燃烧不稳时，应及时投入油枪、稳定燃烧，并查明原因，及时消除燃烧不稳的因素。若锅炉发生熄火，应立即停止向炉膛供给燃料，避免扑灭而引起锅炉爆燃。

10.4.9　锅炉主蒸汽焓值的控制与监视

直流锅炉的焓值控制是锅炉燃料控制和给水控制之间的一个主修正量，焓值由汽水分离器出口压力和一级过热器入口温度计算得出，并以对应燃料量下减温水的偏差量作为辅助比较量，焓值控制在锅炉进入直流状态才起调节作用。

1.焓值控制的机理

(1)当水冷壁出口蒸汽温度达到最二值的时候，焓值设定点将立即减少到最小焓值设定点，然后在15min内线性增加到正常焓值设定点，焓值变化相应作用调节给水。

(2)当水冷壁出口温度达到高一值或过热器减温水达到对应燃料量下的上限时，焓值设定值将快速降低，相应动作为增加给水，直到参数达到正常范围。

(3)当过热器减温水达到对应燃料量下的下限时，焓值设定值将慢慢上升，修正减少给水量，以保证最小减温水量。

(4)当过热器减温水量与设计值有偏差的时候，焓值将自动缓慢修正，以保证减温水量与目标值偏差在允许的范围内。

2. 燃料控制

为保证焓值控制平稳，对燃料的控制也应平稳，当锅炉燃料量5min之内变化大于8%时，焓值控制将自动闭锁增或减，此时应注意主蒸汽温度、减温水开度以及水冷壁出口温度，防止超温或者温度突降现象。

3. 燃烧率控制

由于锅炉在直流状态和非直流状态的控制方式不一致，应注意控制锅炉的燃烧率不要在直流转换区间波动，防止出现控制紊乱。

4. 燃料和给水的匹配

当汽水分离器压力、水冷壁出口蒸汽温度以及一级过热器入口蒸汽温度任一出现故障的时候，焓值设定值将停止变化，此时应注意燃料和给水的匹配调节。

5．吹灰控制

当锅炉吹灰，特别是炉膛吹灰时，会引起蒸汽参数的变化，要注意控制焓值在正常范围内变动但焓值达到控制上下限时，应先暂时停止吹灰的操作，待稳定后再进行吹灰。

10.4.10　锅炉汽温的调整

(1)通过汽温调整，确定合理的中间点温度、燃烧器摆角、减温水量，并掌握调温过程的动态特性，使汽温波动幅度符合要求：两侧汽温和管壁温度的偏差不超过允许值。锅炉正常运行带50%BMCR以上出力时，通常主蒸汽温度和再热蒸汽温度都应控制在额定温度值，过热汽和再热汽温度的波动幅度，稳定工况时应小于605℃(－10～＋5℃)；变工况下应小于603℃(－10～＋5℃)。

(2)在30%～100%BMCR负荷期间，应保证过热器和再热器两侧出口的汽温偏差分别小于5℃和10℃。同时各段工质温度、壁温不超过规定值。

(3)主蒸汽温度的调整是通过调节燃料与给水的比例，控制分离器出口工质温度为基本调节，并以减温水作为辅助调节来完成的，启动分离器出口工质温度是启动分离器压力的函数，启动分离器出口工质温度应保持微过热，当启动分离器出口工质温度过热度较小时，应适当调整煤水比例，控制主蒸汽温度正常。中间点汽温保持15～30℃的过热度。

(4)再热蒸汽温度的调节以燃烧器摆角调节为主，锅炉运行时，应通过CCS系统控制燃烧器喷嘴摆动调节再热汽温。如果燃烧器摆角不能满足调温要求，可以采用以下方法予以调节：①在氧量控制范围内改变过量空气系数；②改变制粉系统投用层次和燃尽风挡板的开度；③对再热器受热面进行吹灰，加强再热器受热面吸热；④再热器微量减温水作为事故调节，在采用上述措施后仍未解决汽温偏高时使用；⑤在一级再热器入口减温水作为危急减温水，在高压旁路开启时，要注意控制再热器入口蒸汽温度，防止超温。

注意：为保证摆动机构能维持正常工作，摆动系统不允许长时间停在同一位置，尤其不允许长时间停在向下的同一角度，每班至少应人为地缓慢摆动一至二次，否则时间一长，喷嘴容易卡死，不能进行正常的摆动调温工作。同时，摆动幅度大于 20°，否则摆动效果不理想。

(5)过热减温水的使用及注意事项如下。①一级减温水用以控制二级过热器的壁温，防止超限，并辅助调节主蒸汽温度的稳定，二级减温水是对蒸汽温度的最后调整；②正常运行时，二级减温水应保持一定的调节余地，但减温水量不宜过大，以保证水冷壁运行工况正常；③一级、二级减温的调节辅助门投入自动，当减温水增大时，辅助门自动开启。

(6)调节减温水维持汽温，有一定的迟滞时间，调整时减温水不可猛增、猛减，应根据减温器后温度的变化情况来确定减温水量的大小。

(7)低负荷运行时，减温水的调节尤须谨慎。为防止引起水塞，过热器减温器后温度应确保过热度10℃以上，投用再热器事故减温水时，应防止低温再热器内积水，减温后温度的过热亦应大于20℃，当减负荷或机组停用时，应及时关闭事故减温水隔绝门。

(8)锅炉运行中进行燃烧调整，增、减负荷，投、停燃烧器，启、停给水泵、风机、吹灰、打焦等操作，都将使主蒸汽温度和再热汽温发生变化，此时应特别加强监视并及时进行汽温的调整工作。

(9) 高压加热器投入和停用时，给水温度变化较大，各段受热面的工质温度也相应变化，应严密监视给水、省煤器出口、螺旋管出口工质温度的变化，待中间点温度开始变化时，宜暂维持燃料量不变，调整给水量，直到中间点温度稳定并处于合理数值，进而使过热蒸汽温度控制在规定范围内，之后再作负荷的修正。

10.4.11　锅炉汽压的调整

(1) 锅炉采用定-滑变压运行方式，变压运行的范围为 30%～100%BMCR，定压运行的范围为 0～30%BMCR。

(2) 在机组正常运行时，应注意高、低压旁路压力控制在跟随状态，当机组负荷变化速度较快以及 RB、汽机甩负荷等情况时，旁路会自动开启防止使锅炉超压。

(3) 在机组正常运行中，应将再热器安全门投入自动控制，并监视再热器安全门跟随再热蒸汽压力正常。当出现安全达到动作条件而拒动的时候，应手动开启安全门，以保证受热面安全。

(4) 当手动调节燃料以及减温水的时候，应缓慢调节，防止锅炉的减温水大幅度变化引起主蒸汽压力波动。

(5) 当运行中主蒸汽压力发生变化的时候，应及时判断原因，并针对不同的原因采取措施。

10.4.12　高、低压旁路的运行

(1) 对于用于机组启、停和运行中起超压保护功能的高、低压二级串联旁路在机组正常运行中，应保持热备用，其控制装置应投入自动。

(2) 在高、低压旁路调节过程中，应注意相互之间的匹配，使高压旁路通流量与减温水量之和同低压旁路的流量一致。

10.4.13　锅炉高温受热面的金属温度监视与调整

锅炉高温受热面管壁温度控制应严格按照《管壁温度控制定值表》的要求进行。在锅炉运行的任何阶段，必须严格控制过热器、再热器管壁温度不超限。

1. 因负荷变化引起管壁超温的处理方法

(1) 锅炉各级过、再热器因其布置的位置不同，其传热特性有所差别。一般布置在炉膛内的受热面具有明显的辐射特性，即随负荷升高汽温降低；布置在炉出口烟道内的受热面则具有对流特性，即汽温随负荷的增加而升高。管壁温度亦具有相似的特性。

(2) 在负荷变化时，由于传热过程使汽温变化产生延迟。当增加负荷(增加燃料)、传热过程延迟导致产汽量滞后时，过、再热器内汽量未变，烟温升高导致超温。

2. 给水温度变化引起管壁超温的处理方法

(1) 当给水温度降低时，锅炉维持同样蒸发量所需热量增加，使过热器烟侧传热量增加，汽温和壁温升高。

(2) 在正常运行期间，应保证各加热器及除氧器加热的投入，监视省煤器进口给水温度符合负荷对应值。当有加热器撤出时，应严密监视汽、壁温情况，为防止管壁超温，必要时应降低负荷。

3. 燃料的变化引起管壁超温的处理方法

由于煤种特性变化(挥发分、灰分、水分、含碳量、发热量、煤粉细度等)影响到锅炉燃烧及受热面吸热特性，汽温及管壁温度也会发生相应变化，因此，在燃料品质改变时，应注意汽温及管壁温度变化。

4. 磨煤机投停及燃烧器运行层改变

(1) 投磨煤机时，短时间内汽温上升很快，应注意汽温调整，停运磨煤机时正好相反。

(2) 燃用上层燃烧器汽温会上升，而用下层燃烧器时，汽温会下降，运行中可通过改变燃烧器运行层或燃烧器出力来调整因煤种、负荷变化等因素给汽壁温带来的扰动，使锅炉处于较好的运行工况。

5. 氧量控制方法

风量增加(锅炉过剩空气量增加)时，可使汽温上升，尤其是再热汽温，但过多的过剩空气也降低了锅炉的效率。正常运行时，应按负荷-氧量曲线合理调整风量，使其和对应负荷下的值相近。

6. 吹灰

炉膛受热面结渣、沾污。水冷壁结渣、沾污，导致过、再热器因炉内烟温升高而超温及排烟温度上升。这时应加强炉膛吹灰，保持水冷壁受热面清洁。

10.4.14　锅炉的吹灰与除渣

(1) 当锅炉负荷大于 50%BMCR 且燃烧稳定时，方可对炉膛和烟道进行吹灰。在 50%BMCR 负荷以下时，一般只进行预热器吹灰。

(2) 锅炉吹灰进行前应进行仔细的吹灰蒸汽系统暖管工作，疏水温度高于 235℃后自动关闭疏水门，确保无水。防止蒸汽带水吹损受热面管材或积灰与水发生反应后板结。

(3) 运行人员应根据各受热面的积灰和结渣情况合理安排投运锅炉吹灰器，低负荷投油稳燃时预热器要投入连续吹灰。

(4) 锅炉吹灰时，保持较高炉膛负压，避免炉膛正压。吹灰过程中严禁打开吹灰器附近的观察孔检查炉内状况。

(5) 吹灰器投入顺序一般为：空气预热器—炉膛缩吹灰器—烟道吹灰器—空气预热器。锅炉各受热面吹灰器按烟气的流程自下而上顺序进行。

(6) 当机组启动后，就应将脱硝系统声波吹灰器投入程控运行，防止脱硝系统积灰。

(7) 对锅炉过热器、再热器以及省煤器受热面进行吹灰时，应按照成对吹灰的原则，禁止单根吹灰器吹灰，以稳定主、再汽温调节。

(8) 根据燃烧器区域结焦情况投入水力吹灰器。当水力吹灰器投用的时候，会出现机组参数波动的情况，应事先做好应对措施。

(9) 吹灰时严密地监视机组负荷、主汽、再热汽参数变化以及受热面金属温度的变化，发现异常立即停止吹灰，等工况稳定后才能继续进行吹灰。

(10)锅炉发生故障时，应立即停止受热面的吹灰。

(11)炉吹灰时，加强就地巡检。发现吹灰器卡住或未退到位，应立即联系检修人员处理。

10.5 大型火电机组设备运行曲线

10.5.1 锅炉启动曲线

1. 冷态启动曲线

冷态启动曲线如图 10-39 所示。

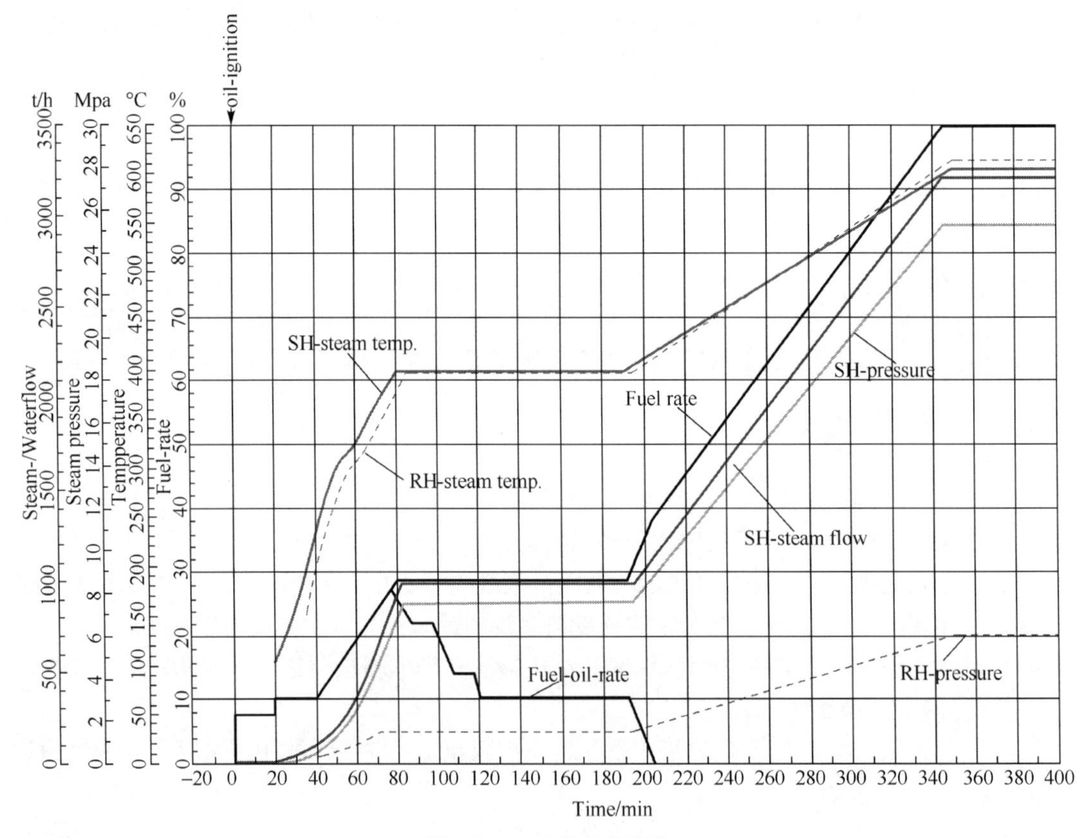

图 10-39 冷态启动曲线

2. 温态启动曲线

温态启动曲线如图 10-40 所示。

3. 热态启动曲线

热态启动曲线如图 10-41 所示。

4. 极热态启动曲线

极热态启动曲线如图 10-42 所示。

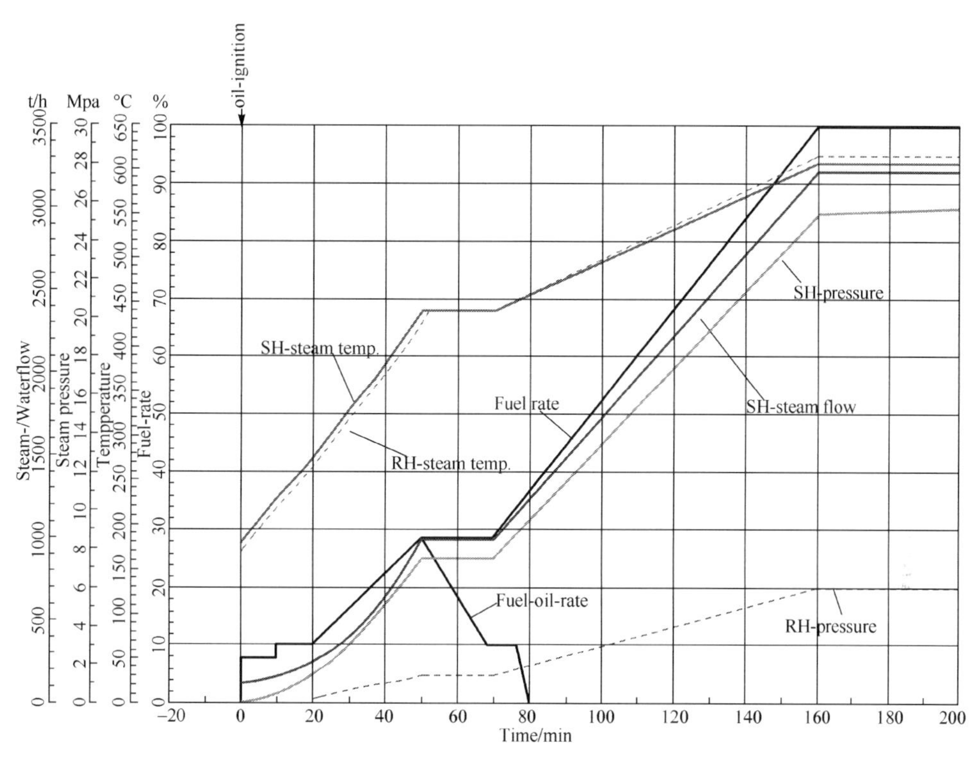

图 10-40　温态启动曲线

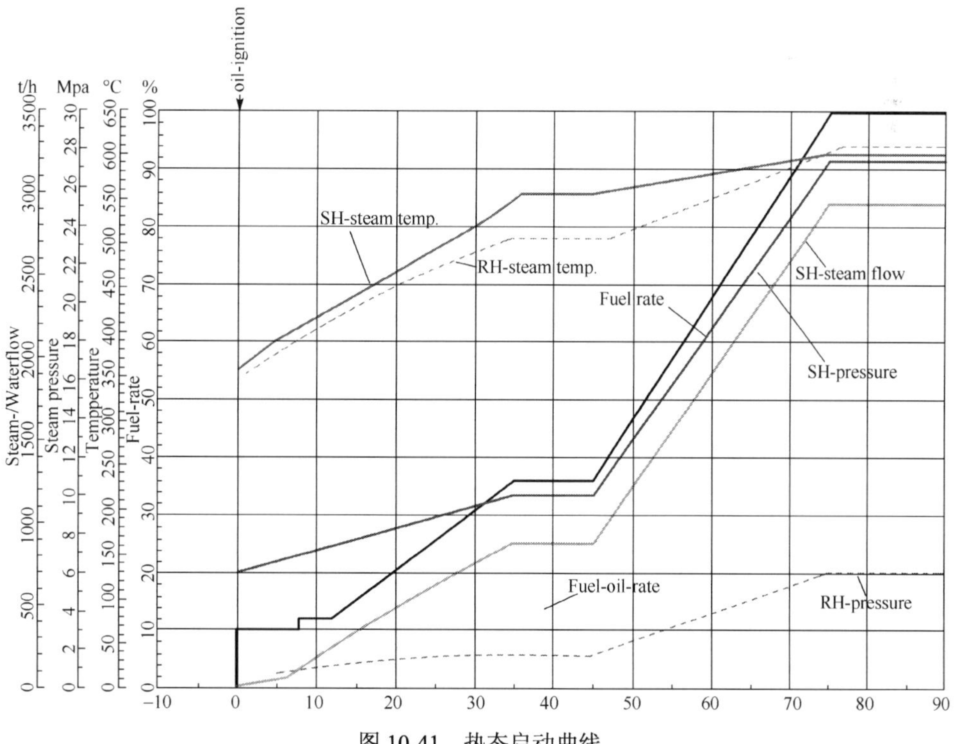

图 10-41　热态启动曲线

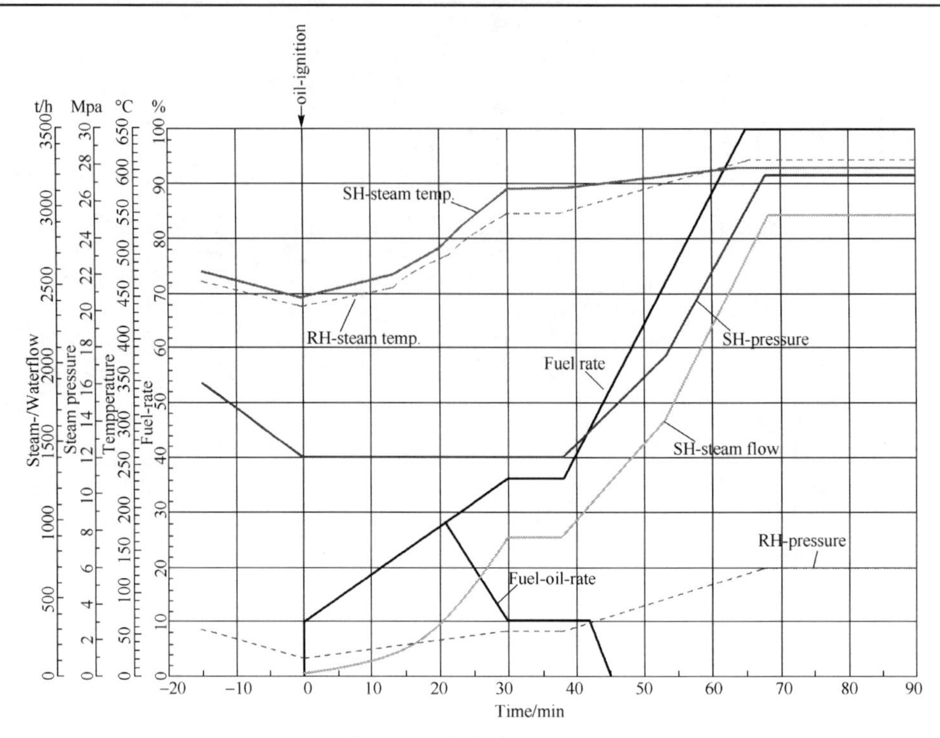

图 10-42　极热态启动曲线

10.5.2　风机性能曲线

吸风机性能曲线如图 10-43 所示。

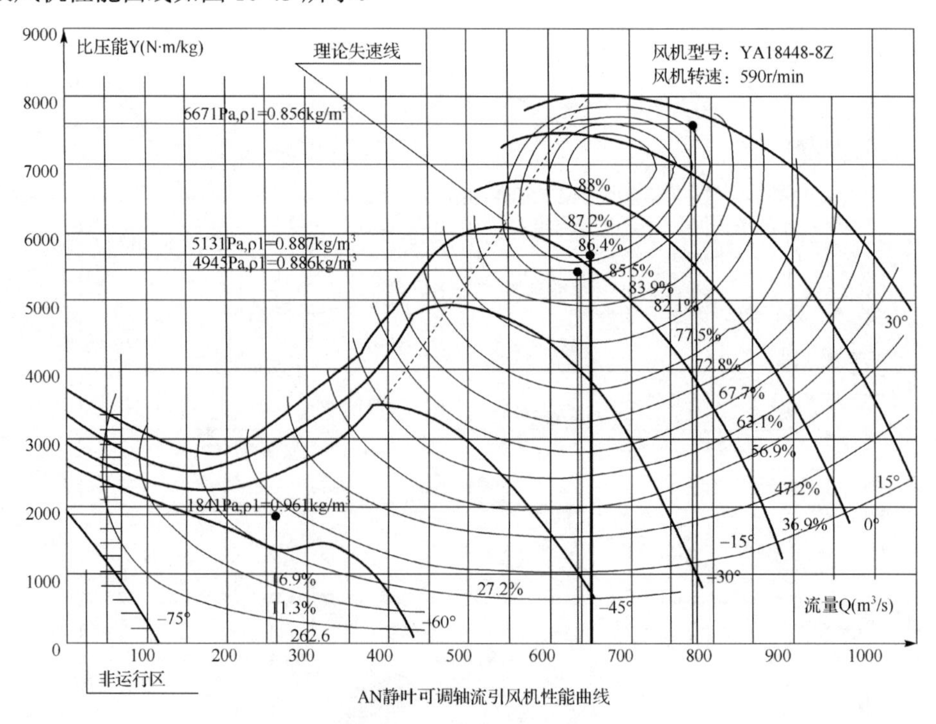

图 10-43　吸风机性能曲线

10.5.3　汽轮机启动曲线

1．环境温度启动，初始温度 50℃

在环境温度下启动，初始温度为 50℃时的汽轮机启动曲线如图 10-44 所示。

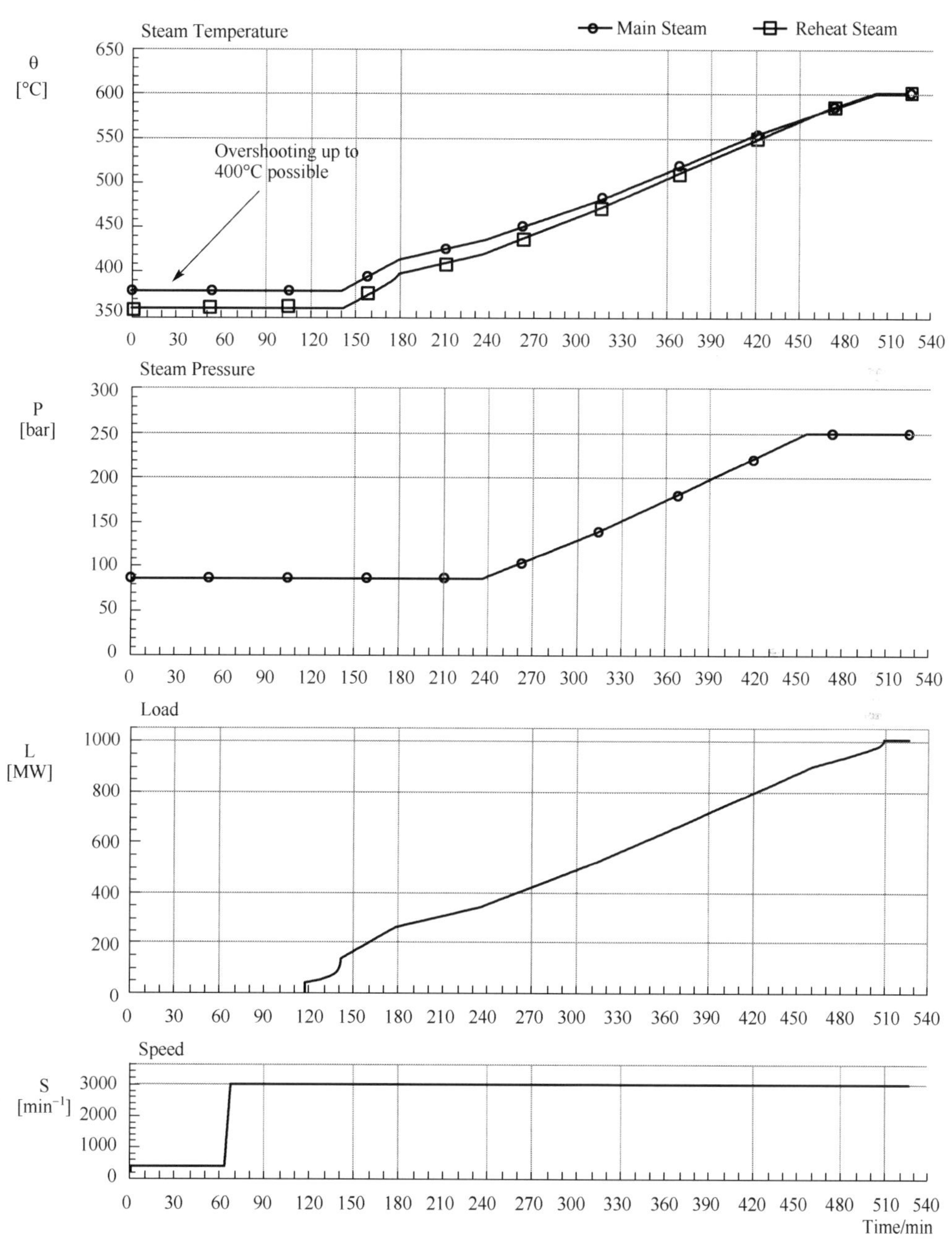

图 10-44　环境温度下的汽轮机启动曲线

2. 冷态启动，150℃

冷态启动，150℃时的汽轮机启动曲线如图 10-45 所示。

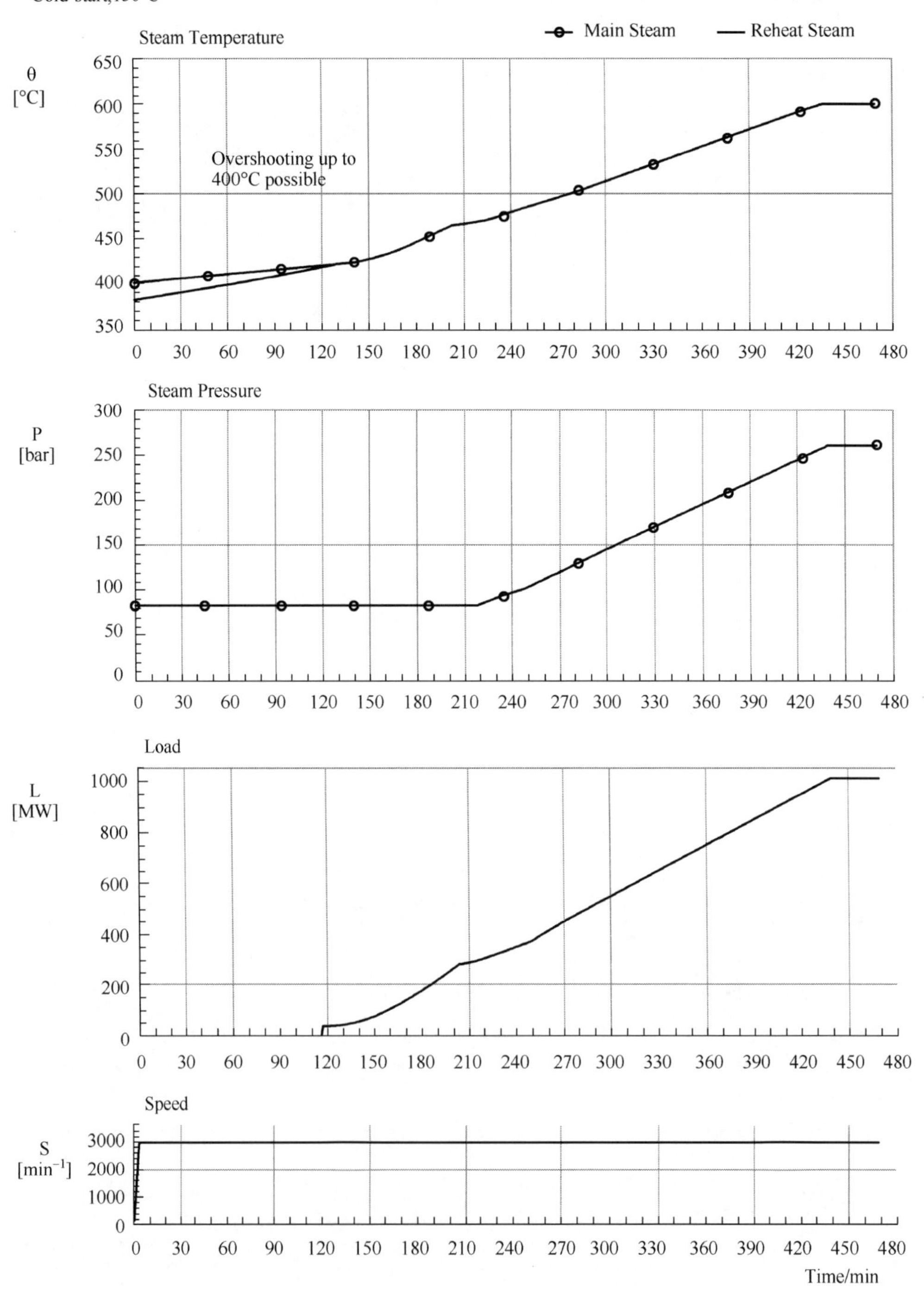

图 10-45　冷态启动，150℃时的汽轮机启动曲线

3. 温态启动，停机 56h

温态启动，停机 56h 时的汽轮机启动曲线如图 10-46 所示。

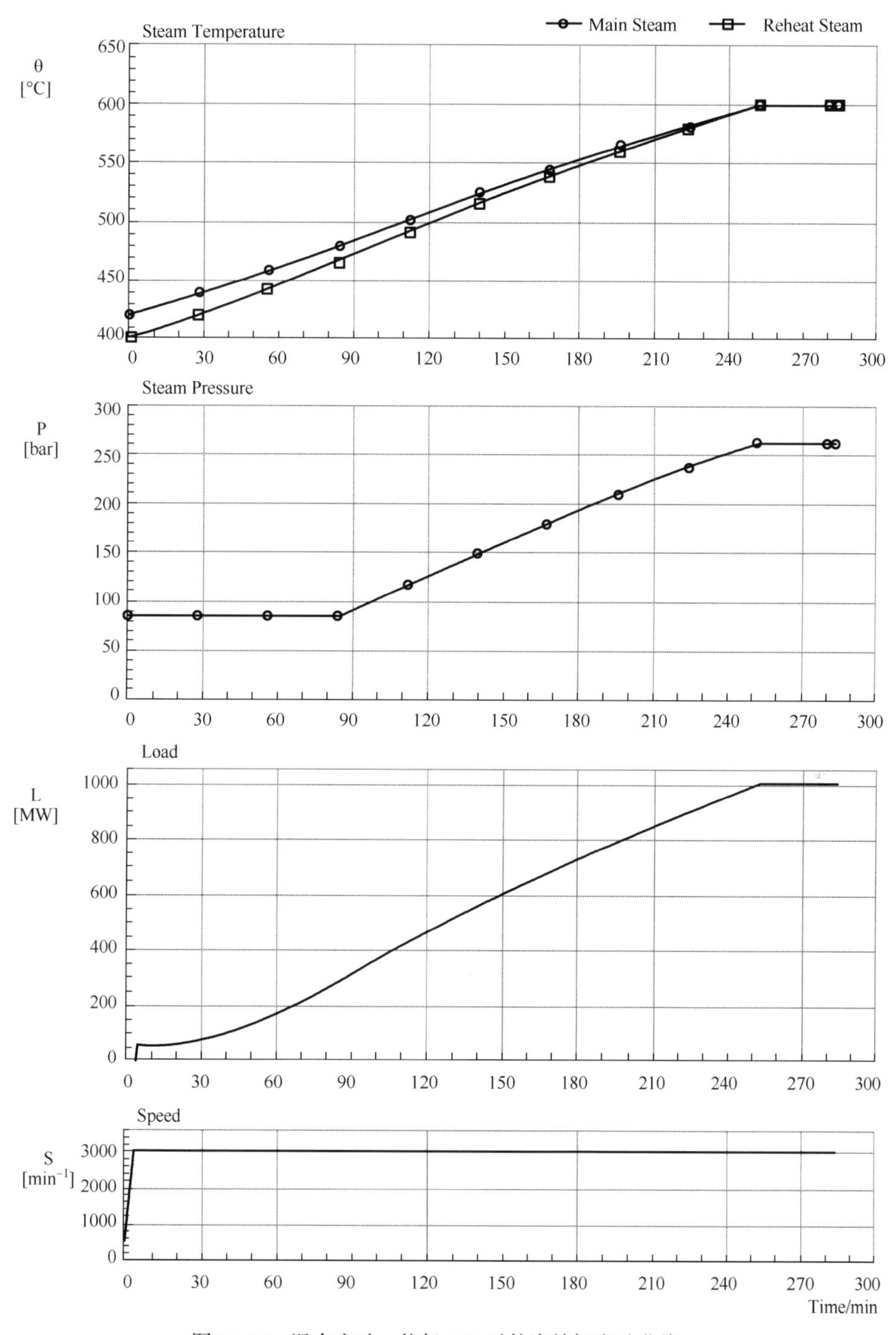

图 10-46　温态启动，停机 56h 时的汽轮机启动曲线

4. 热态启动，停机 8h

热态启动，停机 8h 时的汽轮机启动曲线如图 10-47 所示。

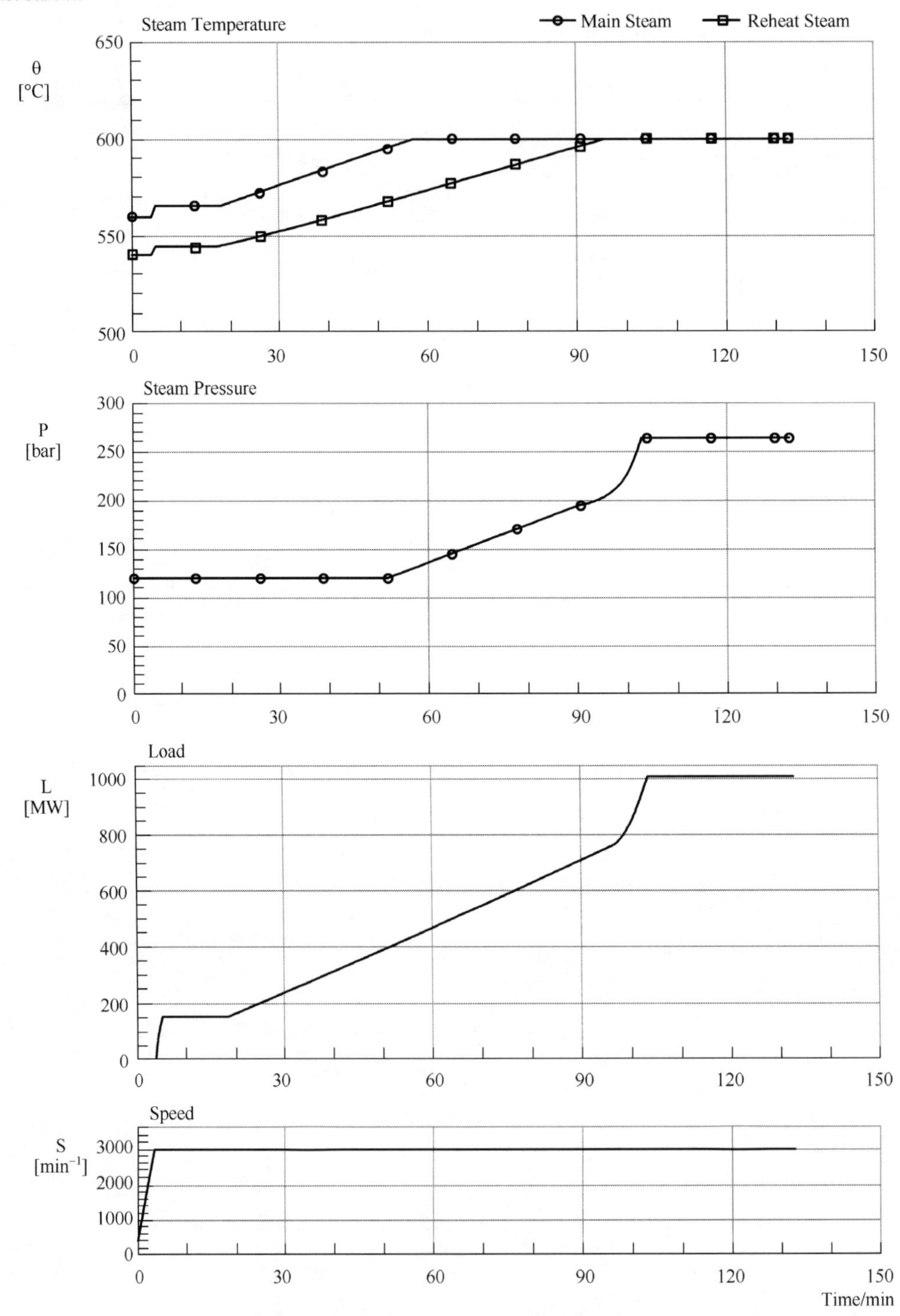

图 10-47　热态启动，停机 8h 时的汽轮机启动曲线

5. 极热态启动，停机 2h

极热态启动，停机 2h 时的汽轮机启动曲线如图 10-48 所示。

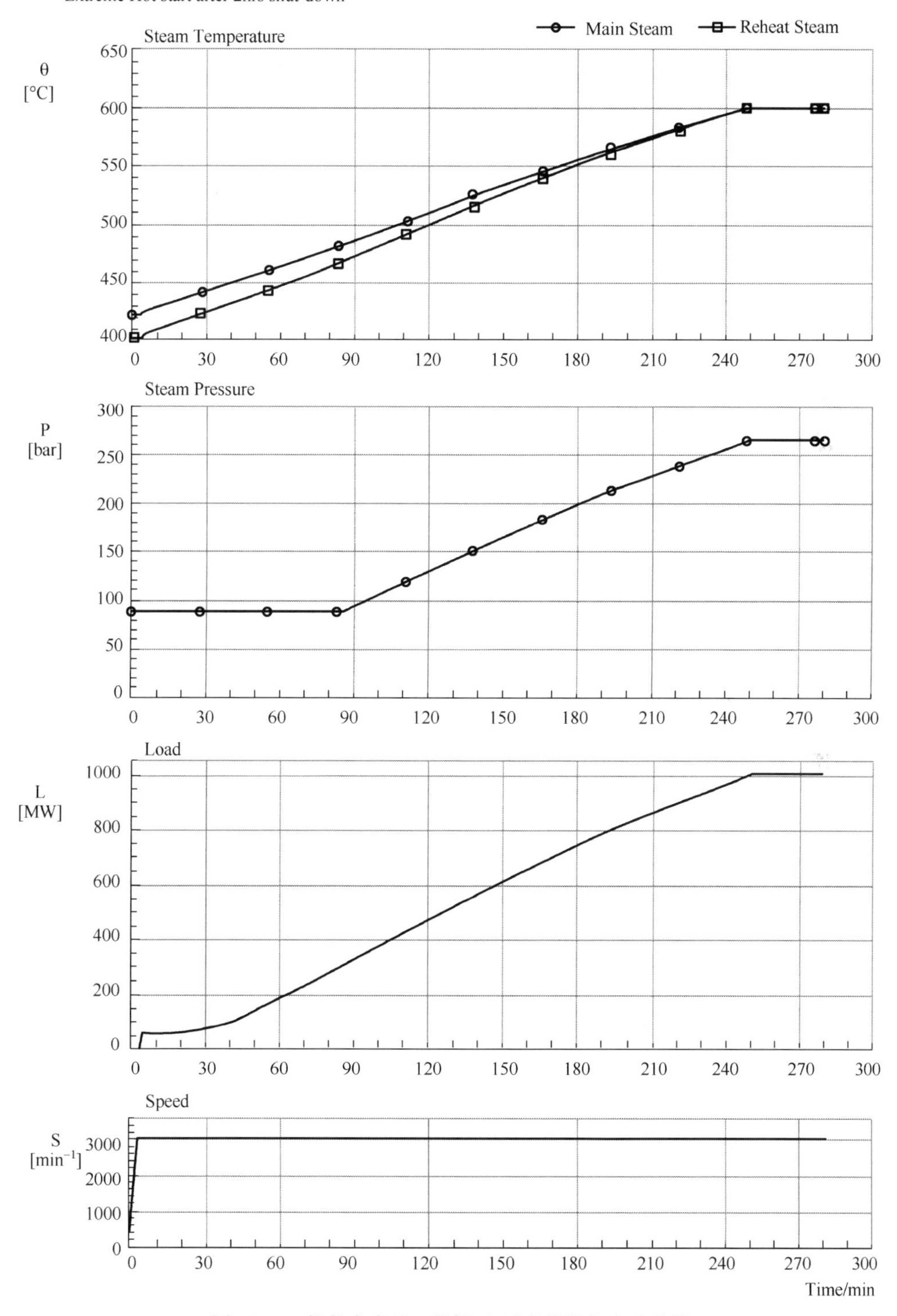

图 10-48　极热态启动，停机 2h 时的汽轮机启动曲线

10.6 热力系统创新设计举例

近年来，一些研发机构已开发了用于太阳能热电站仿真的仿真系统，能在太阳能场建模方面更专注细节建模与分析，并且可以用于太阳能系统微调或新的太阳能概念的开发。本节给出两个例子来展示本稳态仿真环境在太阳能系统创新中的应用。

10.6.1 太阳能组件库

太阳能热电站库是一个能够模拟整个系统的工具。该数据库建立的目的是为了满足对各种使用者的需求，其范围从项目工程师需要的快速电站产能估计到电站工程师需要的更详细模型代码。太阳能库的功能可以分成如下四组。

(1) 太阳位置和入射角计算。

(2) 提供流体性质数据，如热油和日晒工业盐。

(3) 典型电站组件的物理模型(太阳能集热器、集管、储能、太阳能领域模型)。

(4) 时间序列和蓄、放热的建模。

10.6.2 太阳能计算基础

太阳位置计算是通过一个“太阳组件”来实现的，它提供的全局参数可以用于太阳能库的其他部件。使用者必须指定如下内容。

(1) 日期(年、月、日)。

(2) 时间(小时、分、秒)。

(3) 时制(夏时制或冬令时)。

(4) 时区(仅用于当地冬季时)。

(5) 现场的地理位置(纬度和经度)。

为计算太阳位置，有几个算法如 DIN5034 或 SOLPOS 可供使用者选择。计算的结果是太阳方位角和太阳高度角。如果目的是表示一个特定的条件，也可以自由地直接定义两个角度。

集热器的入射角取决于太阳位置和集热器的朝向(集热器方位角和倾斜)。由于这些参数对于所有太阳能场中的集热器是相同的，可以从顶层结构定义这些参数值。然后仿真系统计算相应的入射角，并作为所有集热元件的输入。以同样的方式，环境温度、风力条件和直接正常辐照可以在全局或本地组件层来设定。

10.6.3 传热流体

太阳能组件利用自然存在的介质(如水/蒸汽)。作为新的介质，热油和熔融盐也已加入到介质库中。这些介质在太阳能以及其他领域的部件中使用。对于熔融盐，采用被称为太阳能熔盐的 60%硝酸钠和 40%硝酸钾的混合物。介质属性数据库用比焓、热容、热导率、密度和动力黏度作为温度的函数。

10.6.4 线性聚焦集热器模型

原则上，该组件保留了外部热平衡和压力损失的方程。由于槽式和线性菲涅尔集热器很相似，因此只建立一个通用部件。使用者可以通过下拉菜单选择抛物槽或线性菲涅尔的功能。根据此设置，该部件的图标会相应改变，如图 10-49 和图 10-50 所示。

图 10-49　太阳能集热器组件，类型设置为“抛物槽式”

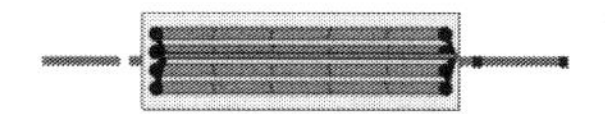

图 10-50　太阳能集热器组件，类型设置为“线性菲涅尔”

流体流动的有效传热量可由下式给出：

$$Q_{\mathrm{eff}} = Q_{\mathrm{solar}} - Q_{\mathrm{loss}} = \mathrm{DNI} A_{\mathrm{net}} \eta_{\mathrm{opt},0} K f_{\mathrm{tr}} \eta_{\mathrm{shad}} \eta_{\mathrm{endloss}} \eta_{\mathrm{spill}} \eta_{\mathrm{clean}} - Q_{\mathrm{loss}}$$

式中，DNI 表示直接正常辐照度；A_{net} 表示有效收集器孔隙表面；$\eta_{\mathrm{opt},0}$ 表示光学效率峰值；K 表示入射角修正系数(已包含入射角余弦)；f_{tr} 表示集热器的聚焦状态。入射角修正系数为集热器的特性，并且可以在预定义的函数中以表中的值的形式通过一个系数进行定义。本仿真系统可以计算并联的多行集热器的遮光效率(η_{shad})、整体损失以及整体收获。H_{clean} 用来指定反射镜的实际清洁程度。用户可以自由地定义一个能够影响 η_{spill} 的关联系数。在方程中的热损失 Q_{loss} 由流体和基于预先定义的多项式的环境温度之间的差来计算。热性能可以通过指定热损失或热效率的方法来确定。为了保证建模的高度灵活性，一些物理效应可以根据具体的组件设定为“激活”或“不激活”。所有参数如规格值、算法的切换选项和用户定义的关联系数可以通过图形用户界面输入，参见图 10-51。

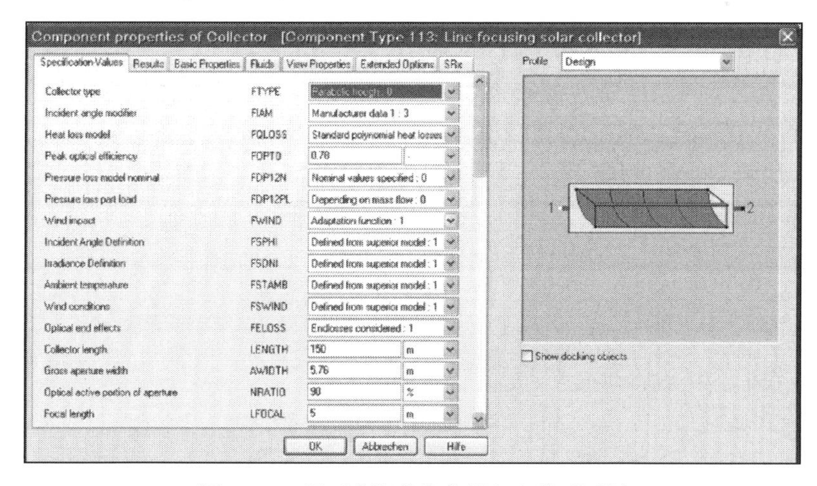

图 10-51　用于太阳能集热器组参数对话框

10.6.5　集流器模型

集流器是用来在集热器区域分配和收集换热流体的部件。它们对系统热力特性的影响是通过热损失和压力损失给出的。集流器的内径随着它们长度的变化而变化，见图 10-52。

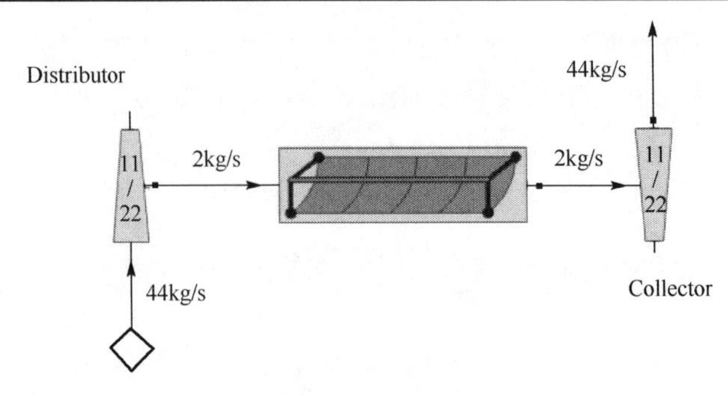

图 10-52　仿真环境中的集热管组件(分配器和集热器)

第一个连接表示流入分配集流器。用户必须指定含有多少集流器管道(图 10-52 中的 22)，并且指定每个出流管的质量流量占总流量的份额。流体由一个典型的出口(连接 2)离开集流器。使用者必须指定(在图 10-52 中上端 11)集流器管道上典型出流的位置。在集流器的末端，可能会出现剩余流量。这个流量通过连接 3 离开模型。模型可以计算管道的摩擦压损和热损失。压力损失计算依据在集流管中的管道内径分布。内径分布依据用户给定的设计速度计算。另外，用户可以定义沿集流管的设计压力损失。对于热损失，假定集流器所有区段隔热材料内、外径之间的比例是恒定的，并且所有集流器管段的热损失的主要原因是绝缘材料中的热传导，热损失可以由独立于管道直径的介质与环境之间的温差来计算。基于能量平衡，可以计算一个入流与两个分支出流之间的比焓降低。

10.6.6　简化的太阳能场模型

在很多情况下，没有必要对太阳能场进行细节建模。因此开发了太阳能场整体模型并包括在部件库中，以便在不需要详细设计的情况下对太阳能系统进行仿真，如图 10-53 所示。

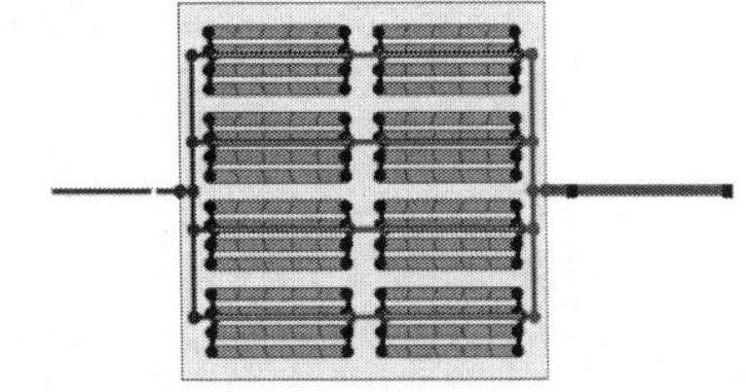

图 10-53　仿真环境中的太阳能场组件

该模型是基于质量和能量守恒定律建立的。考虑到集热器模型使用典型太阳能场平均值(例如流体平均温度，而不是单一的某个集热器温度)，热平衡由同样的模型计算。该太阳能场可以用于仿真槽式和线性菲涅尔系统，都配有单相的传热介质或直接使用蒸汽。

10.6.7　时间依赖性计算

1．时间序列计算模块

如图 10-54 所示，时间序列对话框提供了一种电子数据表，每行表示一个时刻，每列表示在这些时刻下的过程变量的数值。仿真系统通过数据表逐行执行以下步骤。

(1) 从电子数据表中读取参数值并写入仿真模型的“规格”变量值中。

(2) 执行稳态仿真模型。

(3) 从仿真模型提取结果值(在“结果”变量值中)。

(4) 为下一个时间步长更新随时间变化的变量值。

“时间序列”对话框的一项基本功能是改变参数值。然而，这个精心设计的功能能处理瞬态的过程。在本稳态仿真系统中，仿真系统组件 118“直接存储”能够仿真具有时间依赖性的系统行为，而所有其他组件则只能仿真稳态的过程。通过表格单元区域的“复制/粘贴”，可以实现与 Excel 软件的数据交换。

2. **瞬态组件** 118：“**直接存储器**”

该仿真系统组件 118 提供了两个流体连接点。流体先通过连接点 1 进入储存器，然后通过连接点 2 流出存储器。在一个仿真时间步长中，边界条件(质量流量、焓和压力)在入口保持不变。它们是由模型的其余部分限定的。此外，压力和质量流量在出口由模型预定义且保持恒定在一时间步长。根据流入和流出的质量流量的不同，在时间间隔 Δt 内计算出存储质量的变化。如果热存储器不放热，能量平衡可以很容易地确定。根据最初和最后的能量状态，平均温度可以被确定，并且在整个时间间隔内的出口处被记为恒定值。散失到周围环境的热损失可以强加到热储存器中，这将导致对平均流出温度的计算。

一旦储存器在一个时间间隔内到达它其中的一个液位限制(空或满)，仿真系统会自动中断模拟，并插入一个新的时刻实例(在图 10-54 中比较第 2543 行的各项数值)。运行一个完整的时间序列的计算以后，用户可能需要平整化结果。这意味着，在计算过程被平均化时，由于上溢或者下溢事件时间间隔产生了分裂。所以，在每小时计算中，电子数据表的行数再次变为 8760。

从蓄热器模型的结构来看，很清楚一个完整的电站模型必须定义蓄热部件的边界条件，尤其是质量流量。当使用蓄热组件时，所有相关运行模式(蓄热、放热、停顿)都必须在电站模型加以实现。这可以通过使用仿真系统的逻辑组件(如开关或控制器)来实现。

TimeSeries　Calculate　View　Edit　Extras

time-series [0]　>　Break　Recalc time　☑ auto-scroll　Profile　Design　☐ stop on error

	A	B	C	D	E	F	G	H	I	
1	Comment		DNI	T amb	Hot Tank Begin	Hot Tank End	Cold Tank Begin	Cold Tank End		
2	Type		spec	spec	dep_spec	result	dep_spec	result	result	resul
3	Definition		Sun.DNI	Sun.TAMB	HotTank.LEVA...	HotTank.LE...	ColdTank.LEVA...	ColdTank.LE...	QASOLA...	Colle
4	Processing									
5	Date/Time|Unit->	au...	W/m2	C	t	t	t	t		
2541	2010-04-13 01:30:00		0	12.8	6628.3	2988.6	51186.7	54826.4	70	0
2542	2010-04-13 02:30:00		0	12.2	2988.6	815	54826.4	57000	70	0
2543	2010-04-13 03:05:55	X	0	12.2	815	815	57000	57000	70	0
2544	2010-04-13 03:30:00		0	11.1	815	815	57000	57000	70	0
2545	2010-04-13 04:30:00		0	11.7	815	815	57000	57000	70	0
2546	2010-04-13 05:30:00		235	11.1	815	815	57000	57000	70	25.8
2547	2010-04-13 06:30:00		682	12.8	815	2505	57000	55310	70	394.2
2548	2010-04-13 07:30:00		850	14.4	2505	8081.1	55310	49733.9	70	630.4
2549	2010-04-13 08:30:00		920	15	8081	14189.6	59733.9	43625.4	70	662.0
2550	2010-04-13 09:30:00		968	16.7	14189.6	20418.2	43625.4	37396.8	70	669.5
2551	2010-04-13 10:30:00		981	17.2	20418.2	26392.7	37396.8	31422.3	70	654.6
2552	2010-04-13 11:30:00		978	19.4	26392.7	32131.4	31422.3	25683.6	70	641.1
2553	2010-04-13 12:30:00		979	20	32131.4	37969.9	25683.6	19845.1	70	647.1
2554	2010-04-13 13:30:00		961	20	37969.9	43941.1	19845.1	13873.9	70	655.0
2555	2010-04-13 14:30:00		941	20	43941.1	50125	13873.9	7690	70	667.5
2556	2010-04-13 15:30:00		889	20	50125	56.64.8	7690	1750.2	70	653.1
2557	2010-04-13 16:30:00		770	20	56064.8	57000	1750.2	815	70	575.3
2558	2010-04-13 16:42:06	X	770	20	57000	57000	815	815	70	505.1

图 10-54　本稳态仿真环境的时间序列对话框(比较图 10-57)

10.6.8　例 1：熔融盐为传热物质的槽式太阳能热电站

目前的槽式太阳能热电站，用熔融盐代替油作为传热流体的系统是研究的热点。虽然冷冻保护(现在材料的熔点大约在 240℃)是这类系统的一个严重不足，但这类系统也有 3 个主要优点。

(1)过程温度可以得到进一步提高，从而使循环效率高达 550℃的对应效率。

(2)直接使用传热流体(HTF)在双罐(甚至是单罐)系统中进行热能存储。

(3)通过不断地抑制太阳能波动来让发电模块运行更加平稳。

下面举一个这种类型电站的年度仿真的例子，并展示本仿真系统仿真蓄热式发电站的能力。

1. 系统模型

图 10-55 展示了仿真模型，其太阳能场在左侧，发电模块在右侧。通过蓄热罐和蓄冷罐，传热流体动态地将这两个系统耦合在一起。太阳能场包括 110 个回路，每个回路包含了 6 个"Eurotrough 150" 型集热器。每行长度为 900m。仿真应用了 Schott 的最新型吸收管。在额定负荷下，太阳能场的入口温度是 290℃，出口温度为 546.4℃(550℃，排出口)。采用组件 113 "太阳能集热器"对一个典型的回路进行模拟。集流器的热损失和连接管道的热损失被视为与负荷无关，为 15W/m(基于净开口面积)，并且集中在分散集流器和收集集流器区域。这个数值来自典型的油基电站，并且假设在熔融盐系统中较高的过程温度会有较高的热损失，通过改进保温措施可以进行补偿。表 10-12 总结了主要电站参数。

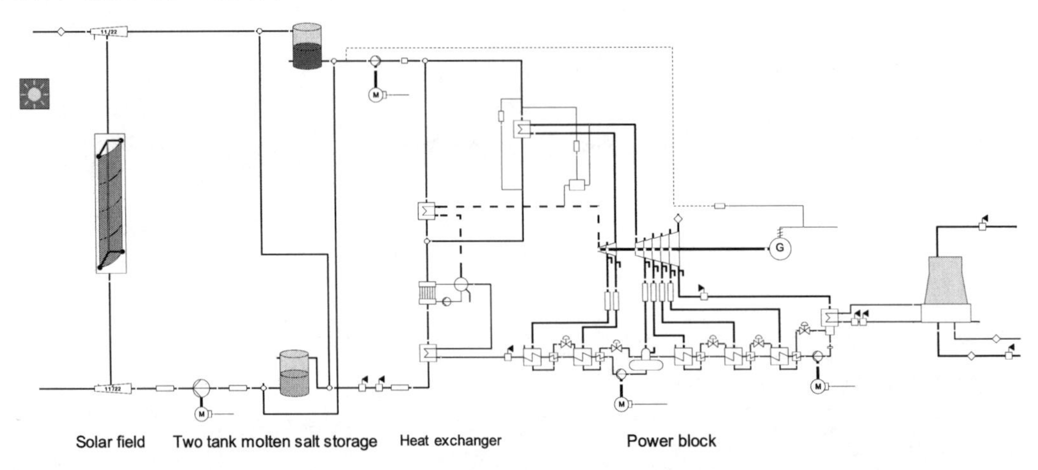

图 10-55　在本仿真环境中的熔融盐系统模型

表 10-12　油基和熔融盐系统的主要电站参数

蓄热介质	油	熔融盐
收集器	Eurotrough 150	
吸收管	Schott PTR 70	
每行的收集器数	4	6
场采光面积	570240m^2	570240m^2
场进出口温度(额定)	297.5℃/392.7℃	290℃/546.4℃
主蒸汽参数	103bar/381.7℃	120bar/525.3℃
总发电效率	40.20%	43.47%
总发电功率	50MW	50MW

存储系统包括两个容量为 16 满负荷小时的熔盐罐。发电模块设计非常适合于现在的油

基电站。而汽轮机是一个带有再热系统和 6 个抽汽点的双缸工业汽轮机。冷凝器压力恒定在 0.047bar(湿式冷却式的高效冷凝器)。发电模块的设计很有预见性地添加了一个额外的高温预热器，直接用主蒸汽加热。该组件是必需的，以避免最终给水的温度在部分负荷下降到低于该熔融盐的熔点。

为了在低辐照周期和夜间补偿热损失，让熔融盐进行回流和冷却罐使用旁路管线。控制回流的质量流量，以保持 270℃的最小区域出口温度。在夜间，在约 10h 之内蓄冷罐的温度从 290℃下降至 270℃。一旦达到这一温度限值，辅助化石燃料锅炉启动以保持 270℃的下限。在第二天早晨，在热熔融盐流向蓄热罐前，夜间从蓄冷罐提取的热能必须得到补偿。在模型中，这一过程的实现是通过在蓄冷罐中再循环，直到它的温度到达 290℃的设定温度。用于防冻结保护的这部分由化石燃料产生的热能将被效率为 43.46%的发电模块转化为电能，并从每年的发电量中减去。

这里假设发电模块为满负荷运行。这意味着发电模块或者满负荷运行或者根本不运行。只要满负荷运行条件具备，并且蓄热罐已达到一个液位限值时，开始发电。当满负荷运行条件不具备时，则利用太阳能场吸收热能并加以储存。在一个实际的电站中，可以考虑在夜间采用一种“最小负荷运行”策略，以保持汽轮机保持在合适的工作温度。

该模型的描述必须考虑多个运行模式。这些运行模式要么通过开关或控制器模型中的逻辑元件来实现，要么通过每小时计算执行的脚本实现。因此，建模任务体现在两个方面。首先，需要建立一个模型去呈现一个物理系统。其次，必须执行运行规则。运行规则定义哪些组件是活动的，哪些开关被设置，并且设置点需要在实际边界条件下被使用。

2. 年度计算的结果

考虑到经济最优化，虽然这些地区将会导致不同的场地大小，由于可比性的原因，采用一个采光面积是 570240m^2 的场地。通过平准化电力成本的估算，16h 蓄热系统的组态优化对场地大小并不非常敏感。表 10-13 列出了年度计算结果。可以看出，由太阳能场收集的热能明确地依赖年度 DNI 总和。在整个夜晚，为了维持高温水平，对于拉斯维加斯，热损失是在所收集的能量的 11%的范围。对于塞维利亚地区，热损失都较高，由于较低的平均环境温度和更多的时间处在低或无日照状态。伴随着获得热量的减少，热损失的份额值变得更高，约为 17%。由于这些影响，每年的净发电量相差 20%。

表 10-13　年度计算的结果

蓄热介质		油	熔融盐	油	熔融盐
场地	单位	拉斯维加斯(美国)	拉斯维加斯(美国)	塞维利亚(西班牙)	塞维利亚(西班牙)
DNI 总和	kWh/m^2	2580	2580	2012	2012
场采光面积	m^2	570240	570240	570240	570240
太阳能场收集能量	MW·h	722351	721446	578876	496252
备用与防冻能耗	MW·h	35901	83688	25239	100285
发电系统吸热量	MW·h	664725	622828	567199	501378
总发电量	MW·h	258074	265106	220469	213722
净发电效率	MW·h	238162	259303	205479	208965
年太阳能发电效率	—	16.2%	17.6%	17.9%	18.2%

10.6.9　例 2：油基槽式发电站

第二个系统是一个用油作为传热流体的安达索尔型发电站。该电站装备有双罐熔融盐储存器，如图 10-56 所示。

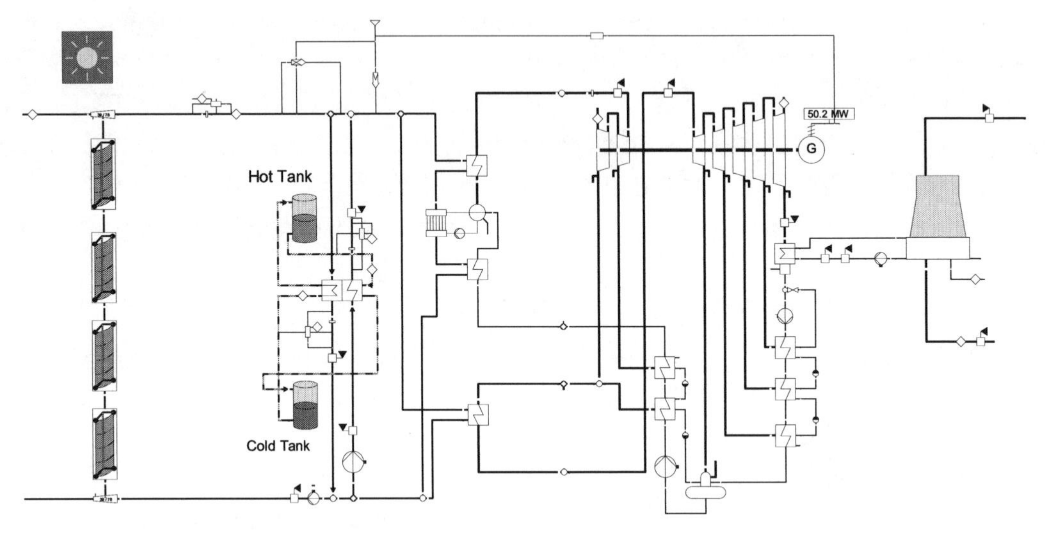

图 10-56　在稳态仿真环境中的油基系统模型

1. 系统模型

该模型包括太阳能场、发电模块和冷、热储存罐。和熔盐系统不同，两个蓄热罐由热交换器连接到油系统。表 10-13 给出了电站的参数。

以下重点介绍电站的冷却和启动的模拟。为了这个目的，应用了蓄热部件 118。在此组件的热能代表该系统的热惯性(包括壁面和太阳能场的油库存和热交换器)。在夜间，传热介质在太阳能场中循环流动，将温度连续降低。在早上，热油先将能量收集起来，再将能量传给发电模块。理想模型将包括具有恒定质量(通过设置质量为相同的值作为流入流出实现)的热存储组件，在早晨它被加热并在晚上冷却下来，就像太阳能场在早晨生成热和在夜晚失去热量一样。如果冷却与加热过程需要几个小时，基于这种模型执行计算只适合于每小时一次的分辨率。在实际的工程中，常规的启动过程需要 45～90min，就只有两个时间间隔来求解。因为蓄热过程的溢流仅与质量相关，但不与温度溢出相关，仿真时间上的分辨率较低将使所得的值不够准确。

因此，采用质量的方法实现了一个虚拟蓄热模型而不是采用温度。在真实系统中，当质量确定为(大约)不变时，能量存储由它的(平均)温度确定。在虚拟蓄热器中，能量含量以质量来描述，而温度被设定为常数。在实际系统中的某一温度就等价于虚拟系统中的一定质量。真实系统中温度的变化引起的热输入或提取可以被转移到一个等效质量变化的虚拟系统。这种方法具有的优势就是可以将“满”和“空”工况完全地由仿真系统识别，即使仿真时间间隔的长度为 1h。在模型中，将温度转换为质量由数学运算符的组件和逻辑要素实现。在加热时，每次仿真期间太阳能场的入口温度设定恒定，而出口温度设定为 393℃。从所得的流量差和温度差、实际引起温升的能量可以计算出来，并转化为当量储存质量。

在冷却过程中，等价温度由质量含量确定，并且在太阳能场的入口处设定。传热流体以恒定的流量反复循环。由于热损失，太阳能场的出口温度不断下降。从所得的温度差，可以计算温度与质量当量。

在实际的系统实现中，蓄热和蓄冷存储系统的年度计算是在同一个系统模型中实现的（图 10-56）。而启动和冷却过程的仿真由另一个模型按小时分辨率计算一年。涉及用于计算备用状态热损失的能量份额的计算结果将从第二个模型中提取。

2. 年度计算结果

图 10-57 是系统连续冷却和加热两天的过程。曲线中的点表示仿真系统计算时的时间间隔。在时间为 3:05 时，当热储存器空载运行，生成了一个附加的实例，因为蓄热器在空负荷运行。类似点可以在这两个时刻 16:42 和 16:35 找到。图中的原始数据在图 10-54 中给出。曲线表明，根据晚上的负载状态，蓄热器可以提供足够的能量使机组连续工作或在早晨关机。

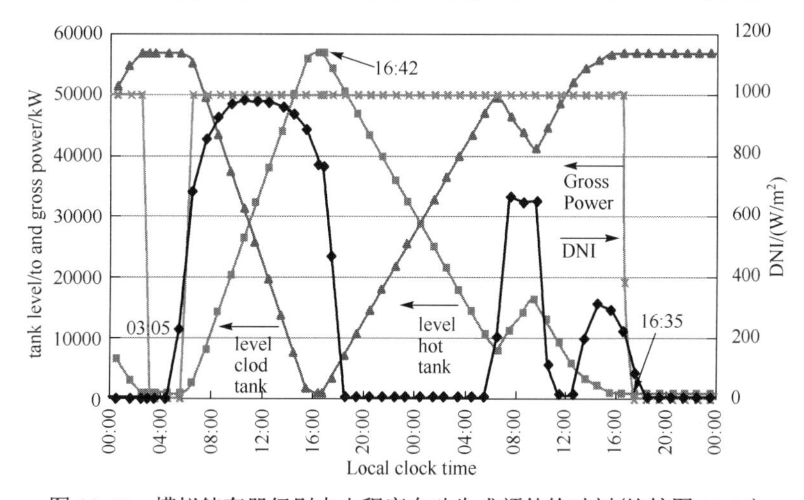

图 10-57　模拟储存器级别中由程序自动生成额外的时刻(比较图 10-54)

在表 10-13 中给出了每年的性能值。相对于盐基系统，在没有辐射的时段，能量损失占用较低的能量份额。太阳能场每年的产热量比油基系统更高。当热被导传向发电模块时，发电量就会产生变化。由于比油基系统产生更高的总产出，盐基系统的效率更高。在这一点上，需要强调的是，盐基系统在全负荷运行策略下运行，而油基系统则通常在部分负荷下运行。当考虑净发电量时，盐基系统的一个附加的优点就变得很明显。由于流体性质的差异，在生产现场盐基系统需要较少的泵送动力。

通过比较两个发电站可知，高温系统适用于像拉斯维加斯这样很好的太阳能场地，而在年产中等的场地，如塞维利亚，则没有这样的潜力。对于最终评价电力产量必须与投资和运行成本进行比较。

本节展示了仿真系统中太阳能组件库的两个应用实例，以及对使用组件 118 的时间依赖特性进行稳态性能计算。熔盐和油基槽式系统仿真实例表明，蓄热与放热过程可以得到有效地控制。对于油基电站来说，实例演示了如何用储存器组件模拟冷却和启动过程。全年计算结果表明，夜间的热损失必须加以考虑，因为这代表了相当可观的一部分可用的热能。

参 考 文 献

陈坤. 2002. 汽轮机组热力系统冷端真空问题的研究. 武汉: 武汉大学硕士学位论文

樊泉桂. 2004. 锅炉原理. 北京: 中国电力出版社

谷俊杰. 2011. 热工控制系统. 北京: 中国电力出版社

韩璞, 刘长良. 1998. 火电站仿真机原理及应用. 天津: 天津科技出版社

黄树红. 2008. 汽轮机原理. 北京: 中国电力出版社

靳智平. 2011. 热能动力工程实验. 北京：中国电力出版社

靳智平, 王毅林. 2006. 电厂汽轮机原理及系统. 2 版. 北京: 中国电力出版社

李慧宇，邹同华. 2010. 制冷与空调实验教程. 天津：天津大学出版社

刘吉臻. 1995. 协调控制与给水全程控制. 北京: 中国电力出版社

刘研, 玄哲浩, 王永珍. 2005. 换热器传热和阻力特性的实验研究. 实验技术与管理, 22(5): 90-92

路广遥, 王经, 孙中宁. 2008. 换热器热力学计算中平均温差计算方法. 核动力工程, 29(1): 76-80

吕崇德, 任挺进，等. 2002. 大型火电机组系统仿真与建模. 北京: 清化华大学出版社

吕剑虹, 王建武, 范菁. 2001. 电厂热工控制仿真支撑系统. 中国电力, 7: 50-53

牛卫东. 2006. 单元机组运行. 北京: 中国电力出版社

潘维加. 2006. 热工控制原理和系统的实验软件// 高等学校实验室工作研究会学术研讨会论文集, 791-793

潘笑, 潘维加. 2011. 热工自动控制系统. 北京: 中国电力出版社

邱丽霞. 2013. 热力发电厂. 2 版. 北京：中国电力出版社

冉景煜. 2010. 热力发电厂. 北京：机械工业出版社

沈士一, 庄贺庆, 康松, 等. 2007. 汽轮机原理. 北京: 中国电力出版社

宋泾舸. 2009. 立屏式水泵串并联综合实验台: 中国, ZL200810101256. 6

唐世林. 1996. 电站计算机仿真技术. 北京: 科学出版社

王世昌. 2010. 锅炉原理实验指导书. 北京: 中国水利水电出版社

尹静. 2007. 大型火电机组集控运行指导. 北京: 中国电力出版社

张磊, 彭德振. 2006. 大型火力发电机组集控运行. 北京: 中国电力出版社

郑体宽. 2008. 热力发电厂. 2 版. 北京: 中国电力出版社

周飚. 2004. 管翅式换热器性能及结构综合优化的热设计方法. 武汉: 华中科技大学硕士学位论文

华北电力大学. 2014. 1000MW 超超临界机组仿真系统手册. 保定

Hirsch T, Janicka J, Low T, et al. 2010. Annual simulations with the EBSILON professional time series calculation module. Perpignan: Proceedings of the SolarPACES 2010 Conference

Pawellek R, Low T, Hirsch T. 2009. EbsSolar–a solar library for EBSILON professional. Berlin: Proceedings of the SolarPACES 2009 Conference

Steag 公司. 2013. EBSILON Professional 使用手册.